"十二五"国家重点图书出版规划项目

现代声学科学与技术丛书

固体中非线性声波

刘晓宙 著

科学出版社

北 京

内 容 简 介

本书系统介绍了固体中非线性声学的基本原理和分析方法,着重介绍了非线性声学在超声无损检测、超材料等中的理论和应用,主要内容如下:固体非线性声波基础,声波在晶体和陶瓷材料中的非线性作用和声记忆现象,声波在多孔材料中的非线性传播,声波在有裂纹的固体中的非经典非线性传播,声波在混凝土中的非线性理论和实验研究,声波在质量-弹簧周期结构中的非线性传播,超材料中的二次谐波的反向激发与增强。本书可推动非线性声学理论发展,也可推动非线性声学在无损检测、超材料等领域的发展。

本书可作为高等院校声学、无损检测等专业高年级本科生和研究生的教材,也可作为从事声学、无损检测等领域的研究生和工程技术人员的参考书。

图书在版编目(CIP)数据

固体中非线性声波/刘晓宙著. —北京:科学出版社,2021.1
(现代声学科学与技术丛书)
ISBN 978-7-03-067573-6

I. ①固… II. ①刘… III. ①非线性–声学–高等学校–教材 IV. ①O42

中国版本图书馆 CIP 数据核字(2021) 第 003815 号

责任编辑: 刘凤娟 孔晓慧 / 责任校对: 杨 然
责任印制: 吴兆东 / 封面设计: 无极书装

科学出版社 出版
北京东黄城根北街 16 号
邮政编码: 100717
http://www.sciencep.com

北京虎彩文化传播有限公司印刷
科学出版社发行 各地新华书店经销

*

2021 年 1 月第 一 版 开本: 720 × 1000 1/16
2022 年 1 月第二次印刷 印张: 20 1/4
字数: 409 000
定价: 129.00 元
(如有印装质量问题,我社负责调换)

前　　言

　　非线性声学是指研究大振幅声波传播过程中的非线性现象的声学分支学科。当声波振幅大到一定程度时，描述声波过程的运动方程、连续性方程和介质状态方程的非线性项已不可忽略，因而得到的是非线性声波方程，此时声扰动的传播速度与扰动的强弱有关，结果声波传播过程中产生波形畸变、声饱和、声波与声波非线性相互作用等一系列非线性现象。20世纪50年代末，高频大功率超声波愈来愈多地出现并被利用，例如工业材料的超声处理和检测，超声波水下目标的探测、强噪声的传播，以及超声波在医学上的应用等，都涉及有限振幅声波的传播和相互作用，这种声波不再遵循线性声学规律。

　　非线性声学的研究涉及非线性参数阵、强噪声非线性、倍周期分叉与混沌、孤子、生物介质中的非线性等。从20世纪80年代开始，非线性效应的影响越来越受到人们的重视，非线性声学的发展也越来越快，它的应用也越来越广，如今，非线性声学已经渗透到了各种场合，覆盖了各个领域。比如，为了研究晶格结构和晶体中的错位现象，非线性声学技术能够测定不同固体的温度与高阶弹性常数的关系；声波与光波之间存在着非线性相互作用，在声光领域，利用这种相互作用可以更加有效地探测物体的内部结构；在低温研究方面，非线性声学对液氨、铜和一些高温超导体的影响表现在，当温度发生变化时，非线性参数的变化比线性参数的变化更灵敏；在生物物理中，非线性对生物组织结构的影响从生物组织到分子量级的氨基酸和蛋白质，非线性声学效应已经被广泛应用于碎石技术和软组织的治疗；在化学物理中，测定了不同混合液体和不同纯度的非线性参数；在地球物理中，非线性声学可用于研究地层材料和裂纹的非线性效应，在地质学和地震学中也有应用。

　　在流体介质中，弹性常数只有一个 (例如压缩系数)，非线性参数也只有一个，即 B/A，而在固体中的非线性声学中，各向同性的固体的线性弹性常数有两个，非线性弹性常数 (三阶弹性常数) 有三个，而各向异性的非线性弹性参量的个数随结构的变化而有所不同。三阶或更高阶弹性常数是表征固体性质的宏观参数，它不但与固体结构有紧密的联系，而且将成为缺陷、疲劳等无损评价的新参数。固体的非线性分为经典非线性和非经典非线性，经典非线性是晶体中原子间相互势能曲线的非对称性 (即相互作用力与原子偏离平衡位置不是线性关系) 引起晶格振动的非简谐性质。现在普遍认为，非经典非线性声学现象是由于固体材料的微观特性 (例如裂纹、裂缝、微粒等) 对力学特性的影响，在宏观应力和应变上则表现为滞后现象。

利用声波在固体中的经典以及非经典非线性特性进行材料的无损检测，经过多年的发展已经成为一个较为成熟的体系。通过研究声波在固体材料中传播时非线性声参量等的变化，可以得到固体材料的力学特性以及微观结构方面的信息。实验研究表明，疲劳金属材料具有非线性声学特性，非线性声学参数比线性声学参数对材料的疲劳更为敏感；声波在多孔材料中表现出显著的非线性特性，在材料孔隙率很小的情况下就具有较强的非线性；岩石、混凝土等非线性介观弹性固体材料显示出与经典的非线性声学不同的非经典非线性声学现象；近年来，声子晶体和超材料成为研究的热点，主要研究集中在其线性方面，但是研究表明，这些材料的非线性不能被忽略，而且可以被利用，可以使用预压的非线性颗粒链来实现对声波的非对称控制，通过对普通波导管上周期性地并联亥姆霍兹共鸣器的超材料进行非线性分析，发现可以合理地调节亥姆霍兹共鸣器的结构参数来有效抑制冲击波的出现。

本书不能涵盖固体中非线性声波的各个方面，主要从以下方面来介绍固体中的非线性声波：

第 1 章是固体非线性声波基础，包括非线性弹性理论，弹性波在固体中的非线性传播和相互作用，并对固体界面接触声非线性、板中的非线性兰姆波和非均匀介质中的非线性声传播做一简单的介绍。

第 2 章是声波在晶体和陶瓷材料中的非线性作用和声记忆现象，介绍沿晶体纯模方向传播的共线声波的相互作用，提出晶体三阶有效弹性参数的计算方法，介绍声波在钽酸锂、PIN-PMN-PT 晶体和陶瓷材料中的非线性传播，介绍铌酸锂晶体中的声记忆现象。

第 3 章是声波在多孔材料中的非线性传播，阐述声波在含微孔的黏弹材料中的非线性特性，以及耗散效应对多孔介质高次谐波的影响。

第 4 章是声波在有裂纹的固体中的非经典非线性传播，介绍 Preisach-Mayergoyz (PM) 模型和非线性共振声谱法，通过一维棒中微裂纹的非线性应力应变关系而产生的滞后效应建立非线性振动方程，介绍单裂纹、多裂纹的反演与定位，以及二维非经典非线性信号时间反转成像方法。

第 5 章是声波在混凝土中的非线性理论和实验研究，介绍不同受损程度下的混凝土、不同含水量的混凝土、硫酸盐侵蚀下的混凝土和不同配合比的混凝土的非经典非线性特性。

第 6 章是声波在质量–弹簧周期结构中的非线性传播，根据此种周期结构的色散曲线预测该结构的非线性特性，介绍基于此线性和非线性周期结构设计的一种非互易结构，实现弹性波的非对称传输，对声学超材料进行线性的和非线性的仿真。

第 7 章是超材料中的二次谐波的反向激发与增强，在声波导管中周期级联开孔小管以及振动薄板的超材料结构，在考虑非线性的情形下，此结构可获得反向激发的二次谐波；还介绍利用声学超材料中的非线性互补材料，利用准相位匹配来获得高效反向二次谐波的激发方法。

作者将从事固体非线性声学三十多年的一些心得体会整理成书，奉献给读者，以激发读者对非线性声学研究的兴趣，从而推动我国非线性声学的发展。特别感谢作者的导师龚秀芬教授的多方面指导和悉心帮助。南京大学声学研究所程建春教授、姜文华教授、刘晓峻教授、章东教授等提出许多宝贵的意见和建议，也一并在此致谢。感谢南京大学物理学院祝世宁院士、美国宾夕法尼亚州立大学曹文武教授、重庆大学邓明晰教授等的支持和帮助。感谢南京大学物理学院的领导和老师的鼓励和支持。课题组刘杰惠副教授，硕士研究生周到、张婷婷、冯雨霖、王晓惠、全力、罗本彪、朱金林，博士后张略等参与其中部分工作，在此表示感谢。

在撰写过程中，作者力求做到认真严谨，但还存在不足之处，热忱期望读者的批评与指正。

本书得到国家重点研发计划项目 (2020YFA0211400，2017YFA0303702，2016YFF0203000，2012CB921504，2011CB707902)，国家自然科学基金重点项目 (11834008)、面上项目 (11774167，11474160，11274166，11074122，10674066) 和声场声信息国家重点实验室开放课题研究基金的支持，在此一并表示感谢。

刘晓宙

2019 年 12 月于南京大学

目　　录

第1章 固体非线性声波基础

在理想流体中, 介质只能产生体积形变, 即纯粹的压缩、膨胀形变, 介质的弹性可用单一的体积弹性系数来表征。在这样的介质中只能产生稀疏与稠密的交替过程, 只能传播纵波, 并且这种传播过程的特征只用一个标量 (声压) 就能充分描述, 知道了声压我们可以通过理想流体的运动方程求得质点速度, 从而获得声波的一些能量关系。而在固体中情况就不那么简单, 一般固体介质不仅会产生体积形变, 还会产生切形变, 它不仅具有体弹性还具有切变弹性, 因此在固体中一般除了能传播压缩与膨胀的纵波外, 同时还能传播切变波。在各向同性固体中, 这种切变波的质点振动方向与波的传播方向垂直, 称为横波, 除此之外, 在固体的自由表面会产生振幅随表面深度而衰减的表面波。由此可见, 固体中声波的传播要比流体复杂得多。

固体中纵波的传播速度 $c_l = \sqrt{\dfrac{\lambda + 2\mu}{\rho}}$, 横波的传播速度 $c_t = \sqrt{\dfrac{\mu}{\rho}}$, 其中 λ, μ

为拉梅常量, μ 又称切变弹性系数, 对液体 $\mu = 0$。当固体受外力作用时, 体内就产生形变, 一般用物理量应变来描述, 固体中应变与应力的关系比液体复杂得多。事实上, 弹性理论方程和流体动力学方程一样, 也是非线性的, 因此弹性波在固体中传播时也伴有波形畸变等非线性效应, 同时, 固体中不仅有纵波而且有横波的存在, 因此, 固体中还有声波之间的相互作用和波形的转化。固体中的非线性性质早为人们所知, 晶体中原子间相互势能曲线的非对称性 (即相互作用力与原子偏离平衡位置位移不是线性关系) 引起了晶格振动的非简谐性质, 这是固体产生热膨胀的原理, 同时也导致声波的非线性传播。力与位移不呈线性关系的现象是与胡克定律的偏离, 因此与胡克定律偏离愈大, 热膨胀也愈大, 换言之, 晶格振动非简谐性这种分子级的非线性表现在宏观上则是弹性非线性, 即弹性性质不遵循胡克定律, 研究有限振幅声波在固体中的传播特性有助于阐明固体的一些非线性性质, 利用这些非线性性质可研制非线性器件。

1.1 非线性弹性理论

1.1.1 形变

弹性理论就是把固体作为连续介质来处理的力学 [1]。固体在作用力的影响下将发生不同程度的形变, 即改变它原有的形状和体积, 观察固体中某点 M, 其矢径

为 r_M(其分量 $x_1 = x, x_2 = y, x_3 = z$)，由于形变，$M$ 点移动至 M' 点，其矢径为 $r_{M'}$，因而 M 点上的位移为

$$u_M = r_{M'} - r_M \tag{1.1}$$

u_M 称为形变矢量，又称位移矢量。但是 u_M 不能作为固体形变的特征，因为当固体作整体转动或整体移动时也可得到这样的位移。形变状态的特征显然应该用两相邻点 M 与 N 间的距离来表征，如图 1.1 所示。

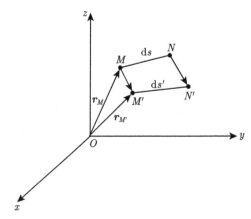

图 1.1　形变

形变前 M、N 的距离为 ds：

$$ds^2 = |r_M - r_N|^2 = dx_1^2 + dx_2^2 + dx_3^2 = dx_i^2 \quad (i \text{ 表示求和的意思}) \tag{1.2}$$

形变后 M'、N' 的距离为 ds'：

$$ds'^2 = |r_{M'} - r_{N'}|^2 = |r_M + u_M - r_N - u_N|^2 = (dx_i + du_i)^2 \tag{1.3}$$

将 $u = u(x_1, x_2, x_3), du_i = \dfrac{\partial u_i}{\partial x_k}dx_k$ 代入得

$$ds'^2 = dx_i^2 + 2\frac{\partial u_i}{\partial x_k}dx_i dx_k + \frac{\partial u_i}{\partial x_k}\frac{\partial u_i}{\partial x_l}dx_k dx_l \tag{1.4}$$

$$ds'^2 - ds^2 = 2\frac{\partial u_i}{\partial x_k}dx_i dx_k + \frac{\partial u_i}{\partial x_k}\frac{\partial u_i}{\partial x_l}dx_k dx_l \tag{1.5}$$

右边第一项按指标 i 与 k 求和，有

$$\frac{\partial u_i}{\partial x_k}dx_i dx_k = \frac{\partial u_k}{\partial x_i}dx_k dx_i \tag{1.6}$$

所以

$$2\frac{\partial u_i}{\partial x_k}\mathrm{d}x_i\mathrm{d}x_k = \left(\frac{\partial u_i}{\partial x_k} + \frac{\partial u_k}{\partial x_i}\right)\mathrm{d}x_i\mathrm{d}x_k \tag{1.7}$$

式 (1.5) 右边第二项将 i 与 l 位置调换一下，有

$$\frac{\partial u_i}{\partial x_k}\frac{\partial u_i}{\partial x_l}\mathrm{d}x_k\mathrm{d}x_l = \frac{\partial u_l}{\partial x_k}\frac{\partial u_l}{\partial x_i}\mathrm{d}x_k\mathrm{d}x_i \tag{1.8}$$

按通常规则，我们把依矢量指标及张量指标求和的符号省略，而对于所有两度出现的指标都将令指标遍历 1, 2, 3 的值求和。于是得到

$$\mathrm{d}s'^2 - \mathrm{d}s^2 = 2u_{ik}\mathrm{d}x_i\mathrm{d}x_k \tag{1.9}$$

其中，

$$u_{ik} = \frac{1}{2}\left(\frac{\partial u_i}{\partial x_k} + \frac{\partial u_k}{\partial x_i} + \frac{\partial u_l}{\partial x_i}\frac{\partial u_l}{\partial x_k}\right) \tag{1.10}$$

u_{ik} 称为形变张量，由定义可知它是对称的。

在线性声学中略去了式 (1.10) 中的第三项，因它是二级微量，所以在小形变的情况下，形变张量为

$$u_{ik} = \frac{1}{2}\left(\frac{\partial u_i}{\partial x_k} + \frac{\partial u_k}{\partial x_i}\right) \tag{1.11}$$

在讨论有限振幅声波问题时必须计及二级微量，因而需用式 (1.10)(当 $i \neq k$ 时，u_{ik} 形变张量的分量决定切形变)。

1.1.2 各向同性固体的弹性能

由弹性力学知，当物体的形变足够小时，形变固体的弹性能表达式为

$$U = \mu u_{ik}^2 + \frac{\lambda}{2}u_{ll}^2$$

因为 $\lambda = K - \dfrac{2\mu}{3}$，所以

$$U = \mu u_{ik}^2 + \left(\frac{K}{2} - \frac{\mu}{3}\right)u_{ll}^2 \tag{1.12}$$

其中，K 为压缩系数。

像任何对称张量一样，我们可以利用坐标变换将每一给定点上的张量 u_{ik} 变到主轴上去，换言之，在任一给定点上可以选取这样的坐标系 (张量的主轴)，使 u_{ik} 在其中的分量仅有对角成分，即任何形变沿该点的张量只有膨胀和压缩，这时的对角分量为

$$\begin{cases} I_1 = u_{ll} = u_{11} + u_{22} + u_{33} \\ I_2 = \left(u_{ll}^2 - u_{ik}^2 \right)/2 \\ I_3 = \left(u_{ik} u_{il} u_{kl} - 3 u_{ik}^2 u_{ll}/2 + u_{ll}^3/2 \right)/3 \end{cases} \tag{1.13}$$

物体形变弹性位能应是形变张量的函数:

$$U = U \left(I_1, I_2, I_3 \right) \tag{1.14}$$

展开级数保留至三阶微量:

$$U = U\left(0,0,0\right) + \left.\frac{\partial U}{\partial I_1}\right|_0 I_1 + \frac{1}{2}\left.\frac{\partial^2 U}{\partial I_1^2}\right|_0 I_1^2 + \frac{1}{6}\left.\frac{\partial^3 U}{\partial I_1^3}\right|_0 I_1^3$$

$$+ \left.\frac{\partial U}{\partial I_2}\right|_0 I_2 + \frac{1}{2}\left.\frac{\partial^2 U}{\partial I_1 \partial I_2}\right|_0 I_1 I_2 \tag{1.15}$$

$$+ \left.\frac{\partial U}{\partial I_3}\right|_0 I_3$$

我们感兴趣的是弹性能的增量, $U(0,0,0) = 0$, 且固体初始为平衡状态:

$$\left.\frac{\partial U}{\partial I_1}\right|_0 = 0, \quad \left.\frac{\partial^2 U}{\partial I_1^2}\right|_0 = K + \frac{4}{3}\mu, \quad \left.\frac{\partial U}{\partial I_2}\right|_0 = -2\mu$$

$$\left.\frac{\partial U}{\partial I_3}\right|_0 = n = A, \quad \left.\frac{\partial^2 U}{\partial I_1 \partial I_2}\right|_0 = -4m = -2A - 4B \tag{1.16}$$

$$\left.\frac{\partial^3 U}{\partial I_1^3}\right|_0 = 4m + 2l = 2A + 6B + 2C$$

所以

$$U = -2\mu I_2 + \frac{1}{2}\left(K + \frac{4}{3}\mu \right) I_1^2 + A I_3 + \frac{1}{2}\left(-2A - 4B \right) I_1 I_2 + \frac{1}{6}\left(2A + 6B + 2C \right) I_1^3 \tag{1.17}$$

由上可知, 为描述各向同性固体的非线性, 除了两个线性常数 K, μ 外, 还需引入三个非线性常数 A, B, C, 将 I_1, I_2, I_3 代入上式, 则

$$U = \mu u_{ik}^2 + \left(\frac{K}{2} - \frac{\mu}{3} \right) u_{ll}^2 + \frac{A}{3} u_{ik} u_{il} u_{kl} + B u_{ik}^2 u_{ll} + \frac{C}{3} u_{ll}^3 \tag{1.18}$$

其中, K, μ 为二阶弹性模量, 或线性弹性常数; A, B, C 为三阶弹性模量, 或非线性弹性常数。

再将形变张量的分量 u_{ik} 的表达式 (1.10) 代入式 (1.18)，并保留至三阶项：

$$\mu u_{ik}^2 = \frac{\mu}{4}\left(\frac{\partial u_i}{\partial x_k}+\frac{\partial u_k}{\partial x_i}+\frac{\partial u_l}{\partial x_k}\frac{\partial u_l}{\partial x_i}\right)^2 = \frac{\mu}{4}\left(\frac{\partial u_i}{\partial x_k}+\frac{\partial u_k}{\partial x_i}\right)^2$$

$$+\frac{\mu}{2}\left(\frac{\partial u_i}{\partial x_k}+\frac{\partial u_k}{\partial x_i}\right)\frac{\partial u_l}{\partial x_k}\frac{\partial u_l}{\partial x_i}+\text{高阶项} \tag{1.19a}$$

$$=\frac{\mu}{4}\left(\frac{\partial u_i}{\partial x_k}+\frac{\partial u_k}{\partial x_i}\right)^2+\mu\left(\frac{\partial u_i}{\partial x_k}\right)\frac{\partial u_l}{\partial x_k}\frac{\partial u_l}{\partial x_i}+\text{高阶项}$$

$$\left(\frac{K}{2}-\frac{\mu}{3}\right)u_{ll}^2 = \left(\frac{K}{2}-\frac{\mu}{3}\right)\left(\frac{\partial u_l}{\partial x_l}+\frac{\partial u_l}{\partial x_l}+\frac{\partial u_k}{\partial x_l}\frac{\partial u_k}{\partial x_l}\right)^2\cdot\frac{1}{4}$$

$$=\left(\frac{K}{2}-\frac{\mu}{3}\right)\left[\frac{\partial u_l}{\partial x_l}+\frac{1}{2}\left(\frac{\partial u_i}{\partial x_k}\right)^2\right]^2 \tag{1.19b}$$

$$=\left(\frac{K}{2}-\frac{\mu}{3}\right)\left(\frac{\partial u_l}{\partial x_l}\right)^2+\left(\frac{K}{2}-\frac{\mu}{3}\right)\frac{\partial u_l}{\partial x_l}\left(\frac{\partial u_i}{\partial x_k}\right)^2+\text{高阶项}$$

$$\frac{A}{3}u_{ik}u_{il}u_{kl} = \frac{A}{3}\frac{1}{8}\left(\frac{\partial u_i}{\partial x_k}+\frac{\partial u_k}{\partial x_i}\right)\left(\frac{\partial u_i}{\partial x_l}+\frac{\partial u_l}{\partial x_i}\right)\left(\frac{\partial u_k}{\partial x_l}+\frac{\partial u_l}{\partial x_k}\right)$$

$$=\frac{A}{24}\left(6\frac{\partial u_i}{\partial x_k}\frac{\partial u_l}{\partial x_i}\frac{\partial u_l}{\partial x_k}+2\frac{\partial u_i}{\partial x_k}\frac{\partial u_k}{\partial x_l}\frac{\partial u_l}{\partial x_i}\right)+\text{高阶项} \tag{1.19c}$$

$$Bu_{ik}^2u_{ll} = \frac{B}{4}\left[\frac{\partial u_i}{\partial x_k}+\frac{\partial u_k}{\partial x_i}+\frac{\partial u_l}{\partial x_i}\frac{\partial u_l}{\partial x_k}\right]^2\left[\frac{\partial u_l}{\partial x_l}+\frac{1}{2}\left(\frac{\partial u_i}{\partial x_k}\right)^2\right]$$

$$=\frac{B}{4}\left[\frac{\partial u_i}{\partial x_k}+\frac{\partial u_k}{\partial x_i}\right]^2\frac{\partial u_l}{\partial x_l}+\text{高阶项}$$

$$=\frac{B}{4}\left[\left(\frac{\partial u_i}{\partial x_k}\right)^2\frac{\partial u_l}{\partial x_l}+\left(\frac{\partial u_k}{\partial x_i}\right)^2\frac{\partial u_l}{\partial x_l}\right]+\frac{B}{2}\left(\frac{\partial u_i}{\partial x_k}\frac{\partial u_k}{\partial x_i}\frac{\partial u_l}{\partial x_k}\right)+\text{高阶项}$$

$$=\frac{B}{2}\left(\frac{\partial u_i}{\partial x_k}\right)^2\frac{\partial u_l}{\partial x_l}+\frac{B}{2}\frac{\partial u_i}{\partial x_k}\frac{\partial u_k}{\partial x_i}\frac{\partial u_l}{\partial x_l}+\text{高阶项} \tag{1.19d}$$

$$\frac{C}{3}u_{ll}^3 = \frac{C}{3}\left(\frac{\partial u_l}{\partial x_l}\right)^3 \tag{1.19e}$$

因此，

$$U = \frac{\mu}{4}\left(\frac{\partial u_i}{\partial x_k} + \frac{\partial u_k}{\partial x_i}\right)^2 + \left(\frac{K}{2} - \frac{\mu}{3}\right)\left(\frac{\partial u_l}{\partial x_l}\right)^2$$

$$+ \left(\mu + \frac{A}{4}\right)\frac{\partial u_i}{\partial x_k}\frac{\partial u_l}{\partial x_i}\frac{\partial u_l}{\partial x_k} + \left(\frac{B+K}{2} - \frac{\mu}{3}\right)\frac{\partial u_l}{\partial x_l}\left(\frac{\partial u_i}{\partial x_k}\right)^2 \tag{1.19}$$

$$+ \frac{A}{12}\frac{\partial u_i}{\partial x_k}\frac{\partial u_k}{\partial x_l}\frac{\partial u_l}{\partial x_i} + \frac{B}{2}\frac{\partial u_i}{\partial x_k}\frac{\partial u_k}{\partial x_i}\frac{\partial u_l}{\partial x_l} + \frac{C}{3}\left(\frac{\partial u_l}{\partial x_l}\right)^3$$

$$= U_1 + U_2 + U_3 + U_4 + U_5 + U_6 + U_7$$

1.1.3　非线性运动方程

为了求出各向同性固体的运动方程，我们来看单位体积内能的无限小变化：

$$\delta U = \frac{\partial U}{\partial\left(\dfrac{\partial u_i}{\partial x_k}\right)}\delta\left(\frac{\partial u_i}{\partial x_k}\right) = \sigma_{ik}\delta\left(\frac{\partial u_i}{\partial x_k}\right) \tag{1.20}$$

其中，

$$\sigma_{ik} = \frac{\partial U}{\partial\left(\dfrac{\partial u_i}{\partial x_k}\right)} \tag{1.21}$$

σ_{ik} 为应力张量，式 (1.21) 表示应力张量所做的功引起内能的变化，将式 (1.19) 代入式 (1.20) 并保留至二阶量：

由于

$$\frac{\partial U_1}{\partial\left(\dfrac{\partial u_i}{\partial x_k}\right)} = \frac{\mu}{2}\left(\frac{\partial u_i}{\partial x_k} + \frac{\partial u_k}{\partial x_i}\right)\left[1 + \frac{\partial\left(\dfrac{\partial u_k}{\partial x_i}\right)}{\partial\left(\dfrac{\partial u_i}{\partial x_k}\right)}\right] = \mu\left(\frac{\partial u_i}{\partial x_k} + \frac{\partial u_k}{\partial x_i}\right) \tag{1.22a}$$

$$\frac{\partial U_2}{\partial\left(\dfrac{\partial u_i}{\partial x_k}\right)} = 2\left(\frac{K}{2} - \frac{\mu}{3}\right)\frac{\partial u_l}{\partial x_k}\frac{\partial\left(\dfrac{\partial u_l}{\partial x_l}\right)}{\partial\left(\dfrac{\partial u_i}{\partial x_k}\right)} = 2\left(\frac{K}{2} - \frac{\mu}{3}\right)\frac{\partial u_l}{\partial x_k}\delta_{ik} \tag{1.22b}$$

$$\frac{\partial U_3}{\partial\left(\dfrac{\partial u_i}{\partial x_k}\right)} = \left(\mu + \frac{A}{4}\right)\left[\frac{\partial u_l}{\partial x_i}\frac{\partial u_l}{\partial x_k} + \frac{\partial u_i}{\partial x_k}\frac{\partial u_l}{\partial x_i}\frac{\partial\left(\dfrac{\partial u_l}{\partial x_k}\right)}{\partial\left(\dfrac{\partial u_i}{\partial x_k}\right)} + \frac{\partial u_i}{\partial x_k}\frac{\partial u_l}{\partial x_k}\frac{\partial\left(\dfrac{\partial u_l}{\partial x_i}\right)}{\partial\left(\dfrac{\partial u_i}{\partial x_k}\right)}\right]$$

$$= \left(\mu + \frac{A}{4} \right) \left[\frac{\partial u_l}{\partial x_i} \frac{\partial u_l}{\partial x_k} + \frac{\partial u_l}{\partial x_k} \frac{\partial u_i}{\partial x_l} \frac{\partial \left(\frac{\partial u_i}{\partial x_k} \right)}{\partial \left(\frac{\partial u_i}{\partial x_k} \right)} + \frac{\partial u_k}{\partial x_l} \frac{\partial u_i}{\partial x_l} \frac{\partial \left(\frac{\partial u_i}{\partial x_k} \right)}{\partial \left(\frac{\partial u_i}{\partial x_k} \right)} \right] \tag{1.22c}$$

$$= \left(\mu + \frac{A}{4} \right) \left[\frac{\partial u_l}{\partial x_i} \frac{\partial u_l}{\partial x_k} + \frac{\partial u_l}{\partial x_k} \frac{\partial u_i}{\partial x_l} + \frac{\partial u_k}{\partial x_l} \frac{\partial u_i}{\partial x_l} \right]$$

$$\frac{\partial U_4}{\partial \left(\frac{\partial u_i}{\partial x_k} \right)} = \left(\frac{B+K}{2} - \frac{\mu}{3} \right) \left[\left(\frac{\partial u_i}{\partial x_k} \right)^2 \frac{\partial \left(\frac{\partial u_l}{\partial x_l} \right)}{\partial \left(\frac{\partial u_i}{\partial x_k} \right)} + 2 \frac{\partial u_l}{\partial x_l} \frac{\partial u_i}{\partial x_k} \frac{\partial \left(\frac{\partial u_i}{\partial x_k} \right)}{\partial \left(\frac{\partial u_i}{\partial x_k} \right)} \right] \tag{1.22d}$$

$$= \left(\frac{B+K}{2} - \frac{\mu}{3} \right) \left[\left(\frac{\partial u_i}{\partial x_k} \right)^2 \delta_{ik} + 2 \frac{\partial u_l}{\partial x_l} \frac{\partial u_i}{\partial x_k} \right]$$

$$\frac{\partial U_5}{\partial \left(\frac{\partial u_i}{\partial x_k} \right)} = \frac{A}{12} \left[\frac{\partial u_k}{\partial x_l} \frac{\partial u_l}{\partial x_i} + \frac{\partial u_i}{\partial x_k} \frac{\partial u_k}{\partial x_l} \frac{\partial \left(\frac{\partial u_l}{\partial x_k} \right)}{\partial \left(\frac{\partial u_i}{\partial x_k} \right)} + \frac{\partial u_i}{\partial x_k} \frac{\partial u_l}{\partial x_i} \frac{\partial \left(\frac{\partial u_k}{\partial x_l} \right)}{\partial \left(\frac{\partial u_i}{\partial x_k} \right)} \right]$$

$$= \frac{A}{12} \left[\frac{\partial u_k}{\partial x_l} \frac{\partial u_l}{\partial x_i} + \frac{\partial u_l}{\partial x_i} \frac{\partial u_k}{\partial x_l} \frac{\partial \left(\frac{\partial u_i}{\partial x_k} \right)}{\partial \left(\frac{\partial u_i}{\partial x_k} \right)} + \frac{\partial u_l}{\partial x_i} \frac{\partial u_k}{\partial x_l} \frac{\partial \left(\frac{\partial u_i}{\partial x_k} \right)}{\partial \left(\frac{\partial u_i}{\partial x_k} \right)} \right] \tag{1.22e}$$

$$= \frac{A}{4} \frac{\partial u_k}{\partial x_l} \frac{\partial u_l}{\partial x_i}$$

$$\frac{\partial U_6}{\partial \left(\frac{\partial u_i}{\partial x_k} \right)} = \frac{B}{2} \left[\frac{\partial u_k}{\partial x_i} \frac{\partial u_l}{\partial x_l} + \frac{\partial u_i}{\partial x_k} \frac{\partial u_l}{\partial x_l} \frac{\partial \left(\frac{\partial u_k}{\partial x_i} \right)}{\partial \left(\frac{\partial u_i}{\partial x_k} \right)} + \frac{\partial u_i}{\partial x_k} \frac{\partial u_k}{\partial x_i} \frac{\partial \left(\frac{\partial u_l}{\partial x_l} \right)}{\partial \left(\frac{\partial u_i}{\partial x_k} \right)} \right] \tag{1.22f}$$

$$= \frac{B}{2} \left[2 \frac{\partial u_k}{\partial x_i} \frac{\partial u_l}{\partial x_l} + \frac{\partial u_l}{\partial x_k} \frac{\partial u_k}{\partial x_l} \delta_{ik} \right]$$

$$\frac{\partial U_7}{\partial \left(\frac{\partial u_i}{\partial x_k} \right)} = C \left(\frac{\partial u_l}{\partial x_l} \right)^2 \delta_{ik} \tag{1.22g}$$

因此，

$$
\begin{aligned}
\sigma_{ik} = {} & \mu\left(\frac{\partial u_i}{\partial x_k} + \frac{\partial u_k}{\partial x_i}\right) + \left(K - \frac{2}{3}\mu\right)\frac{\partial u_l}{\partial x_k}\delta_{ik} \\
& + \left(\mu + \frac{A}{4}\right)\left(\frac{\partial u_l}{\partial x_i}\frac{\partial u_l}{\partial x_k} + \frac{\partial u_l}{\partial x_k}\frac{\partial u_i}{\partial x_l} + \frac{\partial u_k}{\partial x_l}\frac{\partial u_i}{\partial x_l}\right) \\
& + \left(\frac{K}{2} - \frac{\mu}{3} + \frac{B}{2}\right)\left[\left(\frac{\partial u_i}{\partial x_k}\right)^2\delta_{ik} + 2\frac{\partial u_l}{\partial x_l}\frac{\partial u_i}{\partial x_k}\right] \\
& + \frac{A}{4}\frac{\partial u_k}{\partial x_l}\frac{\partial u_l}{\partial x_i} + \frac{B}{2}\left[\frac{\partial u_l}{\partial x_k}\frac{\partial u_k}{\partial x_l}\delta_{ik} + 2\frac{\partial u_k}{\partial x_i}\frac{\partial u_l}{\partial x_l}\right] + C\left(\frac{\partial u_l}{\partial x_l}\right)^2\delta_{ik}
\end{aligned} \tag{1.22}
$$

另一方面，我们知道运动方程可写成

$$
\rho_0\frac{\partial^2 u_i}{\partial t^2} = \frac{\partial\sigma_{ik}}{\partial x_k} \tag{1.23}
$$

其中，ρ_0 为未受形变物体的密度；$\dfrac{\partial\sigma_{ik}}{\partial x_k}$ 表示作用在单位体元上沿 i 方向的合力。

由于

$$
\frac{\partial(\sigma_{ik})_1}{\partial x_k} = \mu\frac{\partial^2 u_i}{\partial x_k^2} + \mu\frac{\partial^2 u_k}{\partial x_k\partial x_i} \tag{1.24a}
$$

$$
\frac{\partial(\sigma_{ik})_2}{\partial x_k} = \left(K - \frac{2}{3}\mu\right)\frac{\partial^2 u_l}{\partial x_i\partial x_l} \tag{1.24b}
$$

$$
\begin{aligned}
\frac{\partial(\sigma_{ik})_3}{\partial x_k} = {} & \left(\mu + \frac{A}{4}\right)\left[\frac{\partial^2 u_l}{\partial x_k^2}\frac{\partial u_l}{\partial x_i} + \frac{\partial^2 u_k}{\partial x_k^2}\frac{\partial u_i}{\partial x_l} + 2\frac{\partial^2 u_i}{\partial x_l\partial x_k}\frac{\partial u_l}{\partial x_k}\right] \\
& + \left(\mu + \frac{A}{4}\right)\left[\frac{\partial^2 u_l}{\partial x_k\partial x_i}\frac{\partial u_l}{\partial x_k} + \frac{\partial^2 u_k}{\partial x_k\partial x_l}\frac{\partial u_i}{\partial x_l}\right]
\end{aligned} \tag{1.24c}
$$

$$
\begin{aligned}
\frac{\partial(\sigma_{ik})_4}{\partial x_k} = {} & \left(K - \frac{2}{3}\mu + B\right)\left[\frac{\partial^2 u_l}{\partial x_k\partial x_i}\frac{\partial u_l}{\partial x_k} + \frac{\partial^2 u_k}{\partial x_k\partial x_l}\frac{\partial u_i}{\partial x_l}\right] \\
& + \left(K - \frac{2}{3}\mu + B\right)\frac{\partial^2 u_i}{\partial x_k^2}\frac{\partial u_l}{\partial x_l}
\end{aligned} \tag{1.24d}
$$

$$
\frac{\partial(\sigma_{ik})_5}{\partial x_k} = \frac{A}{4}\left[\frac{\partial^2 u_k}{\partial x_l\partial x_k}\frac{\partial u_l}{\partial x_i} + \frac{\partial^2 u_i}{\partial x_i\partial x_k}\frac{\partial u_k}{\partial x_l}\right] \tag{1.24e}
$$

$$
\frac{\partial(\sigma_{ik})_6}{\partial x_k} = B\left[\frac{\partial^2 u_l}{\partial x_l\partial x_k}\frac{\partial u_k}{\partial x_l} + \frac{\partial^2 u_k}{\partial x_l\partial x_k}\frac{\partial u_l}{\partial x_i}\right] + B\frac{\partial^2 u_k}{\partial x_k\partial x_i}\frac{\partial u_l}{\partial x_l} \tag{1.24f}
$$

$$\frac{\partial(\sigma_{ik})_7}{\partial x_k} = 2C\left(\frac{\partial u_l}{\partial x_l}\right)\frac{\partial^2 u_k}{\partial x_i \partial x_k} \tag{1.24g}$$

将式 (1.24) 代入式 (1.23) 就可得如下运动方程:

$$\rho_0\frac{\partial^2 u_i}{\partial t^2} - \mu\frac{\partial^2 u_i}{\partial x_k^2} - K + \frac{\mu}{3}\frac{\partial^2 u_l}{\partial x_l \partial x_i} = F_i \tag{1.25}$$

式中,

$$
\begin{aligned}
F_i &= \left(\mu + \frac{A}{4}\right)\left(\frac{\partial^2 u_l}{\partial x_k^2}\frac{\partial u_l}{\partial x_i} + \frac{\partial^2 u_l}{\partial x_k^2}\frac{\partial u_i}{\partial x_l} + 2\frac{\partial^2 u_i}{\partial x_l \partial x_k}\frac{\partial u_l}{\partial x_k}\right) \\
&\quad + \left(K + \frac{\mu}{3} + \frac{A}{4} + B\right)\left(\frac{\partial^2 u_l}{\partial x_i \partial x_k}\frac{\partial u_l}{\partial x_k} + \frac{\partial^2 u_k}{\partial x_k \partial x_l}\frac{\partial u_i}{\partial x_l}\right) \\
&\quad + \left(\frac{A}{4} + B\right)\left(\frac{\partial^2 u_k}{\partial x_l \partial x_k}\frac{\partial u_l}{\partial x_i} + \frac{\partial^2 u_l}{\partial x_i \partial x_k}\frac{\partial u_k}{\partial x_l}\right) \\
&\quad + \left(K - \frac{2}{3}\mu + B\right)\frac{\partial^2 u_i}{\partial x_k^2}\frac{\partial u_l}{\partial x_l} + (B + 2C)\frac{\partial^2 u_k}{\partial x_k \partial x_i}\frac{\partial u_l}{\partial x_l}
\end{aligned}
$$

F_i 为体力的第 i 个分量, 方程 (1.25) 就是 "五常数" 非线性弹性理论的基本方程 (所谓 "五常数" 指的是 K, μ, A, B, C)。

从形式上讲, 非线性的来源是几何非线性及广义胡克定律的非线性。几何非线性是指式 (1.10) 表示的形变张量中的二次项, 它纯粹是由形变后几何条件变化引起的, 不依赖于形变物体的物理性质。广义胡克定律 (1.22) 的非线性又称物理非线性, 它是由弹性能中计入三阶弹性常数而造成的, 因此它直接与具体固体的非线性弹性常数有关。换言之, 物理非线性是由三阶弹性模量 A, B, C 所决定。

1.2　弹性波在固体中的非线性传播

当一阶近似时仅有一纵波的情况, 此时

$$\boldsymbol{u}(x,t) = u_x(x,t)\boldsymbol{i}$$

式 (1.25) 变为

$$\rho_0\frac{\partial^2 u_x}{\partial t^2} - \mu\frac{\partial^2 u_x}{\partial x^2} - \left(K + \frac{\mu}{3}\right)\frac{\partial^2 u_x}{\partial x^2} = \left[3\left(K + \frac{4}{3}\mu\right) + 2A + 6B + 2C\right]\frac{\partial^2 u_x}{\partial x^2}\frac{\partial u_x}{\partial x} \tag{1.26}$$

令 $\alpha = K + \dfrac{4}{3}\mu, \beta = 3\alpha + 2A + 6B + 2C$, 则

$$\rho_0\frac{\partial^2 u_x}{\partial t^2} - \alpha\frac{\partial^2 u_x}{\partial x^2} = \beta\frac{\partial^2 u_x}{\partial x^2}\frac{\partial u_x}{\partial x} \tag{1.27}$$

令解为 $u_x = u_x^{(1)} + u_x^{(2)}$，代入得

一阶近似方程：

$$\rho_0 \frac{\partial^2 u_x^{(1)}}{\partial x^2} - \alpha \frac{\partial^2 u_x^{(1)}}{\partial t^2} = 0, \quad c_l = \sqrt{\alpha/\rho_0} = \sqrt{\left(k + \frac{4}{3}\mu\right) / \rho_0} \tag{1.28}$$

二阶近似方程：

$$\rho_0 \frac{\partial^2 u_x^{(2)}}{\partial x^2} - \alpha \frac{\partial^2 u_x^{(2)}}{\partial t^2} = \beta \frac{\partial^2 u_x^{(1)}}{\partial x^2} \frac{\partial u_x^{(1)}}{\partial x} \tag{1.29}$$

求解此方程，当边界条件为 $u_x^{(1)}(0,t) = u_0(1 - \cos \omega t)$ 时，一阶近似解为

$$u_x^{(1)}(x,t) = u_0[1 - \cos(\omega t - k_l x)] \tag{1.30}$$

$$v_x^{(1)}(x,t) = u_0 \omega \sin(\omega t - k_l x) = v_0 \sin(\omega t - k_l x) \tag{1.31}$$

方程 (1.26) 的解为

$$u_x^{(2)} = -\frac{\beta}{\alpha} \frac{k_l^2 x u_0^2}{8} [1 - \cos 2(\omega t - k_l x)] \tag{1.32}$$

其中，$k_l = \dfrac{\omega}{c_l}$。

质点速度

$$v^{(2)}(x,t) = -\frac{\beta}{4\alpha} \frac{\omega x v_0^2}{c_l^2} \sin 2(\omega t - k_l x) = v_{20} \sin 2(\omega t - k_l x) \tag{1.33}$$

$$v_{20} = -\frac{\beta}{4\alpha} \frac{\omega x p_{10}^2}{\rho_0^2 c_l^4}$$

为当 $x = 0$ 处有一纵波时，在距离 x 处产生的二次谐波 (纵波) 的振速幅值，与此相应的声压为

$$p_{20} = -\frac{\beta}{4\alpha} \frac{\omega x p_{10}^2}{\rho_0 c_l^3} \tag{1.34}$$

$$p_{20} = N \frac{\omega x p_{10}^2}{2\rho_0 c_l^3}, \quad N = -\frac{\beta}{2\alpha} = -\left(\frac{3}{2} + \frac{A + 3B + C}{\alpha}\right) \tag{1.35}$$

或

$$p_{20} = \frac{(n_l + 1)\omega x p_{10}^2}{4\rho_0 c_l^3}, \quad n_l = -\frac{\beta}{\alpha} - 1 = -4 - \frac{2(A + 3B + C)}{\alpha} \tag{1.36}$$

此 n_l 与以前在液体、气体中所用的 n 对应。

对于大部分固体来说，$A + 3B + C < 0, n_l$ 约为 $3 \sim 14$，与液体的 n 有相同的数量级，但固体中声速比液体中大，因此固体中纵波的二次谐波要比液体中至少小一个量级。

式 (1.36) 又可写成

$$\frac{A + 3B + C}{\alpha} = -\left(\frac{2\rho_0 c_l^3}{\omega x p_{10}} \frac{p_{20}}{p_{10}} + \frac{3}{2} \right) \tag{1.37}$$

如能在实验中确定 p_{20}, p_{10} 等量，则由式 (1.37) 就可求出 $\dfrac{A + 3B + C}{\alpha}$，即三阶弹性模量 $A + 3B + C$ [2-6]。

1.3 固体中弹性波的相互作用

$$\rho_0 \frac{\partial^2 S_i}{\partial t^2} - \mu \frac{\partial^2 S_i}{\partial x_k^2} - \left(K + \frac{\mu}{3} \right) \frac{\partial^2 S_l}{\partial x_l \partial x_i} = F_i \tag{1.38}$$

假设

$$\boldsymbol{S} = \boldsymbol{S}^{(1)} + \boldsymbol{S}^{(s)} \tag{1.39}$$

式中，$\boldsymbol{S}^{(1)}$ 为方程 (1.37) 右边为零的解，$\boldsymbol{S}^{(s)}$ 为微扰解。

由于我们对两列波的相互作用感兴趣，假设 $\boldsymbol{S}^{(1)}$ 是两列简谐波的叠加：

$$\boldsymbol{S}^{(1)} = \boldsymbol{A}_0 \cos \left(\omega_1 t - \boldsymbol{k}_1 \cdot \boldsymbol{r} \right) + \boldsymbol{B}_0 \cos \left(\omega_2 t - \boldsymbol{k}_2 \cdot \boldsymbol{r} \right) \tag{1.40}$$

式中，$\boldsymbol{A}_0, \boldsymbol{B}_0$ 为振幅矢量；$\boldsymbol{k}_1, \boldsymbol{k}_2$ 为波矢量。

对于横波，振幅矢量垂直于波矢量 $\boldsymbol{k}$，有

$$\omega = c_t k, \quad c_t = \sqrt{\frac{\mu}{\rho_0}}$$

对于纵波，振幅矢量平行于波矢量 $\boldsymbol{k}$，有

$$\omega = c_l k, \quad c_l = \sqrt{\frac{K + \dfrac{4}{3}\mu}{\rho_0}} \tag{1.41}$$

把 $\boldsymbol{S}^{(1)}$ 代入波动方程，得到

$$\rho_0 \frac{\partial^2 S_i^{(s)}}{\partial t^2} - \mu \frac{\partial^2 S_i^{(s)}}{\partial x_k^2} - \left(K + \frac{\mu}{3} \right) \frac{\partial^2 S_l^{(s)}}{\partial x_l \partial x_i} = p_i \tag{1.42}$$

由于 $\boldsymbol{S}^{(1)}$ 满足齐次解，所以 $\boldsymbol{S}^{(1)}$ 从方程左端消失，矢量 $\boldsymbol{p}$ 是两简谐波乘积的和，其中某些项代表了简谐波的相互作用。

其中，

$$\boldsymbol{p} = \boldsymbol{I}^+ \sin\left[(\omega_1 + \omega_2)\, t - (\boldsymbol{k}_1 + \boldsymbol{k}_2) \cdot\, \boldsymbol{r}\right] + \boldsymbol{I}^- \sin\left[(\omega_1 - \omega_2)\, t - (\boldsymbol{k}_1 - \boldsymbol{k}_2) \cdot\, \boldsymbol{r}\right] \quad (1.43)$$

由于

$$\boldsymbol{u} = \boldsymbol{A}_0 \cos(\omega_1 t - \boldsymbol{k}_1 \cdot \boldsymbol{r}) + \boldsymbol{B}_0 \cos(\omega_2 t - \boldsymbol{k}_2 \cdot \boldsymbol{r}) = \boldsymbol{A}_0 \cos(a) + \boldsymbol{B}_0 \cos(b)$$

这里，

$$a = \omega_1 t - \boldsymbol{k}_1 \cdot \boldsymbol{r}, \quad b = \omega_2 t - \boldsymbol{k}_2 \cdot \boldsymbol{r}$$

$$\nabla^2 \boldsymbol{u} = \boldsymbol{A}_0 k_1^2 \cos(a) - \boldsymbol{B}_0 k_2^2 \cos(b)$$

$$\frac{\partial \boldsymbol{u}}{\partial x_i} = \boldsymbol{A}_0 \frac{\partial}{\partial x_i}(\boldsymbol{k}_1 \cdot \boldsymbol{r}) \sin(a) + \boldsymbol{B}_0 \frac{\partial}{\partial x_i}(\boldsymbol{k}_2 \cdot \boldsymbol{r}) \sin(b) = \boldsymbol{A}_0 k_1^i \sin(a) + \boldsymbol{B}_0 k_2^i \sin(b)$$

$$\nabla u_i = A_0^i \boldsymbol{k}_1 \sin(a) + B_0^i \boldsymbol{k}_2 \sin(b)$$

$$\nabla \cdot \boldsymbol{u} = (\boldsymbol{A}_0 \cdot \boldsymbol{k}_1) \sin(a) + (\boldsymbol{B}_0 \cdot \boldsymbol{k}_2) \sin(b)$$

$$\left(\mu + \frac{A}{4}\right) \left(\frac{\partial^2 u_l}{\partial x_k^2} \frac{\partial u_l}{\partial x_i} + \frac{\partial^2 u_k}{\partial x_k^2} \frac{\partial u_i}{\partial x_l} + 2\frac{\partial^2 u_i}{\partial x_l \partial x_k} \frac{\partial u_l}{\partial x_k}\right)$$

$$= \left(\mu + \frac{A}{4}\right) \left(\nabla^2 u_l \frac{\partial u_l}{\partial x_i} + \nabla^2 u_l \frac{\partial u_i}{\partial x_l} + 2\frac{\partial^2 u_i}{\partial x_l \partial x_k} \frac{\partial u_l}{\partial x_k}\right)$$

$$= \left(\mu + \frac{A}{4}\right) \left(\nabla^2 u \cdot \frac{\partial \boldsymbol{u}}{\partial x_i} + \nabla^2 u \cdot \nabla u_i + 2\frac{\partial}{\partial x_k} \nabla u_i \cdot \frac{\partial \boldsymbol{u}}{\partial x_k}\right)$$

$$= -\left(\mu + \frac{A}{4}\right) [(\boldsymbol{A}_0 \cdot \boldsymbol{B}_0)\, (\boldsymbol{k}_2 \cdot \boldsymbol{k}_2)\, \boldsymbol{k}_1 \sin(a) \cos(b) + (\boldsymbol{A}_0 \cdot \boldsymbol{B}_0)\, (\boldsymbol{k}_1 \cdot \boldsymbol{k}_1)\, \boldsymbol{k}_2 \sin(b) \cos(a)$$

$$+ (\boldsymbol{B}_0 \cdot \boldsymbol{k}_1)\, (\boldsymbol{k}_2 \cdot \boldsymbol{k}_2)\, \boldsymbol{A}_0 \sin(a) \cos(b) + (\boldsymbol{A}_0 \cdot \boldsymbol{k}_2)\, (\boldsymbol{k}_1 \cdot \boldsymbol{k}_1)\, \boldsymbol{B}_0 \sin(b) \cos(a)$$

$$+ 2(\boldsymbol{A}_0 \cdot \boldsymbol{k}_2)\, (\boldsymbol{k}_1 \cdot \boldsymbol{k}_2)\, \boldsymbol{B}_0 \sin(a) \cos(b) + 2(\boldsymbol{B}_0 \cdot \boldsymbol{k}_1)\, (\boldsymbol{k}_1 \cdot \boldsymbol{k}_2)\, \boldsymbol{A}_0 \sin(b) \cos(a)]$$

$$= -\frac{1}{2}\left(\mu + \frac{A}{4}\right) [(\boldsymbol{A}_0 \cdot \boldsymbol{B}_0)\, (\boldsymbol{k}_2 \cdot \boldsymbol{k}_2)\, \boldsymbol{k}_1 \pm (\boldsymbol{A}_0 \cdot \boldsymbol{B}_0)\, (\boldsymbol{k}_1 \cdot \boldsymbol{k}_1)\, \boldsymbol{k}_1$$

$$+ (\boldsymbol{B}_0 \cdot \boldsymbol{k}_1)\, (\boldsymbol{k}_2 \cdot \boldsymbol{k}_2)\, \boldsymbol{A}_0 \pm (\boldsymbol{A}_0 \cdot \boldsymbol{k}_2)\, (\boldsymbol{k}_1 \cdot \boldsymbol{k}_1)\, \boldsymbol{B}_0$$

$$\pm 2(\boldsymbol{A}_0 \cdot \boldsymbol{k}_2)\, (\boldsymbol{k}_1 \cdot \boldsymbol{k}_2)\, \boldsymbol{B}_0 \pm 2(\boldsymbol{B}_0 \cdot \boldsymbol{k}_1)\, (\boldsymbol{k}_1 \cdot \boldsymbol{k}_2)\, \boldsymbol{A}_0]$$

$$\times \sin\left[(\omega_1 \pm \omega_2)t - (\boldsymbol{k}_1 \pm \boldsymbol{k}_2) \cdot \boldsymbol{r}\right]$$

$$\left(K + \frac{\mu}{3} + \frac{A}{4} + B\right)\left(\frac{\partial^2 u_l}{\partial x_i \partial x_k}\frac{\partial u_l}{\partial x_k} + \frac{\partial^2 u_k}{\partial x_l \partial x_k}\frac{\partial u_i}{\partial x_l}\right)$$

$$= \left(K + \frac{\mu}{3} + \frac{A}{4} + B\right)\left[\frac{\partial}{\partial x_k}\frac{\partial \boldsymbol{u}}{\partial x_i}\cdot\frac{\partial \boldsymbol{u}}{\partial x_k} + \frac{\partial}{\partial x_k}\cdot\boldsymbol{\nabla} u_k\cdot\boldsymbol{\nabla} u_i\right]$$

$$= -\left(K + \frac{1}{3}\mu + \frac{A}{4} + B\right)\Big[(\boldsymbol{A}_0\cdot\boldsymbol{B}_0)\ (\boldsymbol{k}_1\cdot\boldsymbol{k}_2)\ \boldsymbol{k}_2\sin(a)\cos(b)$$

$$+ (\boldsymbol{A}_0\cdot\boldsymbol{B}_0)\ (\boldsymbol{k}_1\cdot\boldsymbol{k}_2)\ \boldsymbol{k}_1\sin(b)\cos(a) + (\boldsymbol{B}_0\cdot\boldsymbol{k}_2)\ (\boldsymbol{k}_1\cdot\boldsymbol{k}_2)\ \boldsymbol{A}_0\sin(a)\cos(b)\Big]$$

$$= -\frac{1}{2}\left(K + \frac{1}{3}\mu + \frac{A}{4} + B\right)\Big[(\boldsymbol{A}_0\cdot\boldsymbol{B}_0)\ (\boldsymbol{k}_1\cdot\boldsymbol{k}_2)\ \boldsymbol{k}_2 \pm (\boldsymbol{A}_0\cdot\boldsymbol{B}_0)\ (\boldsymbol{k}_1\cdot\boldsymbol{k}_2)\ \boldsymbol{k}_1$$

$$+ (\boldsymbol{B}_0\cdot\boldsymbol{k}_2)\ (\boldsymbol{k}_1\cdot\boldsymbol{k}_2)\ \boldsymbol{A}_0 \pm (\boldsymbol{A}_0\cdot\boldsymbol{k}_1)\ (\boldsymbol{k}_1\cdot\boldsymbol{k}_2)\ \boldsymbol{B}_0\Big]$$

$$\times \sin\left[(\omega_1\pm\omega_2)\,t - (\boldsymbol{k}_1\pm\boldsymbol{k}_2)\cdot\boldsymbol{r}\right]$$

$$\left(K - \frac{2}{3}\mu + B\right)\left(\frac{\partial^2 u_i}{\partial x_k \partial x_k}\frac{\partial u_l}{\partial x_l}\right) = \left(K - \frac{2}{3}\mu + B\right)\left[(\nabla^2 u_i)(\nabla\cdot\boldsymbol{u})\right]$$

$$= -\frac{1}{2}\left(K - \frac{2}{3}\mu + B\right)\left[(\boldsymbol{A}_0\cdot\boldsymbol{k}_0)\ (\boldsymbol{k}_2\cdot\boldsymbol{k}_1)\,\boldsymbol{B}_0\ + (\boldsymbol{B}_0\cdot\boldsymbol{k}_2)\ (\boldsymbol{k}_2\cdot\boldsymbol{k}_1)\ \boldsymbol{A}_0\right]$$

$$\times \sin\left[(\omega_1\pm\omega_2)\,t - (\boldsymbol{k}_1\pm\boldsymbol{k}_2)\cdot\boldsymbol{r}\right]$$

$$(B + 2C)\left(\frac{\partial^2 u_k}{\partial x_i \partial x_k}\frac{\partial u_l}{\partial x_l}\right) = (B + 2C)\left[\frac{\partial}{\partial x_i}(\nabla\cdot\boldsymbol{u})(\nabla\cdot\boldsymbol{u})\right]$$

$$= -\frac{1}{2}(B + 2C)\left[(\boldsymbol{A}_0\cdot\boldsymbol{k}_1)\ (\boldsymbol{B}_0\cdot\boldsymbol{k}_2)\,\boldsymbol{k}_2\ \pm (\boldsymbol{A}_0\cdot\boldsymbol{k}_1)\ (\boldsymbol{B}_0\cdot\boldsymbol{k}_2)\ \boldsymbol{k}_1\right]$$

$$\times \sin\left[(\omega_1\pm\omega_2)\,t - (\boldsymbol{k}_1\pm\boldsymbol{k}_2)\cdot\boldsymbol{r}\right]$$

$$\left(\frac{A}{4} + B\right)\left(\frac{\partial^2 u_k}{\partial x_l \partial x_k}\frac{\partial u_l}{\partial x_i} + \frac{\partial^2 u_l}{\partial x_i \partial x_k}\frac{\partial u_k}{\partial x_l}\right)$$

$$= \left(\frac{A}{4} + B\right)\left[\frac{\partial}{\partial x_k}\cdot\boldsymbol{\nabla} u_k\cdot\frac{\partial \boldsymbol{u}}{\partial x_i} + \frac{\partial}{\partial x_k}\frac{\partial \boldsymbol{u}}{\partial x_i}\cdot\boldsymbol{\nabla} u_k\right]$$

$$= -\frac{1}{2}\left(\frac{A}{4} + B\right)[(\boldsymbol{A}_0\cdot\boldsymbol{k}_2)\ (\boldsymbol{B}_0\cdot\boldsymbol{k}_2)\ \boldsymbol{k}_1 \pm (\boldsymbol{A}_0\cdot\boldsymbol{k}_1)\ (\boldsymbol{B}_0\cdot\boldsymbol{k}_1)\ \boldsymbol{k}_2$$

$$+ (\boldsymbol{A}_0\cdot\boldsymbol{k}_2)\ (\boldsymbol{B}_0\cdot\boldsymbol{k}_1)\ \boldsymbol{k}_2 \pm (\boldsymbol{A}_0\cdot\boldsymbol{k}_2)\ (\boldsymbol{B}_0\cdot\boldsymbol{k}_1)\ \boldsymbol{k}_1]$$

$$\times \sin\left[(\omega_1\pm\omega_2)\,t - (\boldsymbol{k}_1\pm\boldsymbol{k}_2)\cdot\boldsymbol{r}\right]$$

因此，

$$
\begin{aligned}
\boldsymbol{I}^{\pm} =&-\frac{1}{2}\left(\mu+\frac{A}{4}\right)\left[\left(\boldsymbol{A}_0\cdot\boldsymbol{B}_0\right)\left(\boldsymbol{k}_2\cdot\boldsymbol{k}_2\right)\boldsymbol{k}_1\pm\left(\boldsymbol{A}_0\cdot\boldsymbol{B}_0\right)\left(\boldsymbol{k}_1\cdot\boldsymbol{k}_1\right)\boldsymbol{k}_2\right.\\
&+\left(\boldsymbol{B}_0\cdot\boldsymbol{k}_1\right)\left(\boldsymbol{k}_2\cdot\boldsymbol{k}_2\right)\boldsymbol{A}_0\pm\left(\boldsymbol{A}_0\cdot\boldsymbol{k}_2\right)\left(\boldsymbol{k}_1\cdot\boldsymbol{k}_1\right)\boldsymbol{B}_0+2\left(\boldsymbol{A}_0\cdot\boldsymbol{k}_2\right)\left(\boldsymbol{k}_1\cdot\boldsymbol{k}_2\right)\boldsymbol{B}_0\\
&\left.\pm2\left(\boldsymbol{B}_0\cdot\boldsymbol{k}_1\right)\left(\boldsymbol{k}_1\cdot\boldsymbol{k}_2\right)\boldsymbol{A}_0\right]\\
&-\frac{1}{2}\left(K+\frac{1}{3}\mu+\frac{A}{4}+B\right)\left[\left(\boldsymbol{A}_0\cdot\boldsymbol{B}_0\right)\left(\boldsymbol{k}_1\cdot\boldsymbol{k}_2\right)\boldsymbol{k}_2\pm\left(\boldsymbol{A}_0\cdot\boldsymbol{B}_0\right)\left(\boldsymbol{k}_1\cdot\boldsymbol{k}_2\right)\boldsymbol{k}_1\right.\\
&\left.+\left(\boldsymbol{B}_0\cdot\boldsymbol{k}_2\right)\left(\boldsymbol{k}_1\cdot\boldsymbol{k}_2\right)\boldsymbol{A}_0\pm\left(\boldsymbol{A}_0\cdot\boldsymbol{k}_1\right)\left(\boldsymbol{k}_1\cdot\boldsymbol{k}_2\right)\boldsymbol{B}_0\right]\\
&-\frac{1}{2}\left(K-\frac{2}{3}\mu+B\right)\left[\left(\boldsymbol{A}_0\cdot\boldsymbol{k}_1\right)\left(\boldsymbol{k}_2\cdot\boldsymbol{k}_1\right)\boldsymbol{B}_0\pm\left(\boldsymbol{B}_0\cdot\boldsymbol{k}_2\right)\left(\boldsymbol{k}_1\cdot\boldsymbol{k}_2\right)\boldsymbol{A}_0\right]\\
&-\frac{1}{2}\left(\frac{A}{4}+B\right)\left[\left(\boldsymbol{A}_0\cdot\boldsymbol{k}_2\right)\left(\boldsymbol{B}_0\cdot\boldsymbol{k}_2\right)\boldsymbol{k}_1\pm\left(\boldsymbol{A}_0\cdot\boldsymbol{k}_1\right)\left(\boldsymbol{B}_0\cdot\boldsymbol{k}_1\right)\boldsymbol{k}_2\right.\\
&\left.+\left(\boldsymbol{A}_0\cdot\boldsymbol{k}_2\right)\left(\boldsymbol{B}_0\cdot\boldsymbol{k}_1\right)\boldsymbol{k}_2\pm\left(\boldsymbol{A}_0\cdot\boldsymbol{k}_2\right)\left(\boldsymbol{B}_0\cdot\boldsymbol{k}_1\right)\boldsymbol{k}_1\right]\\
&-\frac{1}{2}\left(B+2C\right)\left[\left(\boldsymbol{A}_0\cdot\boldsymbol{k}_1\right)\left(\boldsymbol{B}_0\cdot\boldsymbol{k}_2\right)\boldsymbol{k}_2\pm\left(\boldsymbol{A}_0\cdot\boldsymbol{k}_1\right)\left(\boldsymbol{B}_0\cdot\boldsymbol{k}_2\right)\boldsymbol{k}_1\right]
\end{aligned}
\tag{1.44}
$$

将式 (1.42) 改写为

$$
\rho_0\frac{\partial^2 S_i^{(s)}}{\partial t^2}-\mu\frac{\partial^2 S_i^{(s)}}{\partial x_k^2}-\left(K+\frac{4}{3}\mu\right)\frac{\partial^2 S_l^{(s)}}{\partial x_l\partial x_i}+\mu\frac{\partial^2 S_l^{(s)}}{\partial x_l\partial x_i}=p_i
\tag{1.45}
$$

改写成矢量形式:

$$
\because\frac{\partial^2 S_i}{\partial x_k^2}=\nabla^2 S_i,\quad\frac{\partial^2 S_l^{(s)}}{\partial x_l\partial x_i}=\frac{\partial}{\partial x_i}\left(\frac{\partial S_l}{\partial x_l}\right)=\frac{\partial}{\partial x_i}\left(\nabla\cdot\boldsymbol{S}\right)
$$

$$
\therefore\frac{\partial^2\boldsymbol{S}}{\partial t^2}-c_t^2\nabla^2\overline{S}-c_l^2\nabla\left(\nabla\cdot\boldsymbol{S}\right)+c_t^2\nabla\left(\nabla\cdot\boldsymbol{S}\right)=4\pi\boldsymbol{q},\quad 4\pi\boldsymbol{q}=\frac{\overline{p}}{\rho_0}
\tag{1.46}
$$

即

$$
\frac{\partial^2\boldsymbol{S}}{\partial t^2}-c_l^2\nabla\left(\nabla\cdot\boldsymbol{S}\right)+c_t^2\nabla\times\left(\nabla\times\boldsymbol{S}\right)=4\pi\boldsymbol{q}
$$

散射波:

$$\boldsymbol{S}(r,t) = \frac{\boldsymbol{I}^{+} \cdot \hat{r}}{4\pi c_l^2 \rho_0} \frac{\hat{r}}{r} \int_V \sin\left[\left(\frac{\omega_1 + \omega_2}{c_l}\hat{r} - \boldsymbol{k}_1 - \boldsymbol{k}_2\right) \cdot \boldsymbol{r}' - (\omega_1 + \omega_2)\left(\frac{r}{c_l} - t\right)\right]\mathrm{d}V$$

$$+ \frac{\boldsymbol{I}^{-} \cdot \hat{r}}{4\pi c_l^2 \rho_0} \frac{\hat{r}}{r} \int_V \sin\left[\left(\frac{\omega_1 - \omega_2}{c_l}\hat{r} - \boldsymbol{k}_1 + \boldsymbol{k}_2\right) \cdot \boldsymbol{r}' - (\omega_1 - \omega_2)\left(\frac{r}{c_l} - t\right)\right]\mathrm{d}V$$

$$+ \frac{\boldsymbol{I}^{+} - (\hat{r} \cdot \boldsymbol{I}^{+})}{4\pi c_t^2 \rho_0} \frac{\hat{r}}{r} \int_V \sin\left[\left(\frac{\omega_1 + \omega_2}{c_t}\hat{r} - \boldsymbol{k}_1 - \boldsymbol{k}_2\right) \cdot \boldsymbol{r}' - (\omega_1 + \omega_2)\left(\frac{r}{c_t} - t\right)\right]\mathrm{d}V$$

$$+ \frac{\boldsymbol{I}^{-} - (\hat{r} \cdot \boldsymbol{I}^{-})}{4\pi c_t^2 \rho_0} \frac{\hat{r}}{r} \int_V \sin\left[\left(\frac{\omega_1 - \omega_2}{c_t}\hat{r} - \boldsymbol{k}_1 + \boldsymbol{k}_2\right) \cdot \boldsymbol{r}' - (\omega_1 - \omega_2)\left(\frac{r}{c_t} - t\right)\right]\mathrm{d}V$$

$$(1.47)$$

式中, $\hat{r} = \dfrac{\boldsymbol{r}'}{r}$, 是 $\boldsymbol{r}$ 方向的单位矢量。远场 $R \approx r - \hat{r} \cdot \boldsymbol{r}'$(图 1.2)。

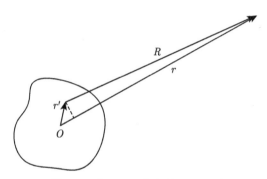

图 1.2 声源和观察点的位置关系

谐振条件:

$$\frac{\omega_1 + \omega_2}{c_l}\hat{r}_s - (\boldsymbol{k}_1 + \boldsymbol{k}_2) = 0 \quad \Rightarrow \quad (c_l, \quad \omega_1 + \omega_2)$$

$$\frac{\omega_1 - \omega_2}{c_l}\hat{r}_s - (\boldsymbol{k}_1 - \boldsymbol{k}_2) = 0 \quad \Rightarrow \quad (c_l, \quad \omega_1 - \omega_2)$$

$$\frac{\omega_1 + \omega_2}{c_t}\hat{r}_s - (\boldsymbol{k}_1 + \boldsymbol{k}_2) = 0 \quad \Rightarrow \quad (c_t, \quad \omega_1 + \omega_2)$$

$$\frac{\omega_1 - \omega_2}{c_t}\hat{r}_s - (\boldsymbol{k}_1 - \boldsymbol{k}_2) = 0 \quad \Rightarrow \quad (c_t, \quad \omega_1 - \omega_2)$$

$$(1.48)$$

以式 (1.48) 第一项为例, 讨论谐振条件 (图 1.3)。

$$\left(\frac{\omega_1 + \omega_2}{c_l}\right)^2 = k_1^2 + k_2^2 + 2\boldsymbol{k}_1 \cdot \boldsymbol{k}_2$$

$$(1.49)$$

$$= k_1^2 + k_2^2 + 2k_1 k_2 \cos\varphi$$

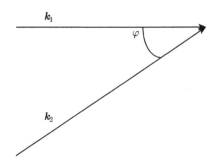

图 1.3 k_1, k_2 为初始入射波, 夹角为 φ

两相交声波之间的相互作用有三种情形:

(1) $L + L \to L$ 时。

$$\left(\frac{\omega_1 + \omega_2}{c_l}\right)^2 = \left(\frac{\omega_1}{c_l}\right)^2 + \left(\frac{\omega_2}{c_l}\right)^2 + 2\frac{\omega_1}{c_l}\frac{\omega_2}{c_l}\cos\varphi \quad \Rightarrow \quad \varphi = 0$$

(2) $T + T \to L$ 时。

$$\left(\frac{\omega_1 + \omega_2}{c_l}\right)^2 = \left(\frac{\omega_1}{c_t}\right)^2 + \left(\frac{\omega_2}{c_t}\right)^2 + 2\frac{\omega_1}{c_t}\frac{\omega_2}{c_t}\cos\varphi$$

令 $c = \dfrac{c_t}{c_l}$, $a = \dfrac{\omega_2}{\omega_1}$, 得

$$\cos\varphi = c^2 + \frac{1}{2a}\left(c^2 - 1\right)\left(a^2 + 1\right)$$

$$\because |\cos\varphi| \leqslant 1, \quad \therefore \frac{1-c}{1+c} < a < \frac{1+c}{1-c}$$

(3) $T + L \to L$ 时。

$$\left(\frac{\omega_1 + \omega_2}{c_l}\right)^2 = \left(\frac{\omega_1}{c_t}\right)^2 + \left(\frac{\omega_2}{c_l}\right)^2 + 2\frac{\omega_1}{c_t}\frac{\omega_2}{c_l}\cos\varphi$$

令 $c = \dfrac{c_t}{c_l}$, $a = \dfrac{\omega_2}{\omega_1}$, 得

$$\cos\varphi = c + \frac{1}{2c}a\left(c^2 - 1\right)$$

$$\because |\cos\varphi| \leqslant 1, \quad \therefore 0 < a < \frac{2c}{1-c} \tag{1.50}$$

对于在此范围的 $\dfrac{\omega_2}{\omega_1}$, 可以选择初始波矢 k_1 和 k_2 之间的夹角, 获得波矢方向为 k_2 的散射波。

散射波

$$S\left(r, t\right) = \frac{I^+ \cdot \hat{r}_s}{4\pi c_l^2 \rho_0}\frac{\hat{r}_s}{r}V\sin\left(\omega_1 + \omega_2\right)\left(t - \frac{r}{c_l}\right)$$

散射波振幅

$$S_A = \frac{|\boldsymbol{I}^+ \cdot \hat{r}_s \hat{r}_s|}{4\pi c_l^2 \rho_0 r} V$$

以 $T + T \to L$ 为例。对于两初始横波，有

$$\because \boldsymbol{A}_0 \cdot \boldsymbol{k}_1 = \boldsymbol{B}_0 \cdot \boldsymbol{k}_2 = 0 \tag{1.51}$$

$$\begin{aligned}
\therefore \boldsymbol{I}^+ = &-\frac{1}{2}\left(\mu + \frac{1}{4}A\right)\left[(\boldsymbol{A}_0 \cdot \boldsymbol{B}_0)\ (k_2^2 \boldsymbol{k}_1 + k_1^2 \boldsymbol{k}_2) + (\boldsymbol{B}_0 \cdot \boldsymbol{k}_1)\ (k_2^2 + 2\boldsymbol{k}_1 \cdot \boldsymbol{k}_2)\ \boldsymbol{A}_0 \right. \\
&\left. + (\boldsymbol{A}_0 \cdot \boldsymbol{k}_2)\ (k_1^2 + 2\boldsymbol{k}_1 \cdot \boldsymbol{k}_2)\ \boldsymbol{B}_0\right] \\
&- \frac{1}{2}\left(K + \frac{1}{3}\mu + \frac{1}{4}A + B\right)\left[(\boldsymbol{A}_0 \cdot \boldsymbol{B}_0)\ (\boldsymbol{k}_1 \cdot \boldsymbol{k}_2)\ (\boldsymbol{k}_1 + \boldsymbol{k}_2)\right] \\
&- \frac{1}{2}\left(\frac{1}{4}A + B\right)\left[(\boldsymbol{A}_0 \cdot \boldsymbol{k}_2)\ (\boldsymbol{B}_0 \cdot \boldsymbol{k}_1)\ (\boldsymbol{k}_1 + \boldsymbol{k}_2)\right]
\end{aligned}$$

(1) 若一列初始波 $\boldsymbol{B}_0$ 垂直于 $\boldsymbol{k}_1\boldsymbol{k}_2$ 平面，即 $\boldsymbol{B}_0 \perp \boldsymbol{k}_1\boldsymbol{k}_2$ 平面，另一列初始波 $\boldsymbol{A}_0$ 位于 $\boldsymbol{k}_1\boldsymbol{k}_2$ 平面内，即 $\boldsymbol{A}_0 /\!/ \boldsymbol{k}_1\boldsymbol{k}_2$ 平面，则

$$\boldsymbol{A}_0 \cdot \boldsymbol{B}_0 = \boldsymbol{B}_0 \cdot \boldsymbol{k}_1 = 0$$

$$\boldsymbol{I}^+ = -\frac{1}{2}\left(\mu + \frac{1}{4}A\right)(\boldsymbol{A}_0 \cdot \boldsymbol{k}_2)\ (k_1^2 + 2\boldsymbol{k}_1 \cdot \boldsymbol{k}_2)\ \boldsymbol{B}_0, \quad \hat{r}_s \text{方向为} \boldsymbol{k}_1 + \boldsymbol{k}_2 \tag{1.52}$$

$$\boldsymbol{I}^+ \cdot \hat{r}_s = 0, \quad S_A = 0$$

S_A 无散射波。

(2) 若两列初始波都垂直于 $\boldsymbol{k}_1\boldsymbol{k}_2$ 平面，则

$$\boldsymbol{A}_0 \cdot \boldsymbol{k}_2 = \boldsymbol{B}_0 \cdot \boldsymbol{k}_1 = 0$$

$$\begin{aligned}
S_A = \frac{A_0 B_0 \omega_1^3 V}{16\pi \rho_0 r}\frac{1}{c_t^4 c_l}\Bigg\{ &-\left(\mu + \frac{1}{4}A\right)\left[(a^3 + 1)\ (c^2 - 1) + a\,(a + 1)\ (c^2 + 1)\right] \\
&- \left(K + \frac{1}{3}\mu + \frac{1}{4}A + B\right)\left[c^2\,(3c^2 - 1)\ (a + a^2) + c^2\,(c^2 - 1)\ (a^3 + 1)\right]\Bigg\}
\end{aligned} \tag{1.53}$$

式中，$a = \dfrac{\omega_2}{\omega_1}$ 为频率比；$c = \dfrac{c_t}{c_l}$ 为声速比。

以式 (1.48) 第三项为例，讨论谐振条件。

以 $T + T \to T$ 为例：

谐振条件

$$\left(\frac{\omega_1 + \omega_2}{c_t}\right)^2 = \left(\frac{\omega}{c_t}\right)^2 + \left(\frac{\omega}{c_t}\right)^2 + 2\frac{\omega}{c_t}\frac{\omega}{c_t}\cos\varphi, \quad \varphi = 0$$

振幅

$$S_A = \frac{|\boldsymbol{I}^+ - (\hat{r}_s \times \boldsymbol{I}^+)\,\hat{r}_s|}{4\pi c_t^2 \rho_0 r} V$$

(1) 若 $\boldsymbol{A}_0 /\!/ \boldsymbol{k}_1\boldsymbol{k}_2$ 平面，$\boldsymbol{B}_0 \perp \boldsymbol{k}_1\boldsymbol{k}_2$ 平面，则

$$\boldsymbol{A}_0 \cdot \boldsymbol{k}_1 = \boldsymbol{B}_0 \cdot \boldsymbol{k}_0 = 0, \quad \boldsymbol{A}_0 \cdot \boldsymbol{B}_0 = \boldsymbol{A}_0 \cdot \boldsymbol{k}_2 = 0$$
$$\boldsymbol{I}^+ = 0$$
$$S_A = 0$$

(2) 若 $\boldsymbol{A}_0, \boldsymbol{B}_0$ 均在 $\boldsymbol{k}_1\boldsymbol{k}_2$ 平面内，则

$$\boldsymbol{A}_0 \cdot \boldsymbol{k}_1 = \boldsymbol{B}_0 \cdot \boldsymbol{k}_0 = 0, \quad \boldsymbol{A}_0 \cdot \boldsymbol{k}_2 = \boldsymbol{B}_2 \cdot \boldsymbol{k}_1 = 0$$
$$\boldsymbol{I}^+ 与 \hat{r}_s \,(\text{即}\,\boldsymbol{k}_1, \boldsymbol{k}_2)\,\text{同向} \tag{1.54}$$
$$S_A = 0$$

散射波与初始波的关系及约束条件见表 1.1。

表 1.1　散射波与初始波的关系及约束条件

初始波	散射波	频率	$\cos\varphi$	频率约束条件	初始横波的行为	散射波振幅
$T+T$	L	$\omega_1+\omega_2$	$c^2 + \dfrac{1}{2a}(c^2-1)(a^2+1)$	$\dfrac{1-c}{1+c} < a < \dfrac{1+c}{1-c}$	$/\!/\,/\!/,\,/\!/\perp,\perp\perp$	$S_{A1}, 0, S_{A2}$
$L+T$	L	$\omega_1+\omega_2$	$c + \dfrac{1}{2c}a(c^2-1)$	$0 < a < \dfrac{2c}{1-c}$	$/\!/,\perp$	$S_{A3}, 0$
$L+L$	T	$\omega_1-\omega_2$	$\dfrac{1}{c^2} + \dfrac{1}{2ac^2}(c^2-1)(a^2+1)$	$\dfrac{1-c}{1+c} < a < \dfrac{1+c}{1-c}$		S_{A4}
$L+T$	L	$\omega_1-\omega_2$	$c + \dfrac{1}{2c}a(1-c^2)$	$0 < a < \dfrac{2c}{1-c}$	$/\!/,\perp$	$S_{A5}, 0$
$L+T$	T	$\omega_1-\omega_2$	$\dfrac{1}{c} + \dfrac{1}{2ac}(c^2-1)$	$\dfrac{1-c}{2} < a < \dfrac{1+c}{2}$	$/\!/,\perp$	S_{A6}, S_{A7}

1.4　固体界面接触声非线性

1.4.1　高次谐波的产生机理

超声波入射到非理想界面时，会产生高次谐波。高次谐波的产生与材料弹性行为的非线性相关，表现为材料中应力与应变之间关系的非线性。这种应力–应变非线性关系可由非线性胡克定律来描述：

$$\sigma = E_0\varepsilon\left(1 + \beta\varepsilon + \gamma\varepsilon^2 + \cdots\right) \tag{1.55}$$

其中，σ 表示应力；ε 表示应变；E_0 为弹性模量；β 及 γ 分别表示二阶和三阶非线性弹性系数。但是，由非理想界面产生的非线性与上述由材料的本构性能而产生的非线性，其机理是不同的。由非理想界面产生的高次谐波响应现象被称为声接触非线性 [7−12]。其物理机制是，非理想界面中的缺陷被纵向声波拉伸或挤压，引起非理想界面缺陷的不断振动，在波的压缩阶段，非理想界面缺陷的接触刚度比拉伸阶段高，因此波在压缩时缺陷封闭，波通过缺陷后可继续传播，而波在拉伸时缺陷张开，波的传播被阻断，这种缺陷接触表面之间的重复碰撞产生了声接触非线性效应，如图 1.4 所示。

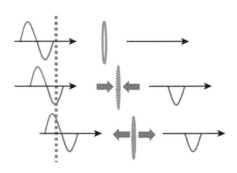

图 1.4　声接触非线性效应原理示意图

1.4.2　理论模型

如图 1.5 所示，黏接界面位于 $x = 0$，T_0 是黏接界面的黏附力，$X_+(t)$ 和 $X_-(t)$ 分别是黏接层右界面和左界面的位移，$P_+(t)$ 和 $P_-(t)$ 分别是两个界面上的应力。

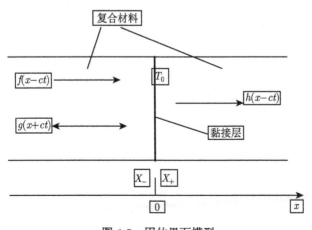

图 1.5　固体界面模型

在没有入射波时，初始条件为

$$\begin{cases} X_+(t) = X_-(t) = 0 \\ P_+(t) = P_-(t) = -T_0 \end{cases} \tag{1.56}$$

也就是说，两个界面位于 $x = 0$，只受到静态应力 T_0 的作用。

一列声纵波如图 1.5 所示在样品中传播，其中，$f(x-ct)$ 是入射纵波，$g(x+ct)$ 和 $h(x-ct)$ 分别是反射和透射纵波，由于黏接层非常薄，为了简化，我们认为没有波在黏接层中传播。入射纵波可以表示为

$$f(x-ct) = -A\cos(kx - \omega t + \varphi_0) \tag{1.57}$$

其中，$k = 2\pi/(cT)$；$\omega = 2\pi/T$；c 是固体样品的纵波速度；A 是振幅；φ_0 是初始相位；T 是时间周期。

因此两个界面的位移和受到的应力分别为

$$\begin{cases} X_+(t) = h(-ct) \\ X_-(t) = f(-ct) + g(ct) \end{cases} \tag{1.58}$$

$$\begin{cases} P_+(t) = C\dfrac{\partial h(x-ct)}{\partial x} - T_0 = -\rho c\dfrac{\partial X_+(t)}{\partial t} - T_0 \\ P_-(t) = C\dfrac{\partial(f(x-ct)+g(x+ct))}{\partial x} - T_0 = -F + \rho c\dfrac{\partial X_-(t)}{\partial t} - T_0 \end{cases} \tag{1.59}$$

其中，F 是入射纵波在左界面上产生的驱动力，可以表示为

$$F(t) = -2C\frac{\partial f(x-ct)}{\partial x} = F_0\sin(\omega t) \tag{1.60}$$

式中，$F_0 = 2\rho c\omega A$，ρ 是固体材料密度；$C = \rho c^2$，是固体材料的弹性常数。

初始条件下，黏接层闭合，两个界面在黏附力的作用下接触在一起。前半个周期 $(0 < t < T/2)$，左界面在入射波的驱动下沿着 $+x$ 方向运动，黏接层闭合，两个界面沿 $+x$ 方向同步运动，因此，边界条件为

$$\begin{cases} X_+(t) = X_-(t) \\ P_+(t) = P_-(t) \end{cases} \tag{1.61}$$

因此，

$$X_+(t) = X_-(t) = f(-ct) \tag{1.62}$$

后半个周期 $(T/2 < t < T)$，左界面在入射波的驱动下沿着 $-x$ 方向运动，如果入射波的振幅足够大，黏接层将被打开一个裂缝。在黏接层被打开的情况下，$X_+(t) > X_-(t)$，边界条件为

$$P_+(t) = P_-(t) = 0$$

由方程 (1.59) 可以得到

$$
\begin{cases}
\rho c \dfrac{\partial X_+(t)}{\partial t} = -T_0 \\[3mm]
\rho c \dfrac{\partial X_-(t)}{\partial t} = F(t) + T_0
\end{cases}
\tag{1.63}
$$

假设在 $t = t_1$ 时, 黏接层由闭合向打开转变, 由方程 (1.63) 可得

$$
\rho c (X_+(t) - X_-(t)) = -\int_{t_1}^{t_1+\Delta t} (F(t) + 2T_0)\mathrm{d}t
\tag{1.64}
$$

从方程 (1.64) 可见, 只有当 $F(t) + 2T_0 < 0$ 时, 黏接层被打开 $(X_+(t) - X_-(t) > 0)$, 产生接触声非线性。

令 $\Delta t \to 0$, $X_+(t) = X_-(t)$, 可以得到 t_1:

$$
\sin \omega t_1 = -\gamma, \quad t_1 = (\pi + \arcsin\gamma)/\omega
\tag{1.65}
$$

其中, $\gamma = T_0/(\rho c \omega A) = 2T_0/F_0$, 表征黏附力 T_0 与声波驱动力 F 最大值之间的关系。

当 $t < t_1$ 时, 黏接层闭合, 两个界面同步运动, 运动情况可由方程 (1.61) 求得, 当 $t > t_1$ 时, 黏接层被打开, 两个界面异步运动, 根据方程 (1.63), 右界面沿 $-x$ 方向运动, 左界面的位移方向随入射波的变化而变化。开始它沿着 $-x$ 方向运动, 到达振幅最大值后, 它又沿 $+x$ 方向运动, 假设 $t = t_2$, $X_+(t) = X_-(t)$, 两个界面碰撞在一起同步运动, 因此右界面在一个周期内的运动情况可以表示为

$$
h(x - ct) = \begin{cases}
-A\cos[k(x - ct_1)] - A\gamma\omega(t - t_1), & t_1 < t < t_2 \\[2mm]
-A\cos[k(x - ct)], & t_2 \leqslant t < t_1 + T
\end{cases}
\tag{1.66}
$$

其中, t_1 是黏接层从闭合到打开的时刻; t_2 是黏接层从打开到恢复闭合的时刻。时间间隔 $(t_2 - t_1)$ 可由前面的讨论获得, 从方程 (1.65) 可看到, γ 的值应该满足 $0 < \gamma < 1$。当 $\gamma > 1(T_0 > F_0/2)$ 时, t_1 无解, 也就是说, 黏接层无法被打开, 接触声非线性不会产生, 因此入射波必须有足够的振幅。

从前面的描述可以看到, $h(x - ct)$ 有基波和谐波成分, 对 $h(x - ct)$ 进行快速傅里叶变换 (FFT) 可以获得它的基波振幅 A_1 和二次谐波振幅 A_2。

因此, 对于图 1.5 的固体界面模型, 可得入射波、反射波与透射波的表达式为

$$
\begin{cases}
f(x - ct) = -A\cos(kx - \omega t) \\
g(x + ct) = -(1/2)Y(t + x/c) \\
h(x - ct) = f(x - ct) + (1/2)Y(t - x/c)
\end{cases}
\tag{1.67}
$$

$$Y = 2A[\cos\omega t + \cos\omega t_1 - \eta\omega(t - t_1)] \tag{1.68}$$

其中，Y 是波传播过程引起的空隙 (不黏接界面) 状态；t_1 是空隙开始运动的时间；η 是表征空隙宽度的参数。当 $\eta \leqslant 0$ 时，空隙的宽度大于振动振幅，声波不能通过空隙；当 $\eta \geqslant 1$ 时，$Y = 0$；当 η 在 0 和 1 之间时，界面振动可能出现非线性，二次谐波极易产生。

当界面具有人工缺陷 (微裂纹或黏接不完全) 时，在超声作用下，无缺陷区域透射波为

$$h_1(x - ct) = f(x - ct) \tag{1.69}$$

在有缺陷的区域，缺陷开裂时，缺陷存在区域声波不能通过，但其他部分声波顺利通过；缺陷闭合时，声波在全部界面区域顺利通过。因此缺陷存在区域透射波为

$$h_2(x - ct) = \begin{cases} -A\cos[k(x - ct_1)] - A\gamma\omega(t - t_1), & t_1 < t < t_2 \\ -A\cos[k(x - ct)], & t_2 \leqslant t < t_1 + T \end{cases} \tag{1.70}$$

总的透射波为

$$h(x - ct) = \begin{cases} \int_{t_1}^{t} \sqrt{(1 - R)\omega^2 A^2 \sin^2[k(x - ct)] + RA^2\gamma^2\omega^2}\,\mathrm{d}t, & t_1 < t < t_2 \\ -A\cos[k(x - ct)], & t_2 \leqslant t < t_1 + T \end{cases} \tag{1.71}$$

1.5　板中的非线性兰姆波

1.5.1　非线性兰姆波

兰姆波定义为平面应变在均匀且各向同性板中传播时产生的弹性波，是由横波和纵波经过上下表面反射相互耦合而成的。根据质点振动相对于板中心面的运动情况，兰姆波在板壳中的传播情况分为对称型和反对称型两种基本模式，其中对称模式 (S) 包括 $S_0, S_1, S_2, \cdots, S_n$ 模态，反对称模式 (A) 包括 $A_0, A_1, A_2, \cdots, A_n$ 模态。超声波在板构材料中通常以兰姆波的形式进行传播，兰姆波是一种在厚度与激励声波波长为相同数量级的声导波 (如金属薄板) 中由纵波与横波耦合而成的特殊形式的应力波，它在不同厚度及不同激发频率下会产生不同的传播模式。邓明晰、Lima 和 Hamilton 各自独立提出采用导波激发的模式展开分析方法 [13-31]，分析兰姆波的二次谐波发生效应。其基本要点是，在二阶微扰近似条件下，伴随基频兰姆波传播所产生的二倍频彻体力和面驱动应力张量，其作用是在板中激发出一系列的二倍频兰姆波模式，它们叠加起来即构成基频兰姆波的二次谐波声场；当基频兰姆波的相速度与某一二倍频兰姆波模式的相速度相等时，该二倍频兰姆波模式随

传播距离累积增长, 此时其等同于基于界面非线性声反射理论所得的具有累积效应的二次谐波。

1.5.2 利用模式展开分析方法 [32]

板中的非线性弹性波的运动方程为

$$(\lambda + \mu)\nabla(\nabla \cdot u) - \mu\nabla \times (\nabla \times u) + f = \rho_0 \frac{\partial^2 u}{\partial t^2} \tag{1.72}$$

边界条件 $\mathcal{L}$ 为

$$(S^L - \bar{S}) \cdot n_y = 0 \tag{1.73}$$

这里, u 为质点位移; λ, μ 为拉梅常量; ρ_0 为密度; y 是厚度方向; n_y 是垂直于表面 $\mathcal{L}$ 的单位矢量; S^L 是皮奥拉–基尔霍夫 (Piola-Kirchhoff) 应力张量的线性部分; $\bar{S}$ 和 f 是非线性部分。

考虑一阶非线性, 能量的表达式如下:

$$U = \frac{1}{4}\mu(u_{i,j} + u_{j,i})^2 + \left(\frac{1}{2}K - \frac{1}{3}u\right)(u_{i,i})^2 + \left(\mu + \frac{1}{4}A\right)(u_{i,j}u_{k,i}u_{k,j})$$

$$+ \left(\frac{1}{2}K - \frac{1}{3}\mu + \frac{1}{2}B\right)[u_{i,i}(u_{j,k})^2] + \frac{1}{12}A(u_{i,j}u_{j,k}u_{k,i}) + \frac{1}{2}B(u_{j,k}u_{k,j}u_{i,i})$$

$$+ \frac{1}{3}C(u_{i,i})^3 + \cdots \tag{1.74}$$

其中, A, B 和 C 为三阶非线性弹性常数; μ 和 K 分别为切变和压缩模量, 这里,

$$\varepsilon_{ij} = \frac{1}{2}(u_{i,j} + u_{j,i}) \tag{1.75}$$

$$S_{ij} = \frac{\partial U}{\partial u_{i,j}}, \quad f_i = S_{ij,j} \tag{1.76}$$

板中的解可以写成现有导波模式的线性叠加:

$$v(y, z, t) = \frac{1}{2}\sum_{m=1}^{\infty} A_m(z)v_m(z)\mathrm{e}^{-\mathrm{i}\omega t} \tag{1.77}$$

$$S(y, z, t) = \frac{1}{2}\sum_{m=1}^{\infty} A_m(z)S_m(y) \cdot n_z\mathrm{e}^{-\mathrm{i}\omega t} \tag{1.78}$$

这里, $v = \partial u/\partial t$; v_m 为 m 次模式的质点速度; S_m 是 m 阶模式的应变张量; A_m 是 m 阶模式的振幅。

A_m 由以下的方程来决定:

$$4P_{mn}\left(\frac{\mathrm{d}}{\mathrm{d}z} - \mathrm{i}k_n^*\right)A_m(z) = (f_n^{\mathrm{surf}} + f_n^{\mathrm{vol}})\mathrm{e}^{\mathrm{i}kz}, \quad m = 1, 2, \cdots \tag{1.79}$$

这里,

$$P_{mn} = -\frac{1}{8} \int_{-h}^{h} (v_n^* \cdot S_m + v_m \cdot S_n^*) \cdot n_z \mathrm{d}\Omega \tag{1.80}$$

$$f_n^{\mathrm{surf}} = -\frac{1}{2} v_n^* S \cdot n_y|_{y=-h}^{y=h} \tag{1.81}$$

$$f_n^{\mathrm{vol}} = \frac{1}{2} \int_{-h}^{h} f \cdot v_n^* \mathrm{d}y \tag{1.82}$$

k_n 是不与 k_m 模态垂直的波的波数。

采用微扰法来求解方程:

$$u = u^1 + u^2 \tag{1.83}$$

u^2 是由非线性引起的微扰, 与 u^1 相比很小, u^1 是如下线性方程的解:

$$(\lambda + 2\mu)\nabla(\nabla \cdot u^1) - \mu\nabla \times (\nabla \times u^1) - \rho_0 \frac{\partial^2 u}{\partial t^2} = 0 \tag{1.84}$$

在边界 $\mathcal{L}$ 上

$$S^L(u^1) \cdot n_y = 0 \tag{1.85}$$

u^2 满足如下的方程:

$$(\lambda + 2\mu)\nabla(\nabla \cdot u^2) - \mu\nabla \times (\nabla \times u^2) - \rho_0 \frac{\partial^2 u^2}{\partial t^2} = -f^1 \tag{1.86}$$

在边界 $\mathcal{L}$ 上

$$S^L(u^2) \cdot n_y = -S^1 \tag{1.87}$$

S^1 和 f^1 分别是表面牵引力和由 u^1 获得的体力。

S^1 和 f^1 是由线性解代入方程 (1.76) 获得。如果导波的主要激发模式的频率为 ω, 能量方程 (1.74) 为一阶非线性, S^1 和 f^1 将含有二次谐波 2ω。如果能量方程具有二阶非线性, S^1 和 f^1 将含有三次谐波 3ω。

式 (1.79) 的解为

$$A_m(z) = \bar{A}_m(z)\mathrm{e}^{\mathrm{i}(2\kappa z)} - \bar{A}_m(0)\mathrm{e}^{\mathrm{i}\kappa_n^* z} \tag{1.88}$$

其中,

$$\bar{A}_m(z) = \mathrm{i}\frac{f_n^{\mathrm{vol}} + f_n^{\mathrm{surf}}}{4P_{mn}[\kappa_n^* - 2\kappa]}, \quad \kappa_n^* \neq 2\kappa \tag{1.89}$$

$$\bar{A}_m(z) = \frac{f_n^{\mathrm{vol}} + f_n^{\mathrm{surf}}}{4P_{mn}}, \quad \kappa_n^* = 2\kappa \tag{1.90}$$

这里, A_m 为在 2ω 处的模式振幅; κ 为主波的波矢。

对于图 1.6 中的固体板, 当频率为 f, 阶数为 l 的兰姆波沿着 Oz 轴方向传播时, 因为几何非线性及固体的体弹性非线性, 在固体板的表面和内部将分别存在二倍频的驱动应力张量 $P_l^{(2f)}$ 和二倍频的驱动彻体力 $F_l^{(2f)}$，其作用是在固体板中激发一系列二倍频兰姆波模式，这些二倍频兰姆波叠加起来构成 l 阶基频兰姆波的二次谐波声场 $U^{(2f)}$，即有

$$U^{(2f)} = \sum a_n(z) U_n^{(2f)}(y) \tag{1.91}$$

其中，$U^{(2f)}$ 表示阶数为 n 的二倍频兰姆波模式的声场函数；$a_n(z)$ 表示 n 阶二倍频兰姆波模式的展开系数，其形式解表示如下：

$$a_n(z) = \frac{f_{n,l}^{(V)}(z) + f_{n,l}^{(S)}(z)}{4P_{nn} \times 2\pi f} \frac{c_n^{(2f)} c_l^{(f)}}{c_l^{(f)} - c_n^{(2f)}} \sin\left[2\pi f \frac{c_n^{(2f)} - c_l^{(f)}}{c_n^{(2f)} c_l^{(f)}} z\right] \tag{1.92}$$

这里，P_{nn} 是 n 阶二倍频兰姆波模式沿传播方向的平均功率流 (沿 Ox 轴方向单位宽度)；$c_l^{(f)}$ 和 $c_n^{(2f)}$ 分别表示 l 阶基频兰姆波和 n 阶二倍频兰姆波模式的相速度。当频率为 f 的 l 阶基频兰姆波模式在固体中传播时，$P_l^{(2f)}$ 和 $F_l^{(2f)}$ 与 n 阶二倍频兰姆波的声场相互耦合，得到式 (1.92) 中的 $f_{n,l}^{(S)}(z)$ 和 $f_{n,l}^{(V)}(z)$，分别称其为 n 阶二倍频兰姆波模式的面驱动源和体驱动源，$f_{n,l}^{(S)}(z)$ 和 $f_{n,l}^{(V)}(z)$ 与板材的密度、二阶及三阶弹性常数有关，还与 n 阶二倍频兰姆波的声场函数有关，还正比于 l 阶基频兰姆波振幅的平方。

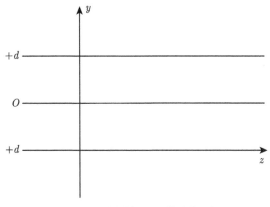

图 1.6 固体板及计算坐标系

1.6 非均匀介质中的非线性声传播

1.6.1 理论

三维直角坐标系下 Westervelt 方程的形式为 [33−35]

$$\rho \nabla \cdot \left(\frac{1}{\rho}\nabla p\right) - \frac{1}{c^2}\frac{\partial^2 p}{\partial t^2} + \frac{\delta}{c^4}\frac{\partial^3 p}{\partial t^3} + \frac{\beta}{\rho c^4}\frac{\partial^2 p^2}{\partial t^2} = 0 \tag{1.93}$$

其中, p 为声压; δ 是介质的扩散因子; β 是介质的非线性系数; ρ 是介质的密度; c 是介质中的声速。令 $f = \dfrac{p}{\sqrt{\rho}}$, 得到非线性波动方程:

$$\nabla^2 f - \frac{1}{c_0^2}\frac{\partial^2 f}{\partial t^2} = \sqrt{\rho}\nabla^2\left(\frac{1}{\sqrt{\rho}}\right)f + \frac{1}{c_0^2}\left(\frac{c_0^2}{c^2} - 1\right)\frac{\partial^2 f}{\partial t^2}$$
$$- \frac{\delta}{c^4}\frac{\partial^3 f}{\partial t^3} - \frac{\beta}{\sqrt{\rho}c^4}\frac{\partial^2 f^2}{\partial t^2} \tag{1.94}$$

设 $w = f + v$, $v = \left(\dfrac{c_0^2}{c^2} - 1\right)f$, 方程 (1.94) 可化简为

$$-\frac{1}{c_0}\frac{\partial^2 w}{\partial t^2} = \nabla^2 v - \nabla^2 w + \frac{q - h - d}{c_0^2} \tag{1.95}$$

$$q = c_0^2\sqrt{\rho}\nabla^2\frac{1}{\sqrt{\rho}}f$$

$$h = c_0^2\frac{\beta}{\sqrt{\rho}c^4}\frac{\partial^2 f^2}{\partial t^2} \tag{1.96}$$

$$d = c_0^2\frac{\delta}{c^4}\frac{\partial^3 f}{\partial t^3}$$

其中, c_0 是背景介质的声速。对式 (1.95) 在空间进行傅里叶变换得到 k 空间方程:

$$\frac{\partial^2 W}{\partial t^2} = c_0^2 k^2 (V - W) - (Q - H - D) \tag{1.97}$$

其中, W, Q, H, D 分别是 w, q, h, d 的傅里叶变换。

用非标准中心差分法将式 (1.97) 离散化:

$$W(t + \Delta t) = 2W(t) - W(t - \Delta t)4\sin^2\left(\frac{c_0 k\Delta t}{2}\right)$$
$$\times\left[V - W - \frac{1}{c_0^2 k^2}(Q - H - D)\right] \tag{1.98}$$

方程 (1.97) 的稳定性要求: $\sin\left(\dfrac{\mathrm{CFL}c_0\pi}{2c_{\max}}\right) \leqslant \dfrac{c_0}{c_{\max}}$, 对于 $c(r) < c_0$, 恒满足稳定性条件。CFL 为 Courant-Friedrichs-Lewy 数。

1.6.2　计算结果和讨论

1. 一维介质

1) 一维均匀介质

根据上述方法, 首先计算一维均匀介质中声波沿 x 轴传播的情况。使用高斯声束作为入射声波: $p_i = p_0\sin(\omega_0\tau)\mathrm{e}^{-\tau^2/(2\alpha^2)}$, 其中 $\tau = t - (x - x_0)/c_0$ 是弛豫

时间, $\alpha = 10^{-5}$, $p_0 = 20\text{kPa}$, $\omega_0 = 0.2\text{MHz} \times 2\pi$。均匀介质的声学参数: $c_0 = 1500\text{m/s}$, $\rho_0 = 1000\text{kg/m}^3$, $\beta_0 = 3.5$。在距离声源 22.5cm 处观察声压。

从图 1.7 中可以看出,由于非线性和衰减的影响,波形将发生失真,使得声压峰值可以达到 24kPa,而谷值为 −17.5kPa,能量从基波向高次谐波转化。图中可以清楚地显示出从基波到五次谐波的频谱。

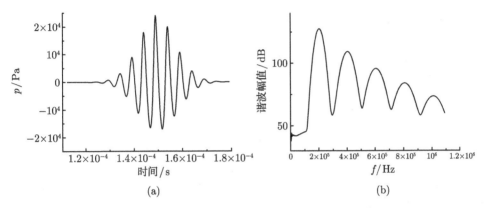

图 1.7 均匀介质中 $x = 22.5\text{cm}$ 处的波形 (a) 和频谱 (b)

2) 一维非均匀介质

为模拟非均匀介质的特性,我们引入高斯相关函数 $\text{Cor}_\phi(x) = \exp(-x^2/l^2)$,$N(f_x) = \sqrt{F(\text{Cor}_\phi(x))}$ 是 $\text{Cor}_\phi(x)$ 的傅里叶变换,l 为相关长度,并产生均值为零、标准差为 σ 的随机函数 $s_i(x)(i = 1, 2, 3)$。对 $s_i(x)$ 进行傅里叶变换:$S_i(f_x) = F\{s_i(x)\}$,$\phi_i(f_x) = N(f_x)S_i(f_x)$,由此产生相位变化函数 $\varphi_i = F^{-1}\{\phi_i(f_x)\}$,用以模拟非均匀介质中的声速 c、密度 ρ、非线性系数 β 的变化:$c = c_0(1 + \varphi_1(x))$,$\rho = \rho_0(1 + \varphi_2(x))$,$\beta = \beta_0(1 + \varphi_3(x))$。同样在距离声源 22.5cm 处观察声压。

A. 相关长度的影响

l 越大,表示介质的非均匀性越强。固定 $\sigma=0.15$,l 从 2mm 增大至 14mm。从图 1.8 可以看出,l 增大将导致 p^- 增加,p^+ 减小,能量从低次谐波向高次谐波转化,其中四次、五次谐波幅值可分别增大 5.5dB 和 8dB。

B. 标准差的影响

标准差 σ 越大,介质参数的变化程度越大。固定相关长度 $l=8\text{mm}$,σ 从 0.03 增大至 0.27。图 1.9 显示,p^+ 将降低 32%,p^- 在 90%~120%波动。基波基本保持不变,二次、三次、四次谐波与均匀情况比较,四种波的幅值差分别在 0~0.3dB,−4.8~0.8dB,0~4.0dB,−0.5~4.7dB 变化。

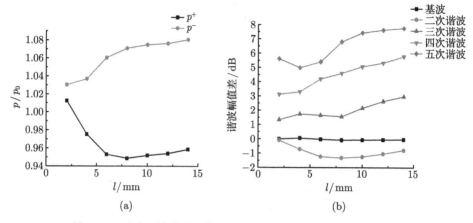

图 1.8　l 对声压峰值和谷值 (a) 以及各次谐波幅值差 (b) 的影响

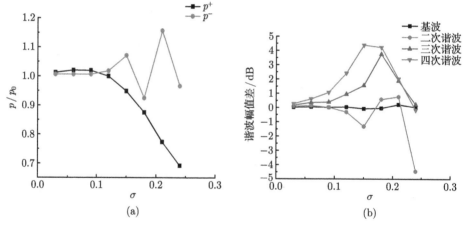

图 1.9　σ 对声压峰、谷值 (a) 和各次谐波幅值差 (b) 的影响

C. 插入均匀层

固定 $\sigma = 0.15$, $l = 8\mathrm{mm}$, 在非均匀介质中距离声源 1cm 处插入厚度为 d 的均匀层, 总介质层的厚度为 22.5cm。图 1.10 显示, 随着插入均匀层厚度的增大, p^+, p^- 分别从 95%, 109% 向 1 靠近。当均匀层的厚度占总介质层厚度的 70% 以上时, 基波和二次谐波幅值的衰减变化量几乎为 0dB。

D. 插入非均匀层

在均匀介质距离声源 1cm 处插入厚度为 d, $l = 8\mathrm{mm}$, σ 为 0.15 的非均匀层, 介质总厚度为 22.5cm。图 1.11 显示, 当插入厚度小于总厚度的 27% 时, 基波、二次谐波、三次谐波幅值衰减变化量都在 1dB 以内, 厚度对高次谐波的影响更大。

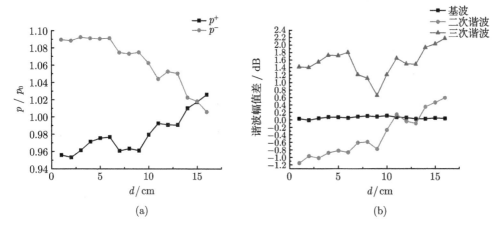

图 1.10 插入均匀层厚度 d 对声压峰、谷值 (a) 和各次谐波幅值 (b) 的影响

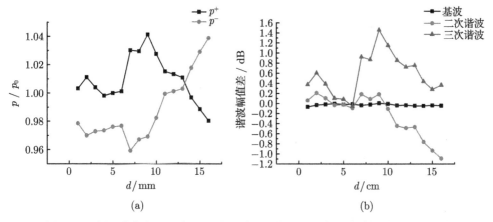

图 1.11 插入非均匀层厚度 d 对声压峰、谷值 (a) 和各次谐波幅值 (b) 的影响

2. 二维介质

1) 二维均匀介质

根据上述方法, 计算二维均匀介质中声波沿 x 轴传播的情况。使用高斯声束作为入射声波, 声源半径为 1cm: $p_i = p_0 \sin(\omega_0 \tau) e^{-\tau^2/(2\alpha^2)}$, 其中 $\tau = t - (x - x_0)/c_0$ 是弛豫时间, $\alpha = 10^{-5}$, $p_0 = 20$kPa, $\omega_0 = 1$MHz $\times 2\pi$。均匀介质的声学参数: $c_0 = 1500$m / s, $\rho_0 = 1000$kg / m^3, $\beta_0 = 3.5$。在 x 轴上距离声源 20.3mm 处观察声压。

从图 1.12 中可以看出, 由于非线性和衰减的影响, 波形将发生失真, 使得声压峰值可以达到 17.2kPa, 而谷值为 -16.2kPa, 能量从基波向高次谐波转化。图中可以清楚地显示出从基波到五次谐波的频谱。

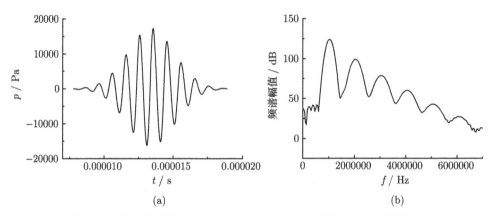

(a)   (b)

图 1.12　均匀介质中 $x = 20.3\mathrm{mm}$, $y = 0\mathrm{cm}$ 处的波形 (a) 和频谱 (b)

2) 二维非均匀介质

为模拟非均匀介质的特性，引入高斯相关函数 $\mathrm{Cor}_\phi(x,y) = \exp(-(x^2+y^2)/l^2)$，$N(f_x, f_y) = \sqrt{F(\mathrm{Cor}_\phi(x,y))}$ 是 $\mathrm{Cor}_\phi(x,y)$ 的傅里叶变换，l 为相关长度，并产生均值为零、标准差为 σ 的随机函数 $s_i(x,y)(i = 1,2,3)$。对 $s_i(x,y)$ 进行二维傅里叶变换：$S_i(f_x, f_y) = F\{s_i(x,y)\}$，$\phi_i(f_x, f_y) = N(f_x, f_y)S_i(f_x, f_y)$，由此产生相位变化函数 $\varphi_i = F^{-1}\{\phi_i(f_x, f_y)\}$，用以模拟非均匀介质中 c, ρ, β 的变化: $c = c_0(1+\varphi_1(x,y))$，$\rho = \rho_0(1 + \varphi_2(x,y))$, $\beta = \beta_0(1 + \varphi_3(x,y))$。

图 1.13 是在 $t_1 = 5T_0$, $t_2 = 10T_0$, $t_3 = 15T_0$ 时刻的波形图。从图中可以看出，介质的非均匀性使声波出现较大的波动，能量分散在沿传播方向的更大范围之内。

A. 相关长度的影响

l 越大，表示介质的非均匀性越强。固定 σ=0.25, l 从 2mm 增大至 15mm。与一维情况下 "l 增大导致 p^- 增加，p^+ 减小，能量从低次谐波向高次谐波转化" 不同的是，二维介质中声束将沿着 y 轴发散，因此 l 增大将导致 p^+, p^- 及各次谐波的幅值同时减小。$l < 7\mathrm{mm}$ 时，基波、二次谐波、三次谐波幅值差都在 $-1\mathrm{dB}$ 以内，p^+, p^- 与均匀介质中的比值均在 95% 以内。l 达到 15mm 时，p^+, p^- 分别是均匀介质中的 57% 和 60%，基波、二次谐波、三次谐波分别衰减 2.5dB，4.6dB，7dB（图 1.14）。

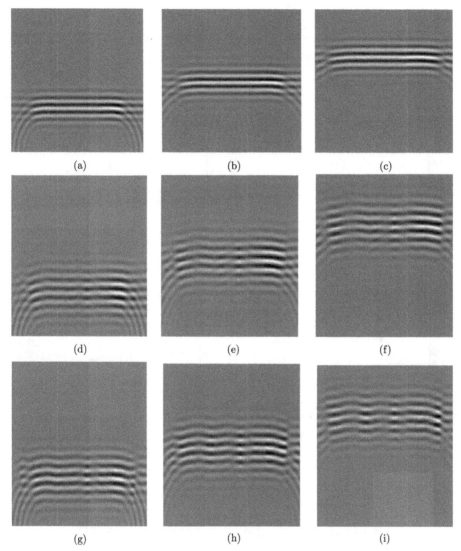

图 1.13 在 $t_1 = 5T_0$, $t_2 = 10T_0$, $t_3 = 15T_0$ 时刻的波形图

图示区域为 3cm×3cm，T_0 是信号周期。(a)∼(c) 分别是在均匀介质中 t_1, t_2, t_3 时刻的波形图；(d)∼(f) 分别是在 l=12mm，σ=0.25 的非均匀介质中 t_1, t_2, t_3 时刻的波形图；(g)∼(i) 分别是在 l=8mm，σ=0.39 的非均匀介质中 t_1, t_2, t_3 时刻的波形图

B. 标准差的影响

标准差 σ 越大，介质参数的变化程度越大。固定相关长度 l= 8mm，σ 从 0.03 增大至 0.42。一维介质中，此时 p^+ 降低 32%，p^- 在 90%∼120%波动。二维介质中同样因为声束的发散作用，p^+，p^- 将同时降低，分别达到 78%和 80%。基波基

本保持不变, 二次、三次谐波幅值分别衰减了 6.3dB, 7.2dB。$\sigma < 0.18$ 时几乎可忽略介质的非均匀性; $\sigma < 0.24$ 时, p^+, p^- 的比值都在 95% 以内, 基波、二次谐波幅值差小于 -0.3dB, 三次谐波幅值差保持在 -1dB 内 (图 1.15)。

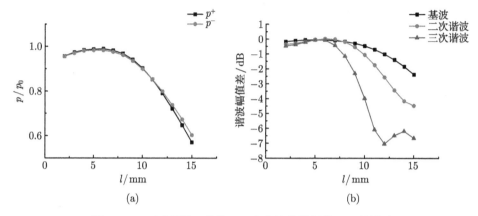

图 1.14　l 对声压峰、谷值 (a) 和各次谐波幅值 (b) 的影响

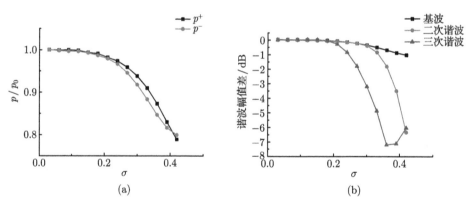

图 1.15　σ 对声压峰、谷值 (a) 和各次谐波幅值 (b) 的影响

C. 插入均匀层

固定 $\sigma = 0.27$, $l = 10$mm, 在非均匀介质中距离声源 2mm 处插入厚度为 d 的均匀层, 总介质层的厚度为 20.3mm。图 1.16 显示, 随着插入均匀层厚度的增大, p^+, p^- 都逐渐增大。当 $d > 10$mm 时, p^+, p^- 分别达到 92%, 90% 以上, 基波、二次谐波、三次谐波的衰减量分别在 -0.5dB, -0.2dB, -1.8dB 以内。当 $d > 12$mm, 即均匀层的厚度占总介质层厚度的 60% 以上时, 基本可以忽略介质的非均匀性, 这与一维情况下的 70% 有所不同。这说明, 由于声波在 y 轴的扩散, 实际在二维介质中的非均匀性对声场的影响更小。

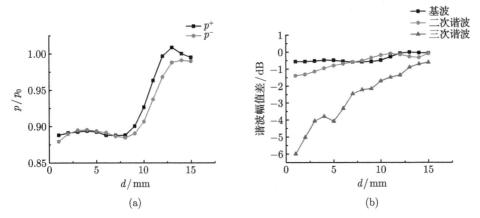

图 1.16　插入均匀层厚度 d 对声压峰、谷值 (a) 和各次谐波幅值 (b) 的影响

D. 插入非均匀层

在均匀介质距离声源 2mm 处插入厚度为 d, $l=10$mm, $\sigma=0.27$ 的非均匀层, 介质总厚度为 20.3mm。图 1.17 显示, 当 $d<9$mm 即插入厚度小于总厚度的 44.3% 时, 基波几乎不衰减, 二次、三次谐波衰减量在 1.1dB 以内。插入层的厚度对高次谐波的影响更大。

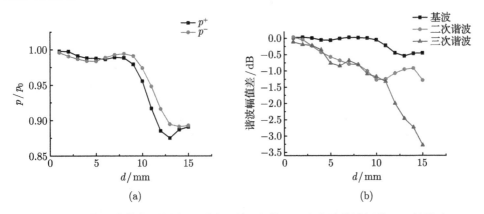

图 1.17　插入非均匀层厚度 d 对声压峰、谷值 (a) 和各次谐波幅值 (b) 的影响

参 考 文 献

[1]　Landau L D, Lifshitz E M. Theory of Elasticity[M]. 3rd ed. New York: Pergamon Press, 1986.

[2]　杨桂通. 固体中的非线性波 [J]. 力学进展, 1982, 01: 94-104.

[3]　杜功焕, 朱哲民, 龚秀芬. 声学基础 [M]. 南京: 南京大学出版社, 2001.

[4] Harmilton M F, Blackstock D T. Nonlinear Acoustics: Theory and Applications[M]. New York: Academic Press Inc., 1997.

[5] 钱祖文. 非线性声学 [M]. 北京：科学出版社，1992.

[6] 钱祖文. 非线性声学 [M]. 2 版. 北京：科学出版社，2009.

[7] 陈建军, 章德, 毛一葳. 反射波中接触声非线性评价固体粘接界面粘接状态的研究 [C]. 2010 年全国声学学术会议, 哈尔滨, 2010.

[8] 陈建军, 章德, 毛一葳. 声波在复合材料中传播的接触声非线性现象 [C]. 第三届全国压电和声波理论及器件技术研讨会, 南京, 2008.

[9] 陈建军, 章德. 粘接力不对称界面接触声非线性的研究 [J]. 声学技术，2014, 33(2): 23-26.

[10] Wu W Q, Ni Y F, Qiu G, et al. Investigation of contact acoustic nonlinearity at solid [J]. IEEE Ultrasonic Symposium, 1998: 1175-1179.

[11] Chen J J, Zhang D, Mao Y W, et al. A unique method to describe the bonding strength in a bounded solid-solid interface by contact acoustic nonlinearity [J]. Chinese Physics Letters, 2009, 26: 014302.

[12] 陈建军, 毛一葳, 章德, 等. 接触声非线性方法检测固体粘接界面粘附力的研究 [C]. 2006 和谐开发中国西部声学学术会议, 都江堰, 2006.

[13] Deng M X, Pei J F. Assessment of accumulated fatigue damage in solid plates using nonlinear Lamb wave approach [J]. Applied Physics Letters, 2007, 90(12): 121902.

[14] Deng M X, Xiang Y X, Liu L B. Time-domain analysis and experimental examination of cumulative second-harmonic generation by primary Lamb wave propagation [J]. Journal of Applied Physics, 2011, 109: 113525.

[15] Deng M X, Xiang Y X. Analysis of second-harmonic generation by primary ultrasonic guided wave propagation in a piezoelectric plate [J]. Ultrasonics, 2015, 61: 121-125.

[16] Deng M X, Wang P, Lv X F. Experimental observation of cumulative second harmonic generation of Lamb-wave propagation in an elastic plate [J]. Journal of Phys D: Applied Physics, 2005, 38: 344-353.

[17] Deng M X. Cumulative second-harmonic generation of Lamb mode propagation in a solid plate [J]. Journal of Applied Physics, 1999, 85: 3051-3058.

[18] Deng M X. Analysis of second-harmonic generation of Lamb modes using a modal analysis approach [J]. Journal of Applied Physics, 2003, 94: 4153-4159.

[19] Deng M X, Yang J. Characterization of elastic anisotropy of a solid plate using nonlinear Lamb wave approach[J]. Journal of Sound and Vibration, 2007, 308: 201-211.

[20] 邓明晰, Price D C, Scott D A. 兰姆波非线性效应的实验观察 [J]. 声学学报, 2005, 30: 37-46.

[21] 邓明晰, 裴俊峰. 无损评价固体板材疲劳损伤的非线性超声兰姆波方法 [J]. 声学学报, 2008, 33: 360-369.

[22] 邓明晰, 项延训, 裴俊峰, 等. 基于群速度失配的超声兰姆波二次谐波的时域测量方法 [J]. 声学学报, 2012, 37: 621-628.

[23] 邓明晰. 兰姆波的非线性研究 [J]. 声学学报, 1996, 21: 429-436.

[24] 邓明晰. 兰姆波的非线性研究（Ⅱ）[J]. 声学学报, 1997, 22: 182-187.

[25] 邓明晰. 分层结构中兰姆波二次谐波发生的模式展开分析 [J]. 声学学报, 2005, 30: 132-142.

[26] 邓明晰. 一种定征复合板材粘接层性质的非线性超声兰姆波方法 [J]. 声学学报, 2005, 30: 542-551.

[27] 邓明晰. 兰姆波非线性效应的实验观察（Ⅱ）[J]. 声学学报, 2006, 31: 1-7.

[28] 刘瑶璐, 胡宁, 邓明晰, 等. 板壳结构中的非线性兰姆波 [J]. 力学进展, 2017, 47: 503-533.

[29] Li W B, Deng M X, Xiang Y X. Review on second-harmonic generation of ultrasonic guided waves[J]. Chinese Physics B, 2017, 26(11): 114302.

[30] 邓明晰. 固体板中的非线性兰姆波 [M]. 北京: 科学出版社，2006.

[31] de Lima W J, Hamilton M F. Finite-amplitude waves in isotropic elastic plates [J]. Journal of Sound and Vibration, 2003, 265: 819-839.

[32] Srivastava A, Lanza di Scalea F. On the existence of antisymmetric or symmetric Lamb waves at nonlinear higher harmonics [J].Journal of Sound and Vibration, 2009, 323: 932-943.

[33] Dagrau F, Renier M, Marchiano R, et al. Acoustic shock wave propagation in a heterogeneous medium: A numerical simulation beyond the parabolic approximation [J]. Journal of Acoustical Society of America, 2011, 130(1): 20-32.

[34] Jing Y, Wang T R, Clement G T. A k-space method for moderately nonlinear wave propagation [J]. IEEE Transactions Ultrasonics Ferroelectrics Frequency Control, 2012, 59(8): 1664-1673.

[35] 江雪, 刘石磊, 刘晓宙, 等. 一维非均匀介质中的声场特性研究 [J]. 声学技术, 2013, 32(4): 25-28.

第2章 声波在晶体和陶瓷材料中的非线性作用和声记忆现象

随着科技以及工业的发展，人们对于晶体和陶瓷材料性质的要求越来越高，已不满足于立方晶系，对其他各种晶系的性质也很感兴趣。同时人们已不满足于单一组分材料的固有性质，多组分晶体能综合各组分材料的优势，且由于各组分材料的融合能获得一些新的性质而得到大量的研究。晶体物理性质的研究和相应的设计一直是飞速发展的具有应用前景的领域。本章研究声波在各种晶系和陶瓷材料中的非线性声传播性质和声记忆现象。

2.1 声波在晶体中的非线性相互作用

各向同性固体中弹性波的相互作用在理论和实验上已经得到深入研究[1-4]。Domanski 研究了立方晶体中的弱非线性弹性波的传播和相互作用[5]。Goldberg 在理论和实验上发现，有限振幅横波在均匀各向同性固体中传播时不会变形，也就是不会产生二次谐波[6]。但是在各向异性固体中，横波和纵波传播方式与在各向同性固体中不一样。在各向异性固体中，横波可以产生二次谐波，两个共线的横波也可以相互作用[7]。Duquesne 和 Perrin 研究了立方晶体中共线横向声波的相互作用，实验证明了立方晶体中横向声波的相互作用[8]。本节通过弹性能表达式导出不同晶体中横波和纵波在不同方向传播时相互作用的波动方程。通过波动方程，我们得出平面波在不同晶体中传播时的相互作用系数，晶体包括立方、三方、四方以及六方晶体。本节还通过波动方程求得在一般各向异性固体中波相互作用系数，并重点体现非线性项，得出相互作用的声波的解析解和二阶非线性声波相互作用系数的解析解，结果表明，横波和纵波在传播中会发生变形和耦合，两个不同频率 f_1 和 f_2 的波会产生和频波与差频波 $(f_1 \pm f_2)$，这说明各向异性固体中内在的非线性性质可以产生相互作用的弹性声波。

对于任何晶体，声波波动方程为[8]

$$\rho_0 u_{1,tt} - C'_{11} u_{1,xx} - C'_{16} u_{2,xx} - C'_{15} u_{3,xx} = f(u_{1,x}, u_{2,x}, u_{3,x})$$
$$\rho_0 u_{2,tt} - C'_{16} u_{1,xx} - C'_{66} u_{2,xx} - C'_{56} u_{3,xx} = g(u_{1,x}, u_{2,x}, u_{3,x})$$

$$(2.1)$$

$$\rho_0 u_{3,tt} - C'_{15} u_{1,xx} - C'_{56} u_{2,xx} - C'_{55} u_{3.xx} = h(u_{1,x}, u_{2,x}, u_{3,x})$$

其中,

$$
f(\alpha, \beta, \gamma) = \frac{\partial}{\partial x} \left\{ \frac{1}{2}(3C'_{11} + C'_{111})\alpha^2 + \frac{1}{2}(C'_{11} + C'_{166})\beta^2 + \frac{1}{2}(C'_{11} + C'_{155})\gamma^2 \right.
$$
$$
\left. + (C'_{16} + C'_{116})\alpha\beta + (C'_{15} + C'_{115})\alpha\gamma + C'_{156}\beta\gamma \right\}
$$

$$
g(\alpha, \beta, \gamma) = \frac{\partial}{\partial x} \left\{ \frac{1}{2}(C'_{16} + C'_{116})\alpha^2 + \frac{1}{2}(3C'_{16} + C'_{666})\beta^2 + \frac{1}{2}(C'_{16} + C'_{556})\gamma^2 \right.
$$
$$
\left. + (C'_{11} + C'_{166})\alpha\beta + C'_{156}\alpha\gamma + (C'_{15} + C'_{556})\beta\gamma \right\} \qquad (2.2)
$$

$$
h(\alpha, \beta, \gamma) = \frac{\partial}{\partial x} \left\{ \frac{1}{2}(C'_{15} + C'_{115})\alpha^2 + \frac{1}{2}(C'_{15} + C'_{556})\beta^2 + \frac{1}{2}(3C'_{15} + C'_{555})\gamma^2 \right.
$$
$$
\left. + C'_{156}\alpha\beta + (C'_{11} + C'_{155})\alpha\gamma + (C'_{16} + C'_{556})\beta\gamma \right\}
$$

式中, ρ_0 是固体的密度; u_i 是声波的位移; C'_{ij} 与 C'_{ijk} 分别是在不同坐标系下的等效二阶与三阶弹性常数。

本节采用如下三种不同的坐标系:

坐标轴 1: [100], [010], [001]

坐标轴 2: [110], $[\bar{1}\bar{1}0]$, [001]

坐标轴 3: [111], $[11\bar{2}]$, $[\bar{1}\bar{1}0]$

1. 两个纵波的情况

用微扰法求解方程 (2.1)。令

$$u_1 = u_1^{[\mathrm{I}]} + u_1^{[\mathrm{II}]}, \quad u_2 = 0, \quad u_3 = 0$$

方程 (2.1) 变为

$$
\rho_0 u_{1,tt}^{[\mathrm{II}]} - C'_{11} u_{1,xx}^{[\mathrm{II}]} = f(u_{1,x}^{[\mathrm{I}]}, 0, 0) = \frac{\partial}{\partial x} \left\{ \frac{1}{2}(3C'_{11} + C'_{111})(u_{1,x}^{[\mathrm{I}]})^2 \right\}
$$
$$
= (3C'_{11} + C'_{111}) * u_{1,x}^{[\mathrm{I}]} * u_{1,xx}^{[\mathrm{I}]} \qquad (2.3)
$$

令

$$u_1^{[\mathrm{I}]} = a\cos\Omega_1 + b\cos\Omega_2$$

其中, $\Omega_i = \omega_i t - k_i x + \theta_i$, $\quad k_i^2 C_{11}' = \rho \omega_i^2 (i = 1, 2)$, $\quad k_1, k_2 > 0$, a, b 分别为两个波的振幅。所以式 (2.1) 变为

$$
\begin{aligned}
\rho_0 u_{1,tt}^{[\mathrm{II}]} - C_{11}' u_{1,xx}^{[\mathrm{II}]} =& f(u_{1,x}^{[\mathrm{I}]}, 0, 0) \\
=& (3C_{11}' + C_{111}')(ak_1 \sin \Omega_1 + bk_2 \sin \Omega_2)(-ak_1^2 \cos \Omega_1 - bk_2^2 \cos \Omega_2) \\
=& - (3C_{11}' + C_{111}') \left[\frac{1}{2} a^2 k_1^3 \sin(2\Omega_1) + \frac{1}{2} b^2 k_2^3 \sin(2\Omega_2) \right. \\
& \left. + abk_1 k_2 (k_1 \cos \Omega_1 \sin \Omega_2 + k_2 \cos \Omega_2 \sin \Omega_1) \right] \\
=& - (3C_{11}' + C_{111}') \left[\frac{1}{2} a^2 k_1^3 \sin(2\Omega_1) + \frac{1}{2} b^2 k_2^3 \sin(2\Omega_2) \right. \\
& \left. + \frac{1}{2} abk_1 k_2 (k_1 + k_2) \sin(\Omega_1 + \Omega_2) - (k_1 - k_2) \sin(\Omega_1 - \Omega_2) \right]
\end{aligned}
$$
$$(2.4)$$

令
$$
\begin{aligned}
u_1^{[\mathrm{II}]} =& B_1 x \sin(2\Omega_1) + B_2 x \cos(2\Omega_2) + C_1 x \sin(2\Omega_2) + C_2 x \cos(2\Omega_2) \\
& + D_1 x \sin(\Omega_1 + \Omega_2) + D_2 x \cos(\Omega_1 + \Omega_2) + E_1 x \sin(\Omega_1 - \Omega_2) + E_2 x \cos(\Omega_1 - \Omega_2)
\end{aligned}
$$
$$(2.5)$$

其中, B_i, C_i, D_i, E_i $(i = 1, 2)$ 都是常数, 所以有

$$
\begin{aligned}
u_{tt}^{[\mathrm{II}]} =& - 4\omega_1^2 B_1 x \sin(2\Omega_1) + 4\omega_1^2 B_2 x \cos(2\Omega_1) + 4\omega_2^2 C_1 x \sin(2\Omega_2) + 4\omega_2^2 C_2 x \cos(2\Omega_2) \\
& + (\omega_1 + \omega_2)^2 D_1 x \sin(\Omega_1 + \Omega_2) + (\omega_1 + \omega_2)^2 D_2 x \cos(\Omega_1 + \Omega_2) \\
& + (\omega_1 - \omega_2)^2 E_1 x \sin(\Omega_1 - \Omega_2) + (\omega_1 - \omega_2)^2 E_2 x \cos(\Omega_1 - \Omega_2)
\end{aligned}
$$

$$
\begin{aligned}
u_{xx}^{[\mathrm{II}]} =& B_1 [-4k_1 \cos(2\Omega_1) - 4k_1^2 x \sin(2\Omega_1)] + B_2 [4k_1 \sin(2\Omega_1) - 4k_1^2 x \cos(2\Omega_1)] \\
& + C_1 [-4k_2 \cos(2\Omega_2) - 4k_2^2 x \sin(2\Omega_2)] + C_2 [4k_2 \sin(2\Omega_2) - 4k_2^2 x \cos(2\Omega_2)] \\
& + D_1 [-2(k_1 + k_2) \cos(\Omega_1 + \Omega_2) - (k_1 + k_2)^2 x \sin(\Omega_1 + \Omega_2)] \\
& + D_2 [2(k_1 + k_2) \sin(\Omega_1 + \Omega_2) - (k_1 + k_2)^2 x \cos(\Omega_1 + \Omega_2)] \\
& + E_1 [-2(k_1 - k_2) \cos(\Omega_1 - \Omega_2) - (k_1 - k_2)^2 x \sin(\Omega_1 - \Omega_2)] \\
& + E_2 [2(k_1 - k_2) \sin(\Omega_1 - \Omega_2) - (k_1 - k_2)^2 x \cos(\Omega_1 - \Omega_2)] \\
=& \sin(2\Omega_1)(-4k_1^2 x B_1 + 4k_1 B_2) + \cos(2\Omega_1)(-4k_1 B_1 - 4k_1^2 x B_2) \\
& + \sin(2\Omega_2)(-4k_2^2 x C_1 + 4k_2 C_2) + \cos(2\Omega_2)(-4k_2 C_1 - 4k_2^2 x C_2)
\end{aligned}
$$

$$+ \sin(\Omega_1 + \Omega_2)[-(k_1+k_2)^2 x D_1 + 2(k_1+k_2)D_2] + \cos(\Omega_1 + \Omega_2)$$

$$\times [-2(k_1+k_2)D_1 - (k_1+k_2)^2 x D_2]$$

$$+ \sin(\Omega_1 - \Omega_2)[-(k_1-k_2)^2 x E_1 + 2(k_1-k_2)E_2] + \cos(\Omega_1 - \Omega_2)$$

$$\times [-2(k_1-k_2)E_1 - (k_1-k_2)^2 x E_2] \tag{2.6}$$

将 $u_{tt}^{[\mathrm{II}]}, u_{xx}^{[\mathrm{II}]}$ 代入，令两边系数相等，于是得到

$$-4\rho_0\omega_1^2 B_1 x - C_{11}'(-4k_1^2 x B_1 + 4k_1 B_2) = -(3C_{11}' + C_{111}')\left(\frac{1}{2}a^2 k_1^3\right)$$

$$-4\rho_0\omega_1^2 B_2 x - C_{11}'(-4k_1 B_1 - 4k_1^2 x B_2) = 0$$

$$-4\rho_0\omega_2^2 C_1 x - C_{11}'(-4k_2^2 x C_1 + 4k_2 C_2) = -(3C_{11}' + C_{111}')\left(\frac{1}{2}b^2 k_2^3\right)$$

$$-4\rho_0\omega_2^2 C_2 x - C_{11}'(-4k_2 C_1 - 4k_2^2 x C_2) = 0$$

$$-\rho_0(\omega_1+\omega_2)^2 D_1 x - C_{11}'(-(k_1+k_2)^2 x D_1 + 2(k_1+k_2)D_2)$$

$$= -(3C_{11}' + C_{111}')\frac{1}{2}ab k_1 k_2 (k_1+k_2)$$

$$-\rho_0(\omega_1+\omega_2)^2 D_2 x - C_{11}'(2(k_1+k_2)D_1 - (k_1+k_2)^2 x D_2) = 0$$

$$-\rho_0(\omega_1-\omega_2)^2 E_1 x - C_{11}'(-(k_1-k_2)^2 x E_1 + 2(k_1-k_2)E_2)$$

$$= (3C_{11}' + C_{111}')\frac{1}{2}ab k_1 k_2 (k_1-k_2)$$

$$-\rho_0(\omega_1-\omega_2)^2 E_2 x - C_{11}'(2(k_1-k_2)E_1 - (k_1-k_2)^2 x E_2) = 0 \tag{2.7}$$

求解之，得到

$$B_1 = 0, \quad B_2 = \frac{3(C_{11}' + C_{111}')a^2 k_1^2}{8C_{11}'}$$

$$C_1 = 0, \quad C_2 = \frac{3(C_{11}' + C_{111}')b^2 k_2^2}{8C_{11}'}$$

$$D_1 = 0, \quad D_2 = \frac{3(C_{11}' + C_{111}')ab k_1 k_2}{4C_{11}'}$$

$$E_1 = 0, \quad E_2 = -\frac{3(C_{11}' + C_{111}')ab k_1 k_2}{4C_{11}'} \tag{2.8}$$

所以最终声波位移为

$$u = u_1^{[\mathrm{I}]} + u_1^{[\mathrm{II}]}$$

$$= a\cos\Omega_1 + b\cos\Omega_2 + \frac{3(C_{11}' + C_{111}')a^2k_1^2}{8C_{11}'}x\cos(2\Omega_2)$$

$$+ \frac{3(C_{11}' + C_{111}')b^2k_2^2}{8C_{11}'}x\cos(2\Omega_2)$$

$$+ \frac{3(C_{11}' + C_{111}')abk_1k_2}{4C_{11}'}x\cos(\Omega_1 + \Omega_2) - \frac{3(C_{11}' + C_{111}')abk_1k_2}{4C_{11}'}x\cos(\Omega_1 - \Omega_2)$$

$$(2.9)$$

2. 两个横波的情况

若是两个横波在介质中传播, 则 $u_1 = 0$, 方程 (2.1) 变为

$$\rho_0 u_{1,tt}^{[\mathrm{II}]} - C_{11}'u_{1,xx}^{[\mathrm{II}]} = \frac{\partial}{\partial x}\left\{\frac{1}{2}(C_{11}' + C_{155}')[(u_{2,x}^{[\mathrm{I}]})^2 + (u_{3,x}^{[\mathrm{I}]})^2]\right\}$$

$$\rho_0 u_{2,tt}^{[\mathrm{II}]} - C_{55}'u_{2,xx}^{[\mathrm{II}]} = \frac{\partial}{\partial x}\left\{\frac{1}{2}C_{666}'[(u_{2,x}^{[\mathrm{I}]})^2 - (u_{3,x}^{[\mathrm{I}]})^2] - C_{555}'u_{2,x}^{[\mathrm{I}]}u_{3,x}^{[\mathrm{I}]}\right\} \quad (2.10)$$

$$\rho_0 u_{3,tt}^{[\mathrm{II}]} - C_{55}'u_{3,xx}^{[\mathrm{II}]} = \frac{\partial}{\partial x}\left\{-\frac{1}{2}C_{555}'[(u_{2,x}^{[\mathrm{I}]})^2 - (u_{3,x}^{[\mathrm{I}]})^2] - C_{666}'u_{2,x}^{[\mathrm{I}]}u_{3,x}^{[\mathrm{I}]}\right\}$$

令

$$\begin{pmatrix} u_1^{[\mathrm{I}]} \\ u_2^{[\mathrm{I}]} \\ u_3^{[\mathrm{I}]} \end{pmatrix} = \begin{pmatrix} 0 \\ a\cos\phi_1 \\ a\sin\phi_1 \end{pmatrix}\cos\Omega_1 + \begin{pmatrix} 0 \\ b\cos\phi_2 \\ b\sin\phi_2 \end{pmatrix}\cos\Omega_2 \quad (2.11)$$

这里, $k_i^2 C_{55}' = \rho\omega_i^2$, ϕ_1, ϕ_2 为两个波在 Y-Z 平面与 Y 轴的夹角。

则波动方程变为

$$\rho_0 u_{1,tt}^{[\mathrm{II}]} - C_{11}'u_{1,xx}^{[\mathrm{II}]} = \frac{\partial}{\partial x}\left\{\frac{1}{2}(C_{11}' + C_{155}')[(u_{2,x}^{[\mathrm{I}]})^2 + (u_{3,x}^{[\mathrm{I}]})^2]\right\}$$

$$\rho_0 u_{2,tt}^{[\mathrm{II}]} - C_{55}'u_{2,xx}^{[\mathrm{II}]} = \frac{\partial}{\partial x}\left\{\frac{1}{2}C_{666}'[(u_{2,x}^{[\mathrm{I}]})^2 - (u_{3,x}^{[\mathrm{I}]})^2] - C_{555}'u_{2,x}^{[\mathrm{I}]}u_{3,x}^{[\mathrm{I}]}\right\}$$

$$= C_{666}'(u_{2,x}^{[\mathrm{I}]}u_{2,xx}^{[\mathrm{I}]} - u_{3,x}^{[\mathrm{I}]}u_{3,xx}^{[\mathrm{I}]}) - C_{555}'(u_{2,xx}^{[\mathrm{I}]}u_{3,x}^{[\mathrm{I}]} + u_{2,x}^{[\mathrm{I}]}u_{3,xx}^{[\mathrm{I}]})$$

$$= \frac{1}{2}C_{666}'abk_1k_2\{\cos(\phi_1 + \phi_2)[(k_1 + k_2)\sin(\Omega_1 + \Omega_2)$$

$$- (k_1 - k_2) \sin (\Omega_1 - \Omega_2)] \}$$

$$- \frac{1}{2} C'_{555} \{ abk_1 k_2 \sin(\phi_1 + \phi_2) [(k_1 + k_2) \sin(\Omega_1 + \Omega_2)$$

$$- (k_1 - k_2) \sin (\Omega_1 - \Omega_2)] \}$$

$$= \sin(\Omega_1 + \Omega_2) abk_1 k_2 (k_1 + k_2) \frac{1}{2} [C'_{666} \cos (\phi_1 + \phi_2)$$

$$- C'_{555} \sin (\phi_1 + \phi_2)]$$

$$- \sin(\Omega_1 - \Omega_2) abk_1 k_2 (k_1 - k_2) \frac{1}{2} [C'_{666} \cos (\phi_1 + \phi_2)$$

$$- C'_{555} \sin (\phi_1 + \phi_2)]$$

$$\rho_0 u_{3,tt}^{[\text{II}]} - C'_{55} u_{3,xx}^{[\text{II}]}$$

$$= \frac{\partial}{\partial x} \left\{ - \frac{1}{2} C'_{555} [(u_{2,x}^{[\text{I}]})^2 - (u_{3,x}^{[\text{I}]})^2] - C'_{666} u_{2,x}^{[\text{I}]} u_{3,x}^{[\text{I}]} \right\}$$

$$= C'_{666} (u_{2,x}^{[\text{I}]} u_{2,xx}^{[\text{I}]} - u_{3,x}^{[\text{I}]} u_{3,xx}^{[\text{I}]}) - C'_{555} (u_{2,xx}^{[\text{I}]} u_{3,x}^{[\text{I}]} + u_{2,x}^{[\text{I}]} u_{3,xx}^{[\text{I}]})$$

$$= - \frac{1}{2} C'_{555} abk_1 k_2 \{ \cos (\phi_1 + \phi_2) [(k_1 + k_2) \sin (\Omega_1 + \Omega_2)$$

$$- (k_1 - k_2) \sin (\Omega_1 - \Omega_2)] \}$$

$$- \frac{1}{2} C'_{666} \{ abk_1 k_2 \sin (\phi_1 + \phi_2) [(k_1 + k_2) \sin (\Omega_1 + \Omega_2) - (k_1 - k_2) \sin (\Omega_1 - \Omega_2)] \}$$

$$= \sin(\Omega_1 + \Omega_2) abk_1 k_2 (k_1 + k_2) \frac{1}{2} [-C'_{555} \cos (\phi_1 + \phi_2) - C'_{666} \sin (\phi_1 + \phi_2)]$$

$$- \sin(\Omega_1 - \Omega_2) abk_1 k_2 (k_1 - k_2) - \frac{1}{2} [C'_{555} \cos (\phi_1 + \phi_2) - C'_{666} \sin (\phi_1 + \phi_2)]$$

$$\tag{2.12}$$

若只考虑和频波与差频波, 则

$$u_2^{[\text{II}]} = A_1 x \sin(\Omega_1 + \Omega_2) + A_2 x \cos(\Omega_1 + \Omega_2) + B_1 x \sin(\Omega_1 - \Omega_2) + B_2 x \cos(\Omega_1 - \Omega_2)$$

$$u_3^{[\text{II}]} = D_1 x \sin(\Omega_1 + \Omega_2) + D_2 x \cos(\Omega_1 + \Omega_2) + E_1 x \sin(\Omega_1 - \Omega_2) + E_2 x \cos(\Omega_1 - \Omega_2)$$

$$u_{2,tt}^{[\text{II}]} = -(\omega_1 + \omega_2)^2 A_1 x \sin(\Omega_1 + \Omega_2) - (\omega_1 + \omega_2)^2 A_2 x \cos(\Omega_1 + \Omega_2)$$

$$- (\omega_1 - \omega_2)^2 B_1 x \sin(\Omega_1 - \Omega_2) - (\omega_1 - \omega_2)^2 B_2 x \cos(\Omega_1 - \Omega_2)$$

$$u_{3,tt}^{[\text{II}]} = -(\omega_1 + \omega_2)^2 D_1 x \sin(\Omega_1 + \Omega_2) - (\omega_1 + \omega_2)^2 D_2 x \cos(\Omega_1 + \Omega_2)$$

$$- (\omega_1 - \omega_2)^2 E_1 x \sin(\Omega_1 - \Omega_2) - (\omega_1 - \omega_2)^2 E_2 x \cos(\Omega_1 - \Omega_2)$$

$$u_{2,xx}^{[II]} = \sin(\Omega_1 + \Omega_2)[-(k_1 + k_2)^2 x A_1 + 2(k_1 + k_2)A_2]$$

$$+ \cos(\Omega_1 + \Omega_2)[-2(k_1 + k_2)A_1 - (k_1 + k_2)^2 x A_2]$$

$$+ \sin(\Omega_1 - \Omega_2)[-(k_1 - k_2)^2 x V_1 + 2(k_1 - k_2)V_2]$$

$$+ \cos(\Omega_1 - \Omega_2)[-2(k_1 - k_2)V_1 - (k_1 - k_2)^2 x V_2]$$

$$u_{3,xx}^{[II]} = \sin(\Omega_1 + \Omega_2)[-(k_1 + k_2)^2 x D_1 + 2(k_1 + k_2)D_2]$$

$$+ \cos(\Omega_1 + \Omega_2)[-2(k_1 + k_2)D_1 - (k_1 + k_2)^2 x D_2]$$

$$+ \sin(\Omega_1 - \Omega_2)[-(k_1 - k_2)^2 x E_1 + 2(k_1 - k_2)E_2]$$

$$+ \cos(\Omega_1 - \Omega_2)[-2(k_1 - k_2)E_1 - (k_1 - k_2)^2 x E_2]$$

$$(2.13)$$

代入波动方程得到

$$A_1 = B_1 = D_1 = E_1 = 0$$

$$A_2 = \frac{abk_1k_2}{4C'_{55}}[C'_{666}\cos(\phi_1 + \phi_2) - C'_{555}\sin(\phi_1 + \phi_2)]$$

$$B_2 = -\frac{abk_1k_2}{4C'_{55}}[C'_{666}\cos(\phi_1 + \phi_2) - C'_{555}\sin(\phi_1 + \phi_2)]$$

$$(2.14)$$

$$D_2 = -\frac{abk_1k_2}{4C'_{55}}[-C'_{555}\cos(\phi_1 + \phi_2) - C'_{666}\sin(\phi_1 + \phi_2)]$$

$$E_2 = \frac{abk_1k_2}{4C'_{55}}[-C'_{555}\cos(\phi_1 + \phi_2) - C'_{666}\sin(\phi_1 + \phi_2)]$$

所以声波位移 (只考虑和频波、差频波) 为

$$u = \frac{abk_1k_2}{4C'_{55}}[C'_{666}\cos(\phi_1 + \phi_2) - C'_{555}\sin(\phi_1 + \phi_2)]x\cos(\Omega_1 + \Omega_2)$$

$$- \frac{abk_1k_2}{4C'_{55}}[C'_{666}\cos(\phi_1 + \phi_2) - C'_{555}\sin(\phi_1 + \phi_2)]x\cos(\Omega_1 - \Omega_2)$$

$$(2.15)$$

$$- \frac{abk_1k_2}{4C'_{55}}[-C'_{555}\cos(\phi_1 + \phi_2) - C'_{666}\sin(\phi_1 + \phi_2)]x\cos(\Omega_1 + \Omega_2)$$

$$+ \frac{abk_1k_2}{4C'_{55}}[-C'_{555}\cos(\phi_1 + \phi_2) - C'_{666}\sin(\phi_1 + \phi_2)]x\cos(\Omega_1 - \Omega_2)$$

3. 所有晶系

对于所有晶系来讲, 为了求得声波在其中的相互作用解, 关键是求得不同晶系在不同坐标系下的等效二阶和三阶弹性常数。

三方晶体 (3 点群, 32 点群, 3m 点群)

四方晶体 (4 点群, 422 点群)

六方晶体 (6 点群, 622 点群)

立方晶体 (23 点群, 432 点群, 43m 点群)

求解流程。

步骤 1: 通过文献查得不同结构晶体在原始坐标系下的独立的二阶、三阶弹性常数和非零非独立的二阶、三阶弹性常数, 并通过其写出弹性能表达式。

步骤 2: 通过坐标变换得到工作坐标系下弹性能密度的变换关系。

步骤 3: 根据弹性能守恒原则, 将弹性能密度代入原始坐标系下的弹性能表达式, 即可得到工作坐标系下的弹性能表达式。

步骤 4: 通过工作坐标系下的弹性能表达式, 对弹性能密度进行求导, 可以得到应力矩阵。

步骤 5: 将应力矩阵代入波动方程, 省去二阶以上的部分, 通过整合合并即可得到在工作坐标系下的波动方程和等效弹性常数。

1) 立方晶体沿 [100] 方向传播的情况

以立方晶体 (432 点群) 为例:

取传播方向为 a 轴, 则位移分量可表示为

$$u = u(a, t), \quad v = v(a, t), \quad w = w(a, t)$$
$$x = a + u, \quad y = b + v, \quad z = c + w$$

雅可比矩阵为

$$J = \begin{pmatrix} 1 + u_a & 0 & 0 \\ v_a & 1 & 0 \\ w_a & 0 & 1 \end{pmatrix} \tag{2.16}$$

应变分量为

$$\eta = \frac{1}{2}(J * J - I)$$

$$\eta_{11} = u_a + \frac{1}{2}(u_a^2 + v_a^2 + w_a^2)$$

$$\eta_{12} = \eta_{21} = \frac{1}{2}v_a \tag{2.17}$$

$$\eta_{13} = \eta_{31} = \frac{1}{2}w_a$$

弹性能为

$$\phi = \frac{1}{2}C_{11}\eta_{11}^2 + C_{44}\left(\eta_{12}^2 + \eta_{21}^2 + \eta_{31}^2 + \eta_{13}^2\right) + \frac{1}{6}C_{111}\eta_{11}^3 \\ + C_{166}\left[\eta_{11}\left(\eta_{12}^2 + \eta_{21}^2 + \eta_{31}^2 + \eta_{13}^2\right)\right] \tag{2.18}$$

代入应力张量 $T_{ik} = J_{il}\dfrac{\partial \phi}{\partial \eta_{kl}}$ 和波动方程 (不考虑压电效应):

$$\rho_0 \frac{\partial^2 u}{\partial t^2} = \frac{\partial T_{11}}{\partial a} + \frac{\partial T_{12}}{\partial b} + \frac{\partial T_{13}}{\partial c}$$

$$\rho_0 \frac{\partial^2 v}{\partial t^2} = \frac{\partial T_{21}}{\partial a} + \frac{\partial T_{22}}{\partial b} + \frac{\partial T_{23}}{\partial c} \tag{2.19}$$

$$\rho_0 \frac{\partial^2 w}{\partial t^2} = \frac{\partial T_{31}}{\partial a} + \frac{\partial T_{32}}{\partial b} + \frac{\partial T_{33}}{\partial c}$$

则得到波动方程组:

$$\frac{\rho_0}{C_{11}}u_{tt} - u_{aa} = \frac{3C_{11} + C_{111}}{C_{11}}u_a u_{aa} + \left(1 + \frac{C_{166}}{C_{11}}\right)(v_a v_{aa} + w_a w_{aa})$$

$$\frac{1}{C_t^2}v_{tt} - v_{aa} = \frac{C_{11} + C_{166}}{C_{44}}(u_a v_{aa} + v_a u_{aa}) \tag{2.20}$$

$$\frac{1}{C_t^2}w_{tt} - w_{aa} = \frac{C_{11} + C_{166}}{C_{44}}(u_a w_{aa} + w_a u_{aa})$$

2) 立方晶体沿 [110] 方向传播

坐标变换矩阵为

$$\begin{pmatrix} a' \\ b' \\ c' \end{pmatrix} = \frac{1}{\sqrt{2}}\begin{pmatrix} 1 & 1 & 0 \\ -1 & 1 & 0 \\ 0 & 0 & \sqrt{2} \end{pmatrix}\begin{pmatrix} a \\ b \\ c \end{pmatrix} \tag{2.21}$$

故新坐标中的位移为

$$u' = u'(a', t), \quad v' = v'(a', t), \quad w' = w'(a', t)$$

$$\eta_{11}' = u_{a'}' + \frac{1}{2}(u_{a'}'^2 + v_{a'}'^2 + w_{a'}'^2)$$

$$\eta_{12}' = \eta_{21}' = \frac{1}{2}v_{a'}' \tag{2.22}$$

$$\eta_{13}' = \eta_{31}' = \frac{1}{2}w_{a'}'$$

变换公式为

$$\eta' = \alpha^* \eta \alpha \tag{2.23}$$

于是有

$$\eta_{11} = \frac{1}{2}\left(\eta'_{11} - 2\eta'_{21}\right), \quad \eta_{12} = \frac{1}{2}\eta'_{11}, \quad \eta_{13} = \frac{1}{\sqrt{2}}\eta'_{13}$$

$$\eta_{21} = \frac{1}{2}\eta'_{11}, \quad \eta_{22} = \frac{1}{2}\left(\eta'_{11} + 2\eta'_{12}\right), \quad \eta_{23} = \frac{1}{\sqrt{2}}\eta'_{13} \tag{2.24}$$

$$\eta_{31} = \frac{1}{\sqrt{2}}\eta'_{13}, \quad \eta_{32} = \frac{1}{\sqrt{2}}\eta'_{13}, \quad \eta_{33} = 0$$

旋轴变换后的弹性能为

$$\begin{aligned}
\Phi(\eta') = \frac{1}{48}\Big\{ &6\left(-\eta'_{11} + \eta'_{12} + \eta'_{21}\right)^2 c_{11} + \left(\eta'_{11} - \eta'_{12} - \eta'_{21}\right)^3 c_{111} \\
&+3\left(-\eta'_{11} + b_{12} + \eta'_{21}\right)^2 \left(\eta'_{11} + \eta'_{12} + \eta'_{21}\right)c_{112} \\
&+12(\eta'_{11} - \eta'_{12} - \eta'_{21})(\eta'_{11} + \eta'_{12} + \eta'_{21})c_{12} \\
&+3(\eta'_{11} - \eta'_{12} - \eta'_{21})\left(\eta'_{11} + \eta'_{12} + \eta'_{21}\right)^2 c_{122} + 6\left(\eta'_{11} + \eta'_{12} + \eta'_{21}\right)^2 c_{22} \\
&+12(\eta'_{11} - \eta'_{12} - \eta'_{21})(b_{13}^2 + b_{31}^2)c_{144} + 12(\eta'_{11} - \eta'_{12} - \eta'_{21})(\eta'^2_{13} + \eta'^2_{31})c_{155} \\
&+ \left(\eta'_{11} + b\eta'_{12} + \eta'_{21}\right)^3 c_{222} \\
&+12(\eta'_{11} + \eta'_{12} + \eta'_{21})(\eta'^2_{13} + \eta'^2_{31})c_{244} + 12[\eta'^2_{11} + (\eta'_{12} - \eta'_{21})^2] \\
&\cdot(\eta'_{11} - \eta'_{12} - \eta'_{21})c_{166} + 24(\eta'^2_{13} + \eta'^2_{31})c_{44} \\
&+12(\eta'_{11} + \eta'_{12} + \eta'_{21})(\eta'^2_{13} + \eta'^2_{31})c_{255} + 12[\eta'^2_{11} + (\eta'_{12} - \eta'_{21})^2] \\
&\cdot(\eta'_{11} + \eta'_{12} + \eta'_{21})c_{266} + 24(\eta'^2_{13} + \eta'^2_{31})c_{55} \\
&+24\eta'_{11}\left(\eta'_{13} + \eta'_{31}\right)^2 c_{456} + 24[\eta'^2_{11} + (\eta'_{12} - \eta'_{21})^2]c_{66}\Big\}
\end{aligned} \tag{2.25}$$

将 $\Phi(\eta')$ 对 η'_{ij} 求导, 然后将 $\eta'_{12} = \eta'_{21}, \eta'_{13} = \eta'_{31}$ 代入

$$T_{ik} = J_{il}\frac{\partial \Phi(\eta')}{\partial \eta'_{kl}} \tag{2.26}$$

得到波动方程组:

$$\frac{1}{C_l^2}u_{tt} - u_{aa} = \beta u_a u_{aa} + \gamma_1 v_a v_{aa} + \gamma_2 w_a w_{aa}$$

$$\frac{1}{C_{t1}^2}v_{tt} - v_{aa} = \gamma_1 \left(u_a v_{aa} + v_a u_{aa}\right) \tag{2.27}$$

$$\frac{1}{C_{t2}^2}w_{tt} - w_{aa} = \gamma_2 \left(u_a w_{aa} + w_a u_{aa}\right)$$

　　按照以上所述的求解步骤，求得了立方晶体、三方晶体、四方晶体以及六方晶体在三种坐标系下的等效二阶、三阶弹性常数，这样就可以求得不同晶体在各个坐标系下波相互作用的方程解析解。

立方晶体

	[100]	[110]	[111]
C'_{11}	c_{11}	$\frac{1}{2}(c_{11}+c_{12}+2c_{44})$	$\frac{1}{3}(c_{11}+2c_{12}+4c_{44})$
C'_{15}	0	0	0
C'_{16}	0	0	0
C'_{55}	c_{44}	c_{44}	$\frac{1}{3}(c_{11}-c_{12}+c_{44})$
C'_{56}	0	0	0
C'_{66}	c_{44}	$\frac{1}{2}(c_{11}-c_{12})$	$\frac{1}{3}(c_{11}-c_{12}+c_{44})$

23 点群	[100]	[110]	[111]
C'_{111}	c_{111}	$\frac{1}{8}(2c_{111}+3c_{112}+3c_{113}+12c_{155}+12c_{166})$	$\frac{1}{9}(c_{111}+3c_{112}+3c_{113}+2c_{123}+12c_{144}+12c_{155}+12c_{166}+16c_{456})$
C'_{115}	0	0	0
C'_{116}	0	$-\frac{1}{8}(c_{112}-c_{113}-4c_{155}+4c_{166})$	0
C'_{155}	c_{155}	$\frac{1}{4}(2c_{144}+c_{155}+c_{166}+4c_{456})$	$\frac{1}{9}(c_{111}-c_{123}-3c_{144}+3c_{155}+3c_{166}-2c_{456})$
C'_{156}	0	0	0
C'_{166}	c_{166}	$\frac{1}{8}(2c_{111}-c_{112}-c_{113})$	$\frac{1}{9}(c_{111}-c_{123}-3c_{144}+3c_{155}+3c_{166}-2c_{456})$
C'_{555}	0	0	$\frac{1}{2\sqrt{6}}(c_{112}-c_{113}-c_{155}+c_{166})$
C'_{556}	0	$\frac{1}{4}(-c_{155}+c_{166})$	$\frac{1}{18\sqrt{2}}(2c_{111}-3c_{112}-3c_{113}+4c_{123}+6c_{144}-3c_{155}-3c_{166}-4c_{456})$
C'_{566}	0	0	$-\frac{1}{2\sqrt{6}}(c_{112}-c_{113}-c_{155}+c_{166})$
C'_{666}	0	$\frac{3}{8}(c_{112}-c_{113})$	$-\frac{1}{18\sqrt{2}}(2c_{111}-3c_{112}-3c_{113}+4c_{123}+6c_{144}-3c_{155}-3c_{166}-4c_{456})$

432 点群和 43m 点群	[100]	[110]	[111]
C'_{111}	c_{111}	$\frac{1}{4}(c_{111}+3c_{112}+12c_{155})$	$\frac{1}{9}(c_{111}+6c_{112}+2c_{123}$ $+12c_{144}+24c_{155}+16c_{456})$
C'_{115}	0	0	0
C'_{116}	0	0	0
C'_{155}	c_{111}	$\frac{1}{2}(c_{144}+c_{155}+2c_{456})$	$\frac{1}{9}(c_{111}-c_{123}-3c_{144}+6c_{155}-2c_{456})$
C'_{156}	0	0	0
C'_{166}	c_{111}	$\frac{1}{4}(c_{111}-c_{112})$	$\frac{1}{9}(c_{111}-c_{123}-3c_{144}+6c_{155}-2c_{456})$
C'_{555}	0	0	0
C'_{556}	0	0	$\frac{1}{9\sqrt{2}}(c_{111}-3c_{112}+2c_{123}$ $+3c_{144}-3c_{155}-2c_{456})$
C'_{566}	0	0	0
C'_{666}	0	0	$-\frac{1}{9\sqrt{2}}(c_{111}-3c_{112}+2c_{123}$ $+3c_{144}-3c_{155}-2c_{456})$

三方晶体

32 点群和 3m 点群	[100]	[110]	[111]
C'_{11}	c_{11}	c_{11}	$\frac{1}{9}(4c_{11}+4c_{13}+8c_{14}+c_{33}+8c_{44})$
C'_{15}	0	$\frac{c_{14}}{\sqrt{2}}$	$-\sqrt{\frac{2}{3}}c_{14}$
C'_{16}	0	0	$\frac{1}{9}\sqrt{2}(2c_{11}-c_{13}+c_{14}-c_{33}-2c_{44})$
C'_{55}	c_{44}	c_{44}	$\frac{1}{3}(c_{11}-c_{12}-2c_{14}+c_{44})$
C'_{56}	c_{14}	$-\frac{c_{14}}{\sqrt{2}}$	0
C'_{66}	$\frac{1}{2}(c_{11}-c_{12})$	$\frac{1}{2}(c_{11}-c_{12})$	$\frac{1}{9}(2c_{11}-4c_{13}-2c_{14}$ $+2c_{33}+c_{44})$

32 点群和 3m 点群	[100]	[110]	[111]
C'_{111}	c_{111}	$\dfrac{1}{2}\left(c_{111}+c_{222}\right)$	$\dfrac{1}{27}(4c_{111}+12c_{113}+24c_{114}+48c_{124}$ $+6c_{133}+24c_{134}+48c_{155}+4c_{222}$ $+c_{333}+24c_{344}-16c_{444})$
C'_{115}	0	$\dfrac{c_{114}+2c_{124}}{\sqrt{2}}$	$\dfrac{2}{9}\sqrt{\dfrac{2}{3}}(c_{111}-3c_{114}-6c_{124}$ $-3c_{134}-c_{222}+2c_{444})$
C'_{116}	0	$\dfrac{1}{2}\left(c_{111}-c_{222}\right)$	$\dfrac{\sqrt{2}}{27}(2c_{111}+6c_{114}+12c_{124}$ $-3c_{133}-6c_{134}+2c_{222}$ $-c_{333}-12c_{344}+4c_{444})$
C'_{155}	c_{155}	c_{155}	$\dfrac{1}{9}(-c_{112}+c_{113}-2c_{114}-c_{123}$ $-2c_{124}-2c_{134}-2c_{144}+4c_{155}$ $+c_{222}+c_{344}+2c_{444})$
C'_{156}	$\dfrac{1}{2}\left(c_{114}+3c_{124}\right)$	$-\dfrac{c_{114}+3c_{124}}{2\sqrt{2}}$	$\dfrac{1}{9\sqrt{3}}(2c_{111}-3c_{114}-3c_{124}$ $+6c_{134}-2c_{222}-c_{444})$
C'_{166}	$\dfrac{1}{4}(-2c_{111}-c_{112}$ $+3c_{222})$	$\dfrac{1}{4}\left(-c_{112}+c_{222}\right)$	$\dfrac{1}{27}(2c_{111}-6c_{113}-6c_{134}-6c_{155}$ $+2c_{222}+2c_{333}+9c_{344}-2c_{444})$
C'_{555}	0	$\dfrac{-c_{444}}{\sqrt{2}}$	$-\dfrac{1}{3\sqrt{6}}\left(2c_{111}+6c_{124}-2c_{222}+c_{444}\right)$
C'_{556}	0	0	$\dfrac{1}{9\sqrt{2}}(-c_{112}-2c_{113}-2c_{114}+2c_{123}$ $+4c_{124}+4c_{134}+4c_{144}-2c_{155}$ $+c_{222}-2c_{344}-c_{444})$
C'_{566}	0	$-\dfrac{c_{124}}{\sqrt{2}}$	$\dfrac{1}{9\sqrt{6}}\left(2c_{111}+6c_{124}-2c_{222}+c_{444}\right)$
C'_{666}	0	$-\dfrac{1}{2}\left(c_{111}-c_{222}\right)$	$\dfrac{1}{27\sqrt{2}}(2c_{111}-12c_{113}-6c_{114}-12c_{124}$ $+12c_{133}+12c_{134}+6c_{155}$ $+2c_{222}-4c_{333}-6c_{344}+c_{444})$

3 点群	[100]	[110]	[111]
C'_{11}	c_{11}	c_{11}	$\frac{1}{9}(4c_{11} + 4c_{13} + 8c_{14} + 8c_{25} + c_{33} + 8c_{44})$
C'_{15}	$-c_{25}$	$\frac{c_{14} + c_{25}}{\sqrt{2}}$	$-\sqrt{\frac{2}{3}}(c_{14} - c_{25})$
C'_{16}	0	0	$\frac{1}{9}\sqrt{2}(2c_{11} - c_{13} + c_{14} + c_{25} - c_{33} - 2c_{44})$
C'_{55}	c_{44}	c_{44}	$\frac{1}{3}(c_{11} - c_{12} - 2c_{14} - 2c_{25} + c_{44})$
C'_{56}	c_{14}	$\frac{-c_{14} + c_{25}}{\sqrt{2}}$	0
C'_{66}	$\frac{1}{2}(c_{11} - c_{12})$	$\frac{c_{11} - c_{12}}{2}$	$\frac{1}{9}(2c_{11} - 4c_{13} - 2c_{14} - 2c_{25} + 2c_{33} + c_{44})$

3 点群	[100]	[110]	[111]
C'_{111}	c_{111}	$\frac{1}{2}(c_{111} - 2c_{116} + c_{222})$	$\begin{aligned}\frac{1}{27}(&4c_{111} + 12c_{113} + 24c_{114} - 24c_{115} \\ &-8c_{116} + 48c_{124} + 6c_{133} + 24c_{134} \\ &-24c_{135} + 48c_{155} + 4c_{222} + c_{333} \\ &+24c_{344} - 16c_{444} + 16c_{445})\end{aligned}$
C'_{115}	c_{115}	$\frac{1}{\sqrt{2}}(c_{114} - c_{115} + 2c_{124})$	$\begin{aligned}\frac{1}{9}\sqrt{\frac{2}{3}}(&2c_{111} - 6c_{114} - 6c_{115} \\ &-12c_{124} - 6c_{134} - 6c_{135} \\ &-2c_{222} + 4c_{444} + 4c_{445})\end{aligned}$
C'_{116}	c_{116}	$\frac{1}{2}(c_{111} - c_{222})$	$\begin{aligned}\frac{\sqrt{2}}{27}(&2c_{111} + 6c_{114} - 6c_{115} - 4c_{116} \\ &+12c_{124} - 3c_{133} - 6c_{134} \\ &+6c_{135} + 2c_{222} - c_{333} \\ &-12c_{344} + 4c_{444} - 4c_{445})\end{aligned}$
C'_{155}	c_{155}	c_{155}	$\begin{aligned}\frac{1}{9}(&-c_{112} + c_{113} - 2c_{114} + 2c_{115} \\ &+4c_{116} - c_{123} - 2c_{124} + 2c_{125} \\ &-2c_{134} + 2c_{135} - 2c_{144} + 4c_{155} \\ &+c_{222} + c_{344} + 2c_{444} - 2c_{445})\end{aligned}$
C'_{156}	$\frac{1}{2}(c_{114} + 3c_{124})$	$-\frac{1}{2\sqrt{2}}(c_{114} + c_{115} + 3c_{124} - c_{125})$	$\begin{aligned}\frac{1}{9\sqrt{3}}(&2c_{111} - 3c_{114} - 3c_{115} - 3c_{124} \\ &-3c_{125} + 6c_{134} + 6c_{135} + 6c_{145} \\ &-2c_{222} - 2c_{444} - 2c_{445})\end{aligned}$

3 点群	[100]	[110]	[111]
C'_{166}	$\frac{1}{4}(-2c_{111}$ $-c_{112}+3c_{222})$	$\frac{1}{4}(-c_{112}+4c_{116}+c_{222})$	$\frac{1}{27}(2c_{111}-6c_{113}-4c_{116}-6c_{134}$ $+6c_{135}-6c_{155}+2c_{222}+2c_{333}$ $+9c_{344}-2c_{444}+2c_{445})$
C'_{555}	$-c_{445}$	$\frac{-c_{444}+c_{445}}{\sqrt{2}}$	$-\frac{1}{3\sqrt{6}}(2c_{111}+6c_{124}-6c_{125}$ $+18c_{14}-6c_{145}-2c_{222}$ $-18c_{25}+c_{444}+c_{445})$
C'_{556}	$-c_{145}$	$-c_{145}$	$\frac{1}{9\sqrt{2}}(-c_{112}-2c_{113}-2c_{114}+2c_{115}$ $+4c_{116}+2c_{123}+4c_{124}+8c_{125}$ $+4c_{134}-4c_{135}+4c_{144}-2c_{155}$ $+c_{222}-2c_{344}-c_{444}+c_{445})$
C'_{566}	c_{125}	$-\frac{c_{124}+c_{125}}{\sqrt{2}}$	$\frac{1}{9\sqrt{6}}(2c_{111}+6c_{124}-6c_{125}$ $-6c_{145}-2c_{222}+c_{444}+c_{445})$
C'_{666}	$-c_{116}$	$-\frac{1}{2}(c_{111}-c_{222})$	$\frac{\sqrt{2}}{54}(2c_{111}-12c_{113}-6c_{114}+6c_{115}$ $-4c_{116}-12c_{124}+12c_{133}+12c_{134}$ $-12c_{135}+6c_{155}+2c_{222}-c_{445}$ $-4c_{333}-6c_{344}+c_{444})$

四方晶体

4 点群	[100]	[110]	[111]
C'_{11}	c_{11}	$\frac{1}{2}(c_{11}+c_{12}+2c_{66})$	$\frac{1}{9}(2c_{11}+2c_{12}+4c_{13}+c_{33}+8c_{44}+4c_{66})$
C'_{15}	0	0	$-\frac{1}{3}\sqrt{\frac{2}{3}}c_{16}$
C'_{16}	$\frac{1}{2}c_{16}$	$-\frac{1}{2}c_{16}$	$\frac{1}{9\sqrt{2}}(2c_{11}+2c_{12}-2c_{13}$ $-2c_{33}-4c_{44}+4c_{66})$
C'_{55}	c_{44}	c_{44}	$\frac{1}{3}(c_{11}-c_{12}+c_{44})$
C'_{56}	0	0	$-\frac{c_{16}}{3\sqrt{3}}$
C'_{66}	c_{66}	$\frac{1}{2}(c_{11}-c_{12})$	$\frac{1}{9}(c_{11}+c_{12}-4c_{13}+2c_{33}+c_{44}+2c_{66})$

4 点群	[100]	[110]	[111]
C'_{111}	c_{111}	$\frac{1}{4}(c_{111}+3c_{112}+12c_{166})$	$\frac{1}{27}(2c_{111}+6c_{112}+6c_{113}+6c_{123}$ $+6c_{133}+24c_{144}+24c_{155}$ $+24c_{166}+c_{333}+24c_{344}+12c_{366}$ $+24c_{446}+48c_{456}-24c_{466})$
C'_{115}	0	0	$-\frac{1}{9}\sqrt{\frac{2}{3}}(4c_{116}+4c_{136}+8c_{145}$ $-4c_{446}-4c_{466})$
C'_{116}	c_{116}	$-c_{116}$	$\frac{\sqrt{2}}{27}(c_{111}+3c_{112}-3c_{133}$ $+12c_{166}-c_{333}-12c_{344})$
C'_{155}	c_{155}	$\frac{1}{2}(c_{144}+c_{155}+c_{446}$ $+2c_{456}-c_{466})$	$\frac{1}{9}(c_{111}-c_{112}+c_{113}-c_{123}-3c_{144}$ $+5c_{155}+c_{344}+c_{446}-2c_{456}-c_{466})$
C'_{156}	0	0	$-\frac{1}{9\sqrt{3}}(4c_{116}-2c_{136}-4c_{145}$ $-c_{446}-c_{466})$
C'_{166}	c_{166}	$\frac{1}{4}(c_{111}-c_{112})$	$\frac{1}{27}(c_{111}+3c_{112}-3c_{113}-3c_{123}$ $-3c_{144}-3c_{155}+12c_{166}$ $+2c_{333}+9c_{344}-6c_{366}$ $-3c_{446}-6c_{456}+3c_{466})$
C'_{555}	0	0	$\frac{2}{\sqrt{6}}c_{145}$
C'_{556}	$-c_{466}$	$-c_{145}$	$\frac{\sqrt{2}}{18}(c_{111}-c_{112}-2c_{113}+2c_{123}+3c_{144}$ $-c_{155}-2c_{344}+c_{446}-2c_{456}-c_{466})$
C'_{566}	0	0	$-\frac{1}{9}\sqrt{\frac{2}{3}}(2c_{116}-4c_{136}+c_{145}$ $+c_{446}+c_{466})$
C'_{666}	0	0	$\frac{1}{27\sqrt{2}}(c_{111}+3c_{112}-6c_{113}-6c_{123}$ $+12c_{133}+3c_{144}+3c_{155}$ $+12c_{166}-4c_{333}-6c_{344}$ $-12c_{366}+3c_{446}+6c_{456}-3c_{466})$

422 点群	[100]	[110]	[111]
C'_{11}	c_{11}	$\frac{1}{2}(c_{11}+c_{12}+2c_{66})$	$\frac{1}{9}(2c_{11}+2c_{12}+4c_{13}+c_{33}+8c_{44}+4c_{66})$
C'_{15}	0	0	0
C'_{16}	0	0	$\frac{\sqrt{2}}{9}(c_{11}+c_{12}-c_{13}-c_{33}-2c_{44}+2c_{66})$
C'_{55}	c_{44}	c_{44}	$\frac{1}{3}(c_{11}-c_{12}+c_{44})$
C'_{56}	0	0	0
C'_{66}	c_{66}	$\frac{1}{2}(c_{11}-c_{12})$	$\frac{1}{9}(c_{11}+c_{12}-4c_{13}+2c_{33}+c_{44}+2c_{66})$

422 点群	[100]	[110]	[111]
C'_{111}	c_{111}	$\frac{1}{4}(c_{111}+3c_{112}+12c_{166})$	$\frac{1}{27}(2c_{111}+6c_{112}+6c_{113}+6c_{123}+6c_{133}+24c_{144}+24c_{155}+12c_{166}+c_{333}+24c_{344}+12c_{366}+48c_{456})$
C'_{115}	0	0	$\frac{2}{9}\sqrt{\frac{2}{3}}c_{166}$
C'_{116}	0	0	$\frac{\sqrt{2}}{27}(c_{111}+3c_{112}-3c_{133}+6c_{166}-c_{333}-12c_{344})$
C'_{155}	c_{155}	$\frac{1}{2}(c_{144}+c_{155}+2c_{456})$	$\frac{1}{9}(c_{111}-c_{112}+c_{113}-c_{123}-3c_{144}+5c_{155}+c_{344}-2c_{456})$
C'_{156}	0	0	$\frac{2c_{166}}{9\sqrt{3}}$
C'_{166}	c_{166}	$\frac{1}{4}(c_{111}-c_{112})$	$\frac{1}{27}(c_{111}+3c_{112}-3c_{113}-3c_{123}-3c_{144}-3c_{155}+6c_{166}+2c_{333}+9c_{344}-6c_{366}-6c_{456})$
C'_{555}	0	0	0
C'_{556}	0	0	$\frac{1}{9\sqrt{2}}(c_{111}-c_{112}-2c_{113}+2c_{123}+3c_{144}-c_{155}-2c_{344}-2c_{456})$
C'_{566}	0	0	$\frac{1}{9}\sqrt{\frac{2}{3}}c_{166}$
C'_{666}	0	0	$\frac{1}{27\sqrt{2}}(c_{111}+3c_{112}-6c_{113}-6c_{123}+12c_{133}+3c_{144}+3c_{155}+6c_{166}-4c_{333}-6c_{344}-12c_{366}+6c_{456})$

六方晶体

	[100]	[110]	[111]
C'_{11}	c_{11}	c_{11}	$\frac{1}{9}(4c_{11} + 4c_{13} + c_{33} + 8c_{44})$
C'_{15}	0	0	0
C'_{16}	0	0	$\frac{1}{9}\sqrt{2}(2c_{11} - c_{13} - c_{33} - 2c_{44})$
C'_{55}	c_{44}	c_{44}	$\frac{1}{3}(c_{11} - c_{12} + c_{44})$
C'_{56}	0	0	0
C'_{66}	$\frac{1}{2}(c_{11} - c_{12})$	$\frac{1}{2}(c_{11} - c_{12})$	$\frac{1}{9}(2c_{11} - 4c_{13} + 2c_{33} + c_{44})$

6 点群	[100]	[110]	[111]
C'_{111}	c_{111}	$\frac{1}{2}(c_{111} - 2c_{116} + c_{222})$	$\frac{1}{27}(4c_{111} + 12c_{113} - 8c_{116} + 6c_{133} + 48c_{155} + 4c_{222} + c_{333} + 24c_{344})$
C'_{115}	0	0	$\frac{2}{9}\sqrt{\frac{2}{3}}(c_{111} - c_{222})$
C'_{116}	c_{116}	$\frac{1}{2}(c_{111} - c_{222})$	$\frac{\sqrt{2}}{27}(2c_{111} - 4c_{116} - 3c_{133} + 2c_{222} - c_{333} - 12c_{344})$
C'_{155}	c_{155}	c_{155}	$\frac{1}{9}(-c_{112} + c_{113} + 4c_{116} - c_{123} - 2c_{144} + 4c_{155} + c_{222} + c_{344})$
C'_{156}	0	0	$\frac{2}{9\sqrt{3}}(c_{111} + 3c_{145} - c_{222})$
C'_{166}	$\frac{1}{4}(-2c_{111} - c_{112} + 3c_{222})$	$\frac{1}{4}(-c_{112} + 4c_{116} + c_{222})$	$\frac{1}{27}(2c_{111} - 6c_{113} - 4c_{116} - 6c_{155} + 2c_{222} + 2c_{333} + 9c_{344})$
C'_{555}	0	0	$-\frac{1}{3}\sqrt{\frac{2}{3}}(c_{111} - 3c_{145} - c_{222})$
C'_{556}	$-c_{145}$	$-c_{145}$	$\frac{1}{9\sqrt{2}}(-c_{112} - 2c_{113} + 4c_{116} + 2c_{123} + 4c_{144} - 2c_{155} + c_{222} - 2c_{344})$
C'_{566}	0	0	$\frac{1}{9}\sqrt{\frac{2}{3}}(c_{111} - 3c_{145} - c_{222})$
C'_{666}	$-c_{116}$	$-\frac{1}{2}(c_{111} - c_{222})$	$\frac{\sqrt{2}}{27}(c_{111} - 6c_{113} - 2c_{116} + 6c_{133} + 3c_{155} + c_{222} - 2c_{333} - 3c_{344})$

622 点群	[100]	[110]	[111]
C'_{111}	c_{111}	$\frac{1}{2}(c_{111}+c_{222})$	$\frac{1}{27}(4c_{111}+12c_{113}+6c_{133}+48c_{155}+4c_{222}+c_{333}+24c_{344})$
C'_{115}	0	0	$\frac{2}{9}\sqrt{\frac{2}{3}}(c_{111}-c_{222})$
C'_{116}	0	$\frac{1}{2}(c_{111}-c_{222})$	$\frac{1}{27}\sqrt{2}(2c_{111}-3c_{133}+2c_{222}-c_{333}-12c_{344})$
C'_{155}	c_{155}	c_{155}	$\frac{1}{9}(-c_{112}+c_{113}-c_{123}-2c_{144}+4c_{155}+c_{222}+c_{344})$
C'_{156}	0	0	$\frac{2}{9\sqrt{3}}(c_{111}-c_{222})$
C'_{166}	$\frac{1}{4}(-2c_{111}-c_{112}+3c_{222})$	$\frac{1}{4}(-c_{112}+c_{222})$	$\frac{1}{27}(2c_{111}-6c_{113}-6c_{155}+2c_{222}+2c_{333}+9c_{344})$
C'_{555}	0	0	$-\frac{1}{3}\sqrt{\frac{2}{3}}(c_{111}-c_{222})$
C'_{556}	0	0	$\frac{1}{9\sqrt{2}}(-c_{112}-2c_{113}+2c_{123}+4c_{144}-2c_{155}+c_{222}-2c_{344})$
C'_{566}	0	0	$\frac{1}{9}\sqrt{\frac{2}{3}}(c_{111}-c_{222})$
C'_{666}	0	$-\frac{1}{2}(c_{111}-c_{222})$	$\frac{\sqrt{2}}{27}(c_{111}-6c_{113}+6c_{133}+3c_{155}+c_{222}-2c_{333}-3c_{344})$

2.2　共线声波沿晶体纯模方向传播的相互作用

前人对共线声波相互作用的研究一直致力于立方晶体沿纯模方向传播的声波。在本节中，我们将计算扩展到所有的晶体点群。这里定义了非线性相互作用的非线性参数，晶体的有效三阶弹性常数可用本节提出的方法计算，所得结果对研究任意对称晶体的弹性非线性具有重要意义。

众所周知，共线声波的相互作用将产生谐波与和、差频波，用非线性效应可以确定材料的三阶弹性常数 (TOEC)。这些高阶常数表征晶体晶格的非简谐性，对理解晶体的许多性质，比如热运输、二阶弹性常数 (SOEC) 的温度和压力依赖性、高频声子衰减等有重要的意义。

人们对弹性波的相互作用和谐波产生已进行了很多的理论和实验的研究 [1-4,7,9,10]。一些立方晶体的三阶弹性常数和它们的温度依赖性，已采用超声二次谐波技术进行了测量 [11,12]。二十面体准晶的各向异性弹性非线性性质也已经得到研究 [13,14]，立方和其他晶体的剪切波的相互作用已经被观察和计算 [6,15-19]，虽然这种相互作用在均匀的各向同性的晶体中是不存在的。尽管如此，大多数的研究仍然集中在各向同性固体或立方晶体如金属等纵波的研究。众所周知，近几十年发展起来的许多有用材料都属于立方晶体以外的体系。例如，畴工程化的 PMN-PT 单晶，当极化在其非自然极化方向时具有 mm2, 4mm 或 3m 的宏观对称性 [20]，研究这些新晶体的弹性非线性对其高功率应用有重要的参考价值。

在这里，我们将扩展关于立方晶系的共线声波相互作用的理论来覆盖所有的晶体点群，从而促进晶体的进一步研究。首先给出了二阶非线性的基本方程。在 32 个点群中，20 个是压电体，但在目前的计算中，只考虑了弹性非线性，这里研究沿晶体纯模方向传播的共线声波的非线性相互作用，以便于简化计算和实验。我们定义定征相互作用的非线性参数，一些特别的 TOEC 或它们的组合出现在非线性参数中，以便我们可以利用这些非线性参数得到有效的 TOEC。作为例子给出四方晶体的计算结果 (点群 422, 4mm,$\bar{4}$2m, 4/mmm)。

2.2.1 基本方程

共线声波相互作用的基本方程 [7,12]，其运动的应力方程可以写成 [21]

$$\delta_{iM}\rho_0\ddot{u}_M = \frac{\partial P_{Ji}}{\partial a_J} \tag{2.28}$$

其中，ρ_0 是晶体静态质量密度；δ_{iM} 是克罗内克函数，表征从非变形状态到变形状态的转化；P_{Ji} 为皮奥拉–基尔霍夫应力张量, 它是一个两点张量，代表一个在未变形下的单位内平面的受力情况，可以表示为

$$P_{Ji} = \frac{\partial x_i}{\partial a_I}\frac{\partial \varphi}{\partial \eta_{LJ}} \tag{2.29}$$

方程 (2.29) 中，a_I 和 x_i 分别是相同材料的粒子在变形前后的位置；φ 是应变能密度，它在对称操作下是不变量，可以表示为拉格朗日应变张量的函数：

$$\varphi = \frac{1}{2}c_{IJKL}\eta_{IJ}\eta_{KL} + \frac{1}{6}c_{IJKLMN}\eta_{IJ}\eta_{KL}\eta_{MN} + \cdots \tag{2.30}$$

这里，大写下标代表在未变形下的物理量。

拉格朗日的应力可表示为

$$\eta_{KL} = \frac{1}{2}\left(u_{K,L} + u_{L,K} + u_{P,L}u_{P,K}\right) \tag{2.31}$$

近似到二阶非线性, 皮奥拉–基尔霍夫应变张量可以表示为

$$P_{Ji} = \delta_{iI}\left[c_{IJKL}u_{K,L} + \left(\frac{1}{2}c_{IJNL}\delta_{MK} + c_{NJKL}\delta_{IM} + \frac{1}{2}c_{IJKLMN}\right)u_{K,L}u_{M,N}\right] \tag{2.32}$$

取此结果到应力方程, 近似到二阶非线性, 运动的位移方程可以写为

$$\rho_0\ddot{u}_I = c_{IJKL}u_{K,LJ} + \tilde{c}_{IJKLMN}(u_{K,LJ}u_{M,N} + u_{K,L}u_{M,NJ}) \tag{2.33a}$$

$$\tilde{c}_{IJKLMN} = \frac{1}{2}c_{IJNL}\delta_{MK} + c_{NJKL}\delta_{IM} + \frac{1}{2}c_{IJKLMN} \tag{2.33b}$$

这里, 克罗内克函数省略。(注意: $\tilde{c}_{IJKLMN}$ 和 c_{IJKLMN} 并非相同对称。)

对于平面波传播的计算, 通常很方便地选择坐标系, 即波的传播方向与坐标系的轴线平行。当 a 轴为波的传播方向时, 粒子的位移只依赖于空间坐标 a, 在这种情况下, 方程 (2.33a) 可以改写为 [7,19]

$$\rho_0\ddot{u}_J - \gamma_{J111}u_{1,11} - \gamma_{J121}u_{2,11} - \gamma_{J131}u_{3,11} = f_J(u_1, u_2, u_3), \quad J = 1, 2, 3 \tag{2.34}$$

这里, a 轴表示为 1 轴; 下标中的逗号是对坐标系的偏微分;

$$\begin{aligned}f_J &= g_{J1}u_{1,11}u_{1,1} + g_{J2}u_{2,11}u_{2,1} + g_{J3}u_{3,11}u_{3,1} + g_{J6}(u_{1,11}u_{2,1} + u_{1,1}u_{2,11})\\ &\quad + g_{J5}(u_{1,11}u_{3,1} + u_{1,1}u_{3,11}) + g_{J4}(u_{2,11}u_{3,1} + u_{2,1}u_{3,11})\end{aligned} \tag{2.35}$$

和

$$g_{11} = 3\gamma_{11} + \gamma_{111}, \quad g_{22} = 3\gamma_{16} + \gamma_{666}, \quad g_{33} = 3\gamma_{15} + \gamma_{555}$$

$$g_{12} = g_{26} = \gamma_{11} + \gamma_{166}, \quad g_{13} = g_{35} = \gamma_{11} + \gamma_{155}$$

$$g_{14} = g_{25} = g_{36} = \gamma_{156}, \quad g_{15} = g_{31} = \gamma_{15} + \gamma_{115}, \quad g_{16} = g_{21} = \gamma_{16} + \gamma_{116}$$

$$g_{23} = g_{34} = \gamma_{16} + \gamma_{556}, \quad g_{24} = g_{32} = \gamma_{15} + \gamma_{566}$$

方程 (2.34) 使用 γ_{IJ} 和 γ_{IJK} 取代 c_{IJ} 和 c_{IJK} 来强调计算坐标中的常数, 使用通常的省略标记, 方程 (2.34) 的右端可以考虑为微扰, 非线性方程可以采用逐级近似法来进行求解, 即令

$$u_I = \delta u_I^{(\mathrm{I})} + \delta^2 u_I^{(\mathrm{II})} + \cdots \tag{2.36}$$

这里, $\delta \leqslant 1$, 其指数表明方程 (2.36) 中的逐级近似的阶数, 一阶和二阶的近似方程为

$$\rho_0\begin{bmatrix}\ddot{u}_1^{(\mathrm{I})}\\ \ddot{u}_2^{(\mathrm{I})}\\ \ddot{u}_3^{(\mathrm{I})}\end{bmatrix} - \begin{bmatrix}\gamma_{11} & \gamma_{16} & \gamma_{15}\\ \gamma_{16} & \gamma_{66} & \gamma_{56}\\ \gamma_{15} & \gamma_{56} & \gamma_{55}\end{bmatrix}\begin{bmatrix}u_{1,11}^{(\mathrm{I})}\\ u_{2,11}^{(\mathrm{I})}\\ u_{3,11}^{(\mathrm{I})}\end{bmatrix} = 0 \tag{2.37a}$$

$$\rho_0 \begin{bmatrix} \ddot{u}_1^{(II)} \\ \ddot{u}_2^{(II)} \\ \ddot{u}_3^{(II)} \end{bmatrix} - \begin{bmatrix} \gamma_{11} & \gamma_{16} & \gamma_{15} \\ \gamma_{16} & \gamma_{66} & \gamma_{56} \\ \gamma_{15} & \gamma_{56} & \gamma_{55} \end{bmatrix} \begin{bmatrix} u_{1,11}^{(II)} \\ u_{2,11}^{(II)} \\ u_{3,11}^{(II)} \end{bmatrix}$$

$$= \begin{bmatrix} g_{11} & g_{12} & g_{13} & g_{14} & g_{15} & g_{16} \\ g_{21} & g_{22} & g_{23} & g_{24} & g_{25} & g_{26} \\ g_{31} & g_{32} & g_{33} & g_{34} & g_{35} & g_{36} \end{bmatrix} \begin{bmatrix} h_1 \\ h_2 \\ h_3 \\ h_4 \\ h_5 \\ h_6 \end{bmatrix} \tag{2.37b}$$

这里，g_{IJ} 可以由方程 (2.35) 给出，而且

$$h_J = u_{J,1}^{(I)} u_{J,11}^{(I)}, \quad J = 1,2,3$$
$$h_\alpha = u_{I,1}^{(I)} u_{J,11}^{(I)} + u_{I,11}^{(I)} u_{J,1}^{(I)}, \quad \alpha = 4(I,J=2,3), 5(I,J=1,3), 6(I,J=1,2)$$

$$\tag{2.37c}$$

可见一阶近似是非扰动的线性方程。对于平面而言，方程等同于 Christoffel 方程 [22]，共有三种模式：一个准纵波，两个准横波，所有都沿着晶体的 a 轴方向。通常质点位移 u_J 包括这三个波的贡献，也就是说，三个位移分量可能相互耦合，很明显地，当 $\gamma_{15} = \gamma_{16} = 0$ 时，位移 u_1 将不会与 u_2 和 u_3 耦合。此时，波的传播方向是第一类纯模方向。如果计算坐标系的轴 2 和 3 选择为与两个纯的切变波的极化方向一致，即 $\gamma_{56} = 0$[22]，那么，对于第一类纯模方向的晶体而言，具有某种对称性，有 $\gamma_{15} = \gamma_{16} = \gamma_{56} = 0$，而对于第二类纯模方向，要满足的条件是 [22]：$\gamma_{15} \neq 0$，$\gamma_{16} = \gamma_{56} = 0$ 或 $\gamma_{16} \neq 0$，$\gamma_{15} = \gamma_{56} = 0$。

在超声测量中，第一类纯模方向或简单的纯模方向是优先的，因为它使得实验结果的解释变得简单。由于没有质点位移的耦合，在处理纵波时，$u_1^{(I)} \neq 0, u_2^{(I)} = u_3^{(I)} = 0$；在处理剪切波时，$u_2^{(I)} \neq 0, u_1^{(I)} = u_3^{(I)} = 0$ 或 $u_3^{(I)} \neq 0, u_1^{(I)} = u_2^{(I)} = 0$，或 $u_1^{(I)} = 0, u_2^{(I)} \neq 0, u_3^{(I)} \neq 0$。

而且，众所周知，二次谐波或和、差频波 (以后称为"混频波") 在相互作用同步时达到最强，也就是在相互作用中的波的传播速度与自由传播的二次谐波或混频波的一致，因此，由纵波的非线性相互作用产生的剪切波的二次谐波或混频波均与实际的实验无关。忽略相互作用的非同步性，对于纯模方向的逐级近似方程可以简化。对于纯纵波，有

$$\rho_0 \ddot{u}_1^{(I)} - \gamma_{11} u_{1,11}^{(I)} = 0 \tag{2.38}$$

$$\rho_0 \ddot{u}_1^{(II)} - \gamma_{11} u_{1,11}^{(II)} = (3\gamma_{11} + \gamma_{111}) u_{1,1}^{(I)} u_{1,11}^{(I)} \tag{2.39}$$

沿着纯模方向，两个剪切波的速度可能相同或不同，对于后者，逐级近似方程可以写为

$$\rho_0 \ddot{u}_2^{(\mathrm{I})} - \gamma_{66} u_{2,11}^{(\mathrm{I})} = 0 \tag{2.40a}$$

$$\rho_0 \ddot{u}_2^{(\mathrm{II})} - \gamma_{66} u_{2,11}^{(\mathrm{II})} = \gamma_{666} u_{2,1}^{(\mathrm{I})} u_{2,11}^{(\mathrm{I})} \tag{2.40b}$$

或

$$\rho_0 \ddot{u}_3^{(\mathrm{I})} - \gamma_{55} u_{3,11}^{(\mathrm{I})} = 0 \tag{2.41a}$$

$$\rho_0 \ddot{u}_3^{(\mathrm{II})} - \gamma_{55} u_{3,11}^{(\mathrm{II})} = \gamma_{555} u_{3,1}^{(\mathrm{I})} u_{3,11}^{(\mathrm{I})} \tag{2.41b}$$

前种情形通常称为简并情形，两个剪切波之间的自作用和互作用都是同步的。因此，方程可写成

$$\rho_0 \ddot{u}_2^{(\mathrm{I})} - \gamma u_{2,11}^{(\mathrm{I})} = 0 \tag{2.42a}$$

$$\rho_0 \ddot{u}^{(\mathrm{I})} - \gamma u_{3,11}^{(\mathrm{I})} = 0 \tag{2.42b}$$

$$\rho_0 \ddot{u}_2^{(\mathrm{II})} - \gamma u_{2,11}^{(\mathrm{II})} = \gamma_{666} u_{2,1}^{(\mathrm{I})} u_{2,11}^{(\mathrm{I})} + \gamma_{556} u_{3,1}^{(\mathrm{I})} u_{3,11}^{(\mathrm{I})} + \gamma_{566}(u_{2,1}^{(\mathrm{I})} u_{3,11}^{(\mathrm{I})} + u_{2,11}^{(\mathrm{I})} u_{3,1}^{(\mathrm{I})}) \tag{2.43a}$$

$$\rho_0 \ddot{u}_3^{(\mathrm{II})} - \gamma u_{3,11}^{(\mathrm{II})} = \gamma_{566} u_{2,1}^{(\mathrm{I})} u_{2,11}^{(\mathrm{I})} + \gamma_{555} u_{3,1}^{(\mathrm{I})} u_{3,11}^{(\mathrm{I})} + \gamma_{556}(u_{2,1}^{(\mathrm{I})} u_{3,11}^{(\mathrm{I})} + u_{2,11}^{(\mathrm{I})} u_{3,1}^{(\mathrm{I})}) \tag{2.43b}$$

这里，$\gamma = \gamma_{55} = \gamma_{66}$。

2.2.2　二次谐波和混频波的产生

由于没有纯模方向的模式耦合，纵波和横波可以分别求解二阶近似方程获取。例如，令方程 (2.38) 的解是

$$u_1^{(\mathrm{I})} = A_1 \sin(\omega_1 t - k_1 a) + A_2 \sin(\omega_2 t - k_2 a) \tag{2.44}$$

这里，$k_j^2 = \rho_0 \omega_j^2 / \gamma_{11}(j = 1, 2)$，方程 (2.39) 成为

$$\begin{aligned}
\rho_0 \ddot{u}_1^{(\mathrm{II})} - \gamma_{11} u_{1,11}^{(\mathrm{II})} =& \frac{1}{2}(3\gamma_{11} + \gamma_{111})\{k_1^3 A_1^2 \sin[2(\omega_1 t - k_1 a)] + k_2^3 A_2^2 \sin[2(\omega_2 t - k_2 a)] \\
&+ k_1 k_2 (k_1 + k_2) A_1 A_2 \sin[(\omega_1 + \omega_2)t - (k_1 + k_2)a] \\
&+ k_1 k_2 (k_1 - k_2) A_1 A_2 \sin[(\omega_1 - \omega_2)t - (k_1 - k_2)a]\}
\end{aligned}$$

$$\tag{2.45}$$

方程 (2.45) 是一个线性非齐次微分方程。等式右边的项表示基波的自作用和互作用，这可以被认为是产生二次谐波和混频波的驱动力。由于公式 (2.45) 变成线性，二次谐波和混频波的特殊解可以单独表示：

对于二次谐波为

$$u_1^{(\mathrm{II})} = U_{2\omega_1} \cos[2(\omega_1 t - k_1 a)] \quad \text{或} \quad u_1^{(\mathrm{II})} = U_{2\omega_2} \cos[2(\omega_2 t - k_2 a)] \tag{2.46a}$$

$$U_{2\omega_1} = \frac{1}{8}\beta_L k_1^2 A_1^2 a \quad 或 \quad U_{2\omega_2} = \frac{1}{8}\beta_L k_2^2 A_2^2 a \tag{2.46b}$$

对于混频波为

$$u_1^{(\mathrm{II})} = U_{\omega_1 \pm \omega_2} \cos[(\omega_1 \pm \omega_2)t - (k_1 \pm k_2)a] \tag{2.46c}$$

$$U_{\omega_1 \pm \omega_2} = \frac{1}{4}\beta_L k_1 k_2 A_1 A_2 a \tag{2.46d}$$

这里,

$$\beta_L = -\frac{3\gamma_{11} + \gamma_{111}}{\gamma_{11}} \tag{2.47}$$

称为非线性参数 [23]。可以看出,同步相互作用驱动产生的二谐波或混频波的振幅将随着传播距离的增加而增加,所以如果样品足够长,能量将积累到可测量的程度。SOEC 和 TOEC 都参与了非线性参数定义。前者是由有限应变引起的诱导非线性的贡献,后者是材料固有非线性的贡献。

横波也可以得到类似的结果。非简并剪切波具有与纵波完全相同的解,但相应的非线性参数为

$$\beta_{S1} = -\frac{\gamma_{555}}{\gamma_{55}} \quad 或 \quad \beta_{S2} = -\frac{\gamma_{666}}{\gamma_{66}} \tag{2.48}$$

对于简并的剪切波,在一个实验中可能会以这样一种方式设置:以角频率 ω_1 和 ω_2 发射的换能器用于同时产生基频的剪切波。在这种情况下,一阶近似方程的解 (2.42a) 和 (2.42b) 可以写为

$$u_2^{(\mathrm{I})} = A_1 \sin(\omega_1 t - k_1 a) + A_2 \sin(\omega_2 t - k_2 a) \tag{2.49a}$$

$$u_3^{(\mathrm{I})} = B_1 \sin(\omega_1 t - k_1 a) + B_2 \sin(\omega_2 t - k_2 a) \tag{2.49b}$$

这里,$k_{1,2} = \omega_{1,2}\sqrt{\rho_0/\gamma}$ 为剪切基波的波数,将式 (2.49a)、(2.49b) 代入式 (2.43a)、(2.43b),可以得到

$$\begin{aligned}
\rho_0 \ddot{u}_2^{(\mathrm{II})} - \gamma u_{2,11}^{(\mathrm{II})} = &\frac{1}{2}k_1^3(\gamma_{666}A_1^2 + \gamma_{556}B_1^2 + 2\gamma_{566}A_1 B_1)\sin[2(\omega_1 t - k_1 a)] \\
&+ \frac{1}{2}k_2^3(\gamma_{666}A_2^2 + \gamma_{556}B_2^2 + 2\gamma_{566}A_2 B_2)\sin[2(\omega_2 t - k_2 a)] \\
&+ \frac{1}{2}k_1 k_2(k_1 + k_2)[\gamma_{666}A_1 A_2 + \gamma_{556}B_1 B_2 + \gamma_{566}(A_1 B_2 + A_2 B_1)] \\
&\cdot \sin[(\omega_1 + \omega_2)t - (k_1 + k_2)a] \\
&+ \frac{1}{2}k_1 k_2(k_1 - k_2)[\gamma_{666}A_1 A_2 + \gamma_{556}B_1 B_2 + \gamma_{566}(A_1 B_2 + A_2 B_1)]
\end{aligned}$$

$$\cdot \sin[(\omega_1 - \omega_2)t - (k_1 - k_2)a]$$

(2.50a)

$$
\begin{aligned}
\rho_0 \ddot{u}_3^{(\mathrm{II})} - \gamma u_{3,11}^{(\mathrm{II})} =& \frac{1}{2} k_1^3 (\gamma_{566} A_1^2 + \gamma_{555} B_1^2 + 2\gamma_{556} A_1 B_1) \sin[2(\omega_1 t - k_1 a)] \\
& + \frac{1}{2} k_2^3 (\gamma_{566} A_2^2 + \gamma_{555} B_2^2 + 2\gamma_{556} A_2 B_2) \sin[2(\omega_2 t - k_2 a)] \\
& + \frac{1}{2} k_1 k_2 (k_1 + k_2)[\gamma_{566} A_1 A_2 + \gamma_{555} B_1 B_2 + \gamma_{556}(A_1 B_2 + A_2 B_1)] \\
& \cdot \sin[(\omega_1 + \omega_2)t - (k_1 + k_2)a] \\
& + \frac{1}{2} k_1 k_2 (k_1 - k_2)[\gamma_{566} A_1 A_2 + \gamma_{555} B_1 B_2 + \gamma_{556}(A_1 B_2 + A_2 B_1)] \\
& \cdot \sin[(\omega_1 - \omega_2)t - (k_1 - k_2)a]
\end{aligned}
$$

(2.50b)

如果两个剪切基波有不同的振幅和极化, 可以假设

$$A_1 = A\cos\varphi, \quad B_1 = A\sin\varphi, \quad A_2 = B\cos\psi, \quad B_2 = B\sin\psi \tag{2.51}$$

这里, φ 和 ψ 为换能器的极化方向与位移 u_2 的夹角; A 和 B 分别为频率为 ω_1 和 ω_2 的剪切波的振幅, 则方程 (2.50a)、(2.50b) 可以写为

$$
\begin{aligned}
\rho_0 \ddot{u}_2^{(\mathrm{II})} - \gamma u_{2,11}^{(\mathrm{II})} =& \frac{1}{2} k_1^3 (\gamma_{666}\cos^2\varphi + \gamma_{556}\sin^2\varphi + \gamma_{566}\sin 2\varphi) A^2 \sin[2(\omega_1 t - k_1 a)] \\
& + \frac{1}{2} k_2^3 (\gamma_{666}\cos^2\psi + \gamma_{566}\sin^2\psi + \gamma_{566}\sin 2\psi) B^2 \sin[2(\omega_2 t - k_2 a)] \\
& + \frac{1}{2} k_1 k_2 (k_1 + k_2)[\gamma_{666}\cos\varphi\cos\psi + \gamma_{556}\sin\varphi\sin\psi \\
& + \gamma_{566}\sin(\varphi + \psi)] AB \sin[(\omega_1 + \omega_2)t - (k_1 + k_2)a] \\
& + \frac{1}{2} k_1 k_2 (k_1 - k_2)[\gamma_{666}\cos\varphi\cos\psi + \gamma_{556}\sin\varphi\sin\psi \\
& + \gamma_{566}\sin(\varphi + \psi)] AB \sin[(\omega_1 - \omega_2)t - (k_1 - k_2)a]
\end{aligned}
$$

(2.52a)

$$
\begin{aligned}
\rho_0 \ddot{u}_3^{(\mathrm{II})} - \gamma u_{3,11}^{(\mathrm{II})} =& \frac{1}{2} k_1^3 (\gamma_{566}\cos^2\varphi + \gamma_{555}\sin^2\varphi + \gamma_{556}\sin 2\varphi) A^2 \sin[2(\omega_1 t - k_1 a)] \\
& + \frac{1}{2} k_2^3 (\gamma_{566}\cos^2\psi + \gamma_{555}\sin^2\psi + \gamma_{556}\sin 2\psi) B^2 \\
& \cdot \sin[2(\omega_1 t - k_1 a)]
\end{aligned}
$$

$$+ \frac{1}{2}k_1k_2(k_1 + k_2)[\gamma_{566}\cos\varphi\cos\psi + \gamma_{555}\sin\varphi\sin\psi$$

$$+ \gamma_{556}\sin(\varphi + \psi)]AB\sin[(\omega_1 + \omega_2)t - (k_1 + k_2)a]$$

$$+ \frac{1}{2}k_1k_2(k_1 - k_2)[\gamma_{566}\cos\varphi\cos\psi + \gamma_{555}\sin\varphi\sin\psi$$

$$+ \gamma_{556}\sin(\varphi + \psi)]AB\sin[(\omega_1 - \omega_2)t - (k_1 - k_2)a] \tag{2.52b}$$

可以看出, 方程 (2.52a)、(2.52b) 与式 (2.45) 类似, 两个简并剪切波的相互作用将产生每个基波的二次谐波和混频波, 这些波可以分别表示为

$$u_{2\_2\omega_1}^{(\mathrm{II})} = U_{2\_2\omega_1}\cos[2(\omega_1 t - k_1 a)], \quad u_{2\_2\omega_2}^{(\mathrm{II})} = U_{2\_2\omega_2}\cos[2(\omega_2 t - k_2 a)]$$

$$u_{2\_\omega_1\pm\omega_2}^{(\mathrm{II})} = U_{2\_\omega_1\pm\omega_2}\cos[(\omega_1 \pm \omega_2)t - (k_1 \pm k_2)a)]$$

$$u_{3\_2\omega_1}^{(\mathrm{II})} = U_{3\_2\omega_1}\cos[2(\omega_1 t - k_1 a)], \quad u_{3\_2\omega_2}^{(\mathrm{II})} = U_{3\_2\omega_2}\cos[2(\omega_2 t - k_2 a)] \tag{2.53}$$

$$u_{3\_\omega_1\pm\omega_2}^{(\mathrm{II})} = U_{3\_\omega_1\pm\omega_2}\cos[(\omega_1 \pm \omega_2)t - (k_1 \pm k_2)a)]$$

这里,

$$U_{2\_2\omega_1} = \frac{1}{8}\beta_{S3}k_1^2 A^2 a, \quad U_{2\_2\omega_2} = \frac{1}{8}\beta_{S4}k_2^2 B^2 a$$

$$U_{3\_2\omega_1} = \frac{1}{8}\beta_{S5}k_1^2 A^2 a, \quad U_{3\_2\omega_2} = \frac{1}{8}\beta_{S6}k_2^2 B^2 a \tag{2.54}$$

$$U_{2\_\omega_1\pm\omega_2} = \frac{1}{4}\beta_{S7}k_1k_2 ABa, \quad U_{3\_\omega_1\pm\omega_2} = \frac{1}{4}\beta_{S8}k_1k_2 ABa$$

和

$$\beta_{S3} = -\frac{\gamma_{666}\cos^2\varphi + \gamma_{556}\sin^2\varphi + \gamma_{566}\sin 2\varphi}{\gamma}$$

$$\beta_{S4} = -\frac{\gamma_{666}\cos^2\psi + \gamma_{556}\sin^2\psi + \gamma_{566}\sin 2\psi}{\gamma}$$

$$\beta_{S5} = -\frac{\gamma_{566}\cos^2\varphi + \gamma_{555}\sin^2\varphi + \gamma_{556}\sin 2\varphi}{\gamma}$$

$$\beta_{S6} = -\frac{\gamma_{566}\cos^2\psi + \gamma_{555}\sin^2\psi + \gamma_{556}\sin 2\psi}{\gamma} \tag{2.55}$$

$$\beta_{S7} = -\frac{\gamma_{666}\cos\varphi\cos\psi + \gamma_{556}\sin\varphi\sin\psi + \gamma_{566}\sin(\varphi + \psi)}{\gamma}$$

$$\beta_{S8} = -\frac{\gamma_{566}\cos\varphi\cos\psi + \gamma_{555}\sin\varphi\sin\psi + \gamma_{556}\sin(\varphi + \psi)}{\gamma}$$

在实验中，通常用一个宽带换能器产生频率有很小差别的两个剪切波，此时

$$\varphi = \psi$$

和

$$
\begin{aligned}
\beta_{S3} = \beta_{S4} = \beta_{S7} &= -\frac{\gamma_{666}\cos^2\varphi + \gamma_{556}\sin^2\varphi + \gamma_{566}\sin 2\varphi}{\gamma} \\
\beta_{S5} = \beta_{S6} = \beta_{S8} &= -\frac{\gamma_{566}\cos^2\varphi + \gamma_{555}\sin^2\varphi + \gamma_{556}\sin 2\varphi}{\gamma}
\end{aligned}
\tag{2.56}
$$

同时，如果一个接收换能器用于检测一个二次谐波或混频波，则接收换能器检测到的振幅可以表示为

$$U = U_2\cos\theta + U_3\sin\theta \tag{2.57}$$

这里，U_2 和 U_3 分别代表二次谐波或混频波沿着 u_2 和 u_3 位移方向的振幅；θ 是接收换能器的极化方向和位移 u_2 的夹角，通常情况下 $\theta = \varphi$。

从方程 (2.48) 和方程 (2.55) 可见，只有材料内在的非线性才对纯的剪切波的二次非线性效应有贡献。

2.2.3　晶体的有效二阶弹性常数和有效三阶弹性常数

上面的讨论表明，用于定征共线声波沿纯模方向的晶体的二次非线性相互作用的三阶弹性常数 (TOEC) 为 $\gamma_{111}, \gamma_{555}, \gamma_{666}, \gamma_{556}$ 和 γ_{566}。这些常数被引用到计算坐标中，这与本构坐标系下的可能不同。它们可以通过下面的张量变换得到在本构坐标系下定义的常数：

$$\gamma_{IJKLMN} = \alpha_{IP}\alpha_{JQ}\alpha_{KR}\alpha_{LS}\alpha_{MT}\alpha_{NU}c_{PQRSTU} \tag{2.58}$$

这里，α_{AB} 是坐标变换矩阵的元素，即相对于原坐标 B 轴旋转轴 A 轴的方向余弦。因此，γ_{IJKLMN} 可能只是单个 c_{IJKLMN} 或 c_{IJKLMN} 的组合，所以称它为有效三阶弹性常数。

各种晶体的纯模方向已由 Brugger[22] 进行了研究。计算坐标系和本构坐标系的关系即 α_{AB}，可以在文献 [22] 中找到，那里 a 轴（或 1 轴）的计算坐标总是平行于波的传播，也就是纯模纵波的位移方向。其他两个轴平行于两个纯模剪切波的位移方向，如上所述。

三阶弹性常数是一个六阶张量，共有 729 个元素，这意味着在方程 (2.58) 中有 729 种组合。但由于三阶弹性常数的对称性，独立的 TOEC 个数最多为 56。56 个独立的 TOEC 可通过置换位置指数的可能途径进行分组，如表 2.1 所示。

表 2.1　56 个独立的 TOEC(M 为置换位置指数的可能数)

M	TOEC
1	$c_{111}, c_{222}, c_{333}$
3	$c_{112}, c_{113}, c_{122}, c_{133}, c_{223}, c_{233}$
6	$c_{114}, c_{115}, c_{116}, c_{224}, c_{225}, c_{226}, c_{334}, c_{335}, c_{336}, c_{123}$
8	$c_{444}, c_{555}, c_{666}$
12	$c_{124}, c_{125}, c_{126}, c_{134}, c_{135}, c_{136}, c_{234}, c_{235}, c_{236},$
	$c_{144}, c_{155}, c_{166}, c_{344}, c_{355}, c_{366}, c_{254}, c_{255}, c_{266}$
	$c_{145}, c_{146}, c_{156}, c_{245}, c_{246}, c_{256}, c_{345}, c_{346}, c_{356}$
24	$c_{445}, c_{446}, c_{455}, c_{466}, c_{556}, c_{566}$
48	c_{456}

现在，为了简单起见，我们定义以下系数，这里的 $A_{ijklmn}^{x,y,z}$ 的上标字母 x, y, z 对应相关三阶弹性常数 c_{xyz} 的下标:

$A_{ijklmn}^{(ppp)} = a_p b_p c_p,\quad c_{111}, c_{222}, c_{333}$

$A_{ijklmn}^{(ppq)} = a_p b_p c_q + a_p b_q c_p + a_q b_p c_p,\quad c_{112}, c_{113}, c_{223}$

$A_{ijklmn}^{(ppQ)} = a_p b_p c_Q + a_p b_Q c_p + a_Q b_p c_p,\quad c_{114}, c_{115}, c_{116}; c_{224}, c_{225}, c_{226}; c_{334}, c_{335}, c_{336}$

$A_{ijklmn}^{(pqQ)} = a_p(b_q c_Q + b_Q c_q) + a_q(b_p c_Q + b_Q c_p) + a_Q(b_p c_q + b_q c_p),\quad c_{124}, c_{125}, c_{126}; c_{134},$

$\qquad c_{135}, c_{136}; c_{234}, c_{235}, c_{236}$

$A_{ijklmn}^{(pQQ)} = a_p b_Q c_Q + a_Q b_p c_Q + a_Q b_Q c_p,\quad c_{144}, c_{155}, c_{166};\quad c_{244}, c_{255}, c_{266}; c_{344}, c_{355}, c_{366}$

$A_{ijklmn}^{(pQR)} = a_p(b_Q c_R + b_R c_Q) + b_p(a_Q c_R + a_R c_Q) + c_p(a_Q b_R + a_R b_Q),\quad c_{145}, c_{146}, c_{156};$

$\qquad c_{245}, c_{246}, c_{256};\quad c_{345}, c_{346}, c_{356}$

$A_{ijklmn}^{(QQR)} = a_Q b_Q c_R + a_Q b_R c_Q + a_R b_Q c_Q,\quad c_{445}, c_{446}, c_{556}$

$A_{ijklmn}^{(QQQ)} = a_Q b_Q c_Q,\quad c_{444}, c_{555}, c_{666}$

$A_{ijklmn}^{(123)} = a_1(b_2 c_3 + b_3 c_2) + a_2(b_1 c_3 + b_3 c_1) + a_3(b_1 c_2 + b_2 c_1),\quad c_{123}$

$A_{ijklmn}^{(456)} \to a_4(b_5 c_6 + b_6 c_5) + a_5(b_4 c_6 + b_6 c_4) + a_6(b_5 c_4 + b_4 c_5),\quad c_{456}$

$$(2.59)$$

这里,

$$a_p = \alpha_{ip}\alpha_{jp},\quad b_p = \alpha_{kp}\alpha_{lp},\quad c_p = \alpha_{mp}\alpha_{np}$$
$$a_Q = \alpha_{ip}\alpha_{jq} + \alpha_{iq}\alpha_{jp},\quad b_Q = \alpha_{kp}\alpha_{lq} + \alpha_{kq}\alpha_{lp},\quad c_Q = \alpha_{mp}\alpha_{nq} + \alpha_{mq}\alpha_{np}$$

$$p, q = 1, 2, 3, \quad Q, R = \begin{cases} 4, & p, q = 2, 3 \\ 5, & p, q = 3, 1 \\ 6, & p, q = 1, 2 \end{cases} \tag{2.60}$$

每个 $A_{ijklmn}^{()}$ 包含 $\alpha_{is}\alpha_{jt}\alpha_{ku}\alpha_{lv}\alpha_{mw}\alpha_{nx}$ 乘积的 M 次累加后的总和,接着,式 (2.58) 总和可以分为 N 组,其中 N 等于由晶体对称性所确定的独立的 TOEC 的数目。

例如,独立的和非零的四方点群 422, 4mm, $\overline{4}$2m 和 4/mmm 的三阶弹性常数分别为 12 个和 20 个:

$$c_{111} = c_{222}, \quad c_{112} = c_{122}, \quad c_{113} = c_{223}, \quad c_{123}, \quad c_{133} = c_{233}, \quad c_{144} = c_{255},$$

$$c_{155} = c_{244}, \quad c_{166} = c_{266}, \quad c_{333}, \quad c_{344} = c_{355}, \quad c_{366}, \quad c_{456}$$

任意旋转坐标系下的三阶弹性常数可以写为

$$\begin{aligned}
\gamma_{ijklmn} &= (A_{ijklmn}^{(111)} + A_{ijklmn}^{(222)})c_{111} + (A_{ijklmn}^{(112)} + A_{ijklmn}^{(122)})c_{112} \\
&\quad + (A_{ijklmn}^{(113)} + A_{ijklmn}^{(223)})c_{113} + A_{ijklmn}^{(123)}c_{123} \\
&\quad + (A_{ijklmn}^{(133)} + A_{ijklmn}^{(233)})c_{133} + (A_{ijklmn}^{(144)} + A_{ijklmn}^{(255)})c_{144} \\
&\quad + (A_{ijklmn}^{(155)} + A_{ijklmn}^{(244)})c_{155} + (A_{ijklmn}^{(166)} + A_{ijklmn}^{(266)})c_{166} \\
&\quad + A_{ijklmn}^{(333)}c_{333} + (A_{ijklmn}^{(344)} + A_{ijklmn}^{(355)})c_{344} \\
&\quad + A_{ijklmn}^{(366)}c_{366} + A_{ijklmn}^{(456)}c_{456}
\end{aligned} \tag{2.61}$$

显然,公式 (2.61) 的计算可以用计算机来实现。纯模方向的四方点群的 422, 4mm, $\overline{4}$2m 和 4/mmm 的计算的有效 TOEC 见表 2.2。这里使用的纯模方向的符号定义在参考文献 [22] 中。对于其他点群,可以很容易地得到与公式 (2.61) 类似的公式。

类似地,有效的二阶弹性常数可以写为

$$\gamma_{ijkl} = \alpha_{ip}\alpha_{jq}\alpha_{rk}\alpha_{sl}c_{pqrs} \tag{2.62}$$

它们可以用计算有效 TOEC 的方法获得,或者通过 Auld 列出的 M 矩阵获得 [24]。纯模方向的四方点群的 422, 4mm, $\overline{4}$2m 和 4/mmm 的计算的有效 SOEC 也见表 2.2。

本节中,研究了沿晶体纯模方向传播的共线弹性波的相互作用;给出了描述相互作用的非线性参数。参数中包含的有效三阶有效弹性参数是 c_{111}, c_{555} 和 c_{666}(当剪切波是非退化的) 或 c_{111}, c_{555}, c_{666}, c_{556} 和 c_{566} (当剪切波是退化的);提出了一种计算晶体三阶有效弹性参数的计算机方法。结果表明,书中给出的立方晶体的计算方法与文献 [19] 给出的结果相同,从而证明了本方法的有效性。

表 2.2 四方晶体有效的 SOEC 和 TOEC(四方晶体 422(TIα), 4mm(TIβ^*), 4m(TIπ^*), $\bar{4}2$m(TIγ) 和 $4/$mmm(TIκ))

	TIα	TIβ^*	TIπ^*	TIγ	TIκ
γ_{11}	c_{33}	$\frac{1}{2}c_{11}\cos^4\mu$ $+\frac{1}{2}c_{12}\cos^4\mu$ $+c_{66}\cos^4\mu$ $+2c_{13}\cos^2\mu\sin^2\mu$ $+4c_{44}\cos^2\mu\sin^2\mu$ $+c_{33}\sin^4\mu$	$c_{11}\cos^4\theta$ $+2c_{13}\cos^2\theta\sin^2\theta$ $+4c_{44}\cos^2\theta\sin^2\theta$ $+c_{33}\sin^4\theta$	$\frac{1}{2}c_{11}$ $+\frac{1}{2}c_{12}$ $+c_{66}$	c_{11}
γ_{55}	c_{44}	$\frac{1}{2}c_{11}\cos^2\mu\sin^2\mu$ $+\frac{1}{2}c_{12}\cos^2\mu\sin^2\mu$ $-2c_{13}\cos^2\mu\sin^2\mu$ $+c_{33}\cos^2\mu\sin^2\mu$ $+c_{66}\cos^2\mu\sin^2\mu+c_{44}cos^22\mu$	$c_{11}\cos^2\theta\sin^2\theta$ $-2\,c_{13}\cos^2\theta\sin^2\theta$ $+c_{33}\cos^2\theta\sin^2\theta$ $+c_{44}\cos^2 2\theta$	c_{44}	c_{44}
γ_{66}	c_{44}	$\frac{1}{2}c_{11}\cos^2\mu$ $-\frac{1}{2}c_{12}\cos^2\mu$ $+c_{44}\sin^2\mu$	$c_{44}\sin^2\theta$ $+c_{66}\cos^2\theta$	$-\frac{1}{2}c_{12}$ $+\frac{1}{2}c_{11}$	c_{66}
γ_{15}	0	$-\frac{1}{2}c_{11}\cos^3\mu\sin\mu$ $-\frac{1}{2}c_{12}\cos^3\mu\sin\mu$ $-c_{66}\cos^3\mu\sin\mu$ $+c_{33}\cos\mu\sin^3\mu$ $+2c_{44}\cos\mu\sin\mu\,\cos2\mu$ $+c_{13}\cos\mu\sin\mu\,\cos2\mu$	$-c_{11}\cos^3\theta\sin\theta$ $+c_{33}\cos\theta\sin^3\theta$ $+2c_{44}\cos\theta\sin\theta\,\cos2\theta$ $+c_{13}\cos\theta\sin\theta\,\cos2\theta$	0	0
γ_{16}	0	0	0	0	0
γ_{56}	0	0	0	0	0
γ_{111}	c_{333}	$\frac{1}{4}c_{111}\cos^6\mu$ $+\frac{3}{4}c_{112}\cos^6\mu$ $+3c_{166}\cos^6\mu$ $+\frac{3}{2}c_{113}\cos^4\mu\sin^2\mu$ $+\frac{3}{2}c_{123}\cos^4\mu\sin^2\mu$ $+6c_{144}\cos^4\mu\sin^2\mu$ $+6c_{155}\cos^4\mu\sin^2\mu$ $+3c_{366}\cos^4\mu\sin^2\mu$ $+12c_{456}\cos^4\mu\sin^2\mu$ $+3c_{133}\cos^2\mu\sin^4\mu$ $+12c_{344}\cos^2\mu\sin^4\mu$ $+c_{333}\sin^6\mu$	$c_{111}\cos^6\theta$ $+3c_{113}\cos^4\theta\sin^2\theta$ $+12c_{155}\cos^4\theta\sin^2\theta$ $+3c_{133}\cos^2\theta\sin^4\theta$ $+12c_{344}\cos^2\theta\sin^4\theta$ $+c_{333}\sin^6\theta$	$\frac{1}{4}c_{111}$ $+\frac{3}{4}c_{112}$ $+3c_{166}$	c_{111}

续表

	TIα	TIβ*	TIπ*	TIγ	TIκ
γ_{555}	0	$-\dfrac{1}{4}c_{111}\cos^3\mu\sin^3\mu$ $-\dfrac{3}{4}c_{112}\cos^3\mu\sin^3\mu$ $+\dfrac{3}{2}c_{113}\cos^3\mu\sin^3\mu$ $+\dfrac{3}{2}c_{123}\cos^3\mu\sin^3\mu$ $-3c_{133}\cos^3\mu\sin^3\mu$ $-3c_{166}\cos^3\mu\sin^3\mu$ $+c_{333}\cos^3\mu\sin^3\mu$ $+3c_{366}\cos^3\mu\sin^3\mu$ $-\dfrac{3}{2}c_{144}\cos\mu\sin\mu\cos^2 2\mu$ $-\dfrac{3}{2}c_{155}\cos\mu\sin\mu\cos^2 2\mu$ $+3c_{344}\cos\mu\sin\mu\cos^2 2\mu$ $-3c_{456}\cos\mu\sin\mu\cos^2 2\mu$	$-c_{111}\cos^3\theta\sin^3\theta$ $+3c_{113}\cos^3\theta\sin^3\theta$ $-3c_{133}\cos^3\theta\sin^3\theta$ $+c_{333}\cos^3\theta\sin^3\theta$ $-3c_{155}\cos\theta\sin\theta\cos^2 2\theta$ $+3c_{344}\cos\theta\sin\theta\cos^2 2\theta$	0	0
γ_{666}	0	0	0	0	0
γ_{556}	0	0	0	0	0
γ_{566}	0	$-\dfrac{1}{4}c_{111}\cos^3\mu\sin\mu$ $+\dfrac{1}{4}c_{112}\cos^3\mu\sin\mu$ $+\dfrac{1}{2}c_{113}\cos^3\mu\sin\mu$ $-\dfrac{1}{2}c_{123}\cos^3\mu\sin\mu$ $+c_{344}\cos\mu\sin^3\mu$ $+c_{456}\cos\mu\sin^3\mu$ $+c_{144}(-\dfrac{1}{2}\cos\mu\sin^3\mu-\cos\mu\sin\mu\cos 2\mu)$ $+c_{155}(-\dfrac{1}{2}\cos\mu\sin^3\mu+\cos\mu\sin\mu\cos 2\mu)$	$-c_{166}\cos^3\theta\sin\theta$ $+c_{366}\cos^3\theta\sin\theta$ $-c_{144}\cos\theta\sin^3\theta$ $+c_{344}\cos\theta\sin^3\theta$ $+2c_{456}\cos\theta\sin\theta\cos 2\theta$	0	0

注: * 这是第二种纯模方向, 粒子位移沿 2 轴的剪切波是一个纯模方式, 另一个剪切波与纵波耦合

　　观察到 γ_{111} 永远不会消失。因此, 纵波的二次非线性相互作用总是存在, 与波的传播方向无关。由方程 (2.58) 得

$$\gamma_{111} = \gamma_{111111} = \alpha_{1p}\alpha_{1q}\alpha_{1r}\alpha_{1s}\alpha_{1t}\alpha_{1u}c_{pqrstu} = \alpha_{11}^6 c_{111} + \alpha_{12}^6 c_{222} + \alpha_{13}^6 c_{333} + \cdots \quad (2.63)$$

众所周知, 对于任何晶体 (包括各向同性固体), c_{111}, c_{222} 和 c_{333} 不为零。其中 α_{11}, α_{12} 和 α_{13}, 至少有一个是非零的, 因此, γ_{111} 永远不是零, 至少等于 c_{111}, c_{222} 和 c_{333} 中的一个。但事实上, 对于 γ_{555} 和 γ_{666} 则情况不同:

$$\gamma_{555} = \gamma_{131313} = \alpha_{1p}\alpha_{3q}\alpha_{1r}\alpha_{3s}\alpha_{1t}\alpha_{3u}c_{porstu}$$
$$\gamma_{666} = \gamma_{121212} = \alpha_{1p}\alpha_{2q}\alpha_{1r}\alpha_{2s}\alpha_{1t}\alpha_{2u}c_{pqrstu} \tag{2.64}$$

它们包含变换矩阵元素在不同行中的乘积。如果其中一个 α_{ij} 是零，那么乘积 $\alpha_{1p}\alpha_{3q}\alpha_{1r}\alpha_{3s}\alpha_{1t}\alpha_{3u} = 0$，此外，由于对称性，有些晶体的 c_{555} 和 c_{666} 本身是零。因此，c_{555} 和 c_{666} 是零的概率非常高。我们的计算表明，大多数纯模方向在所有计算的情况下 γ_{666} 都是零。许多纯模方向仍然禁止剪切波的二次非线性相互作用。

我们的研究结果提出了计算有效 TOEC 的一种通用方法 [25]，它可以用于任何对称系统，对实验研究晶体的非线性弹性性质很有帮助。

2.3　不同 PT 含量 PMN-PT 晶体纯模轴研究

铅基复合钙钛矿结构弛豫铁电单晶 $(1-x)\text{Pb}(\text{Mg}_{1/3}\text{Nb}_{2/3})\text{O}_3\text{-}x\text{PbTiO}_3$(简称 PMN-$x$PT) 是由弛豫铁电体 $\text{Pb}(\text{Mg}_{1/3}\text{Nb}_{2/3})\text{O}_3$(PMN) 与正常铁电体 PbTiO_3(PT) 组成的固溶体。它的成功生长被认为是铁电领域一次激动人心的革命性突破。组成处于 MPB(准同型相界) 范围的单晶有优异的压电常数、机电耦合系数和电致伸缩性能 [26]。它的压电常数 d_{33} 可达 1500~2000pC/N，机电耦合系数 k_{33} 可达 0.92 ~ 0.94，电致伸缩应变最大可达 1.7% [27]，已远远超出目前使用的压电材料，是铁电领域中具有重大突破的新型材料。如此优异的压电和电致伸缩性能可望大大提高压电器件在医学超声成像、水下声呐、无损检测、固态大位移量压电驱动器中的性能，并且使得 PMN-PT 单晶能在超声换能与机电转换领域获得重要应用，具有广阔的应用前景。

PMN 的居里点在 −17°C 左右，室温下为假立方 (三方) 结构，在 PMN-PT 体系中，随 PT 含量增加，体系由三方相逐渐转变为四方相，在 PT 含量 (物质的量) 为 32%~ 35% 存在一个准同型相界。在此相界附近的材料具有较好的介电和压电性能 [28-30]。不同 PT 含量的 PMN-PT 晶体纯模方式也是不一样的。

由于晶体具有弹性，当晶体中某一部分发生机械扰动时，这种扰动就会在晶体中传播开来，形成弹性波。晶体中弹性波的传播具有一些与晶体的对称性和各向异性密切相关的性质。在弹性波传播问题中，能量速度和相速度方向一致具有重要的意义，这个方向就是晶体的纯模轴。

2.3.1　PMN-PT 晶体的纯模方式

给定具体轴的波矢 $\boldsymbol{k}$，将其单位矢量 $\boldsymbol{k}^0 = \boldsymbol{k}/|\boldsymbol{k}|$ 代入 Christoffel 方程，能够求解出弹性波的相速度 v，然后利用慢度曲面方程 $F(k_1/\omega, k_2/\omega, k_3/\omega)$ 求解弹性波能量传播速度 v_e，根据 v_e 和 v 方向关系确定此轴是不是纯模轴。当能量速度方

向和波矢方向一致时 (即 $v_e//v$ 时), 一般把这个方向称为纯模轴 [31]。如果直接进行计算会很烦琐, 计算量较大, 可以利用慢度曲面, 根据曲面图形直接进行判断。

2.3.2　慢度曲面表示的弹性波传播的相速度

弹性波的平面波方程, 即 Christoffel 方程表达式 [31,32] 为

$$(\Gamma_{il} - \rho v^2 \delta_{il})u_{l0} = 0, \quad i,l = 1,2,3 \tag{2.65}$$

式中, $\Gamma_{il} = c_{ijkl}l_j l_k$ 定义为 Christoffel 张量。为使方程有非零解, 要求

$$Q(v,l_1,l_2,l_3) = |\Gamma_{il} - \rho v^2 \delta_{il}| = 0 \tag{2.66}$$

改写成一个曲面方程:

$$F(k_1/\omega, k_2/\omega, k_3/\omega) = 0 \tag{2.67}$$

这个曲面称为慢度曲面。它可以看成三维变数 (即$\xi_i = k_i/\omega \ (i = 1,2,3)$) 空间的一个曲面。曲面上每一点的径矢长度为 $\left(\sum_i \xi_i^2\right)^{1/2} = |\boldsymbol{k}|/\omega = 1/v$。一般定义速度的倒数 $1/v$ 为慢度。给定任一个波矢的方向 (l_1,l_2,l_3), 解方程 (2.67), 便得到这个方向的弹性波的相速度 v。对于每个方向都有 3 个正解, 所以慢度曲面为三层面。它从整体上描述了晶体中的弹性波在各个方向传播的快慢。

2.3.3　慢度曲面表示的弹性波的能量速度

实际中并没有单色波的存在, 实际上任何波都是由许多频率不同、传播方向不同的单色波叠加构成的, 这种叠加成的波称为一个波包或波群。但是, 当介质中传播的弹性波频率和方向相差不大, 并且相速相差也较小, 即没有显著的色散现象, 同时也可以忽略介质中的损耗时, 就可以认为波包的中心或最大值传播速度 (即波群整体传播速度) 就是能量传播的速度 [31]。可以证明, 慢度曲面上任意一点的法线方向即为能量传播速度的方向, 如图 2.1 所示。$\overrightarrow{OA}$ 为相速度方向, $\overrightarrow{OB}$ 为群速度方向。

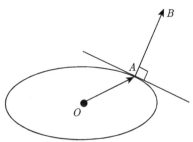

图 2.1　慢度曲面与能量速度的关系

2.3.4 对 PMN-PT 晶体的传播速度及纯模方式的具体分析

根据表 2.3 给出的 PMN-PT 晶体的密度及柔顺常数，画出 PMN-PT 晶体在不同平面上的慢度曲线，如图 2.2~ 图 2.4 所示。

表 2.3 PMN-PT 晶体的密度及柔顺常数

参数	PMN-0.42PT	PMN-0.33PT	PMN-0.30PT
$\rho/(\mathrm{kg/m^3})$	8010	8060	8040
$s_{11}^{E}/(\times 10^{-12})$	9.43	69.0	52.0
$s_{12}^{E}/(\times 10^{-12})$	-1.68	-11.1	-18.9
$s_{13}^{E}/(\times 10^{-12})$	-6.13	-55.7	-31.1
$s_{33}^{E}/(\times 10^{-12})$	19.21	119.6	67.7
$s_{44}^{E}/(\times 10^{-12})$	35.09	14.5	14.0
$s_{66}^{E}/(\times 10^{-12})$	12.5	15.2	15.2

如图所示，图 2.2(a) 慢度曲线都关于 x 轴对称，慢度曲线与 x 轴相交于三点，这三点的法线方向与 x 轴同向。在图 2.2(b) 上，慢度曲线也关于 x 轴对称，并且慢度曲线与 x 轴相交的三点的法线方向也与 x 轴同向。所以，x 轴是纯模轴。同理，y 轴和 z 轴也是纯模轴。从图 2.2(a) 可以看出，在与 x 轴夹角为 45°，135°，225° 及 315° 的方向，曲线的切线方向与径矢垂直，即相速度方向与能量速度方向平行，即这些方向都是纯模轴方向。

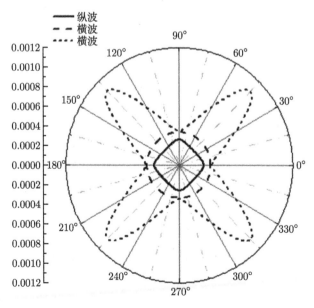

(a) PMN-0.30PT 在 x-y 平面上的慢度曲线

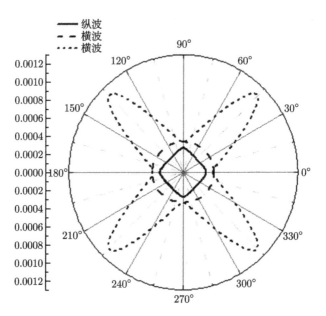

(b) PMN-0.30PT 在 x-z 平面上的慢度曲线

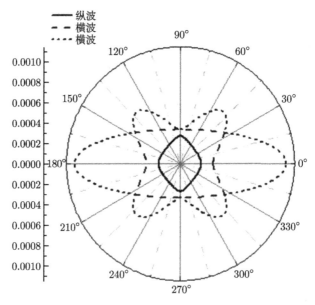

(c) PMN-0.30PT 在 [110-001] 平面上的慢度曲线

图 2.2　PMN-0.30PT 在不同平面上的慢度曲线

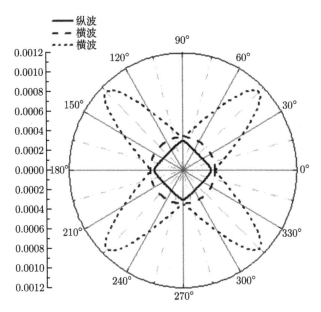

(a) PMN-0.33PT 在 x-y 平面上的慢度曲线

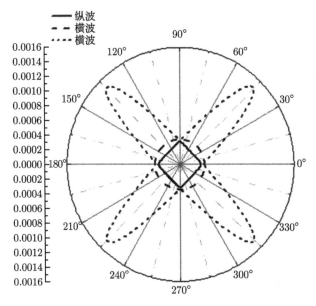

(b) PMN-0.33PT 在 x-z 平面上的慢度曲线

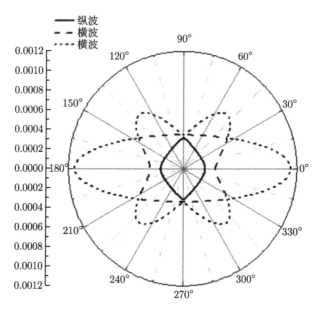

(c) PMN-0.33PT 在[110-001]平面上的慢度曲线

图 2.3   PMN-0.33PT 在不同平面上的慢度曲线

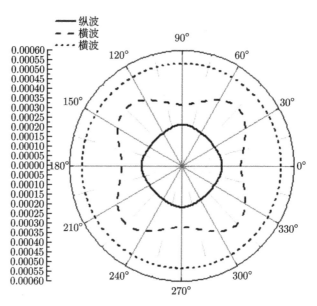

(a) PMN-0.42PT 在 x-y 平面上的慢度曲线

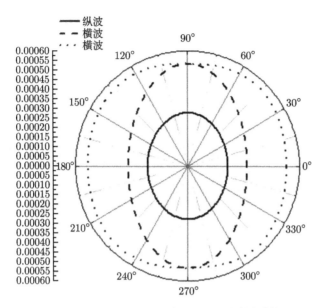

(b) PMN-0.42PT 在 y-z 平面上的慢度曲线

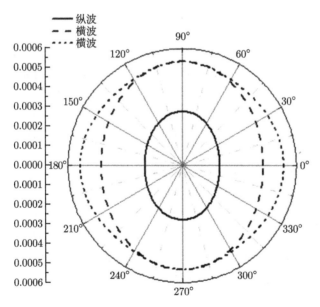

(c) PMN-0.42PT 在 [110-001] 平面上的慢度曲线

图 2.4 PMN-0.42PT 在不同平面上的慢度曲线

从图 2.2、图 2.3 可以看出，由于 PMN-0.30PT 晶体和 PMN-0.33PT 晶体的结构很相似，所以这两种晶体在各个平面上的慢度曲面形状基本相同。纵波在坐标轴方向传播时速度最慢, 在 $45°, 135°, 225°$ 及 $315°$ 方向传播时速度最快。随着传播方向的改变, 一个横波速度变化很小, 可以近似认为不变, 而另外一个横波速度变化非常明显, 在沿坐标轴方向传播时速度最快, 在 $45°, 135°, 225°$ 及 $315°$ 方向传播时速度最慢。图 2.2(c)、图 2.3(c) 也说明了弹性波在 [110-001] 平面传播时, 纵波沿 z 轴传播时的速度最慢, 沿 [110] 方向传播时的速度最快。随着传播方向的改变, 两个横波速度变化都很明显。

图 2.4 与图 2.2、图 2.3 相比, 就可以很明显地看出, 弹性波在不同 PT 含量的 PMN-PT 晶体中传播时慢度曲面形状有很大的不同, 说明了晶体在结构上的差异性。同时也可以看出纯模轴的数量明显不同。在图 2.4(a) 中, 慢度曲线都关于 x 轴对称, 慢度曲线与 x 轴相交于三点, 这三点的法线方向与 x 轴同向。在图 2.4(b) 中, 慢度曲线也关于 x 轴对称, 并且慢度曲线与 x 轴相交的三点的法线方向也与 x 轴同向。所以, x 轴是纯模轴。同理, y 轴和 z 轴也是纯模轴。从图 2.4(a) 可以看出, 在与 x 轴夹角为 $45°, 135°, 225°$ 及 $315°$ 的方向, 曲线的切线方向与径矢垂直, 即相速度的方向与能量速度方向平行, 即这些方向都是纯模轴方向。但是在图 2.4(b) 和 2.4(c) 中, 纯模轴的数量明显减少, 与坐标轴夹角为 $45°$ 的方向不再是纯模方向。因为在 PT 含量为 0.42 的时候, PMN-PT 的各向异性特点相对于 PT 含量为 0.33 的时候大幅减弱, 所以纯模方向减少。

2.4　钽酸锂及 PIN-PMN-PT 晶体声学特性研究

铁电相铌酸锂 (LiNbO$_3$, 简称 LN) 和钽酸锂 (LiTaO$_3$) 晶体是功能材料领域的 "万能" 材料。它们具有良好的机械、物理性能, 以及成本低等优点, 可作为非线性光学晶体、电光晶体、压电晶体、声光晶体和双折射晶体等, 在现今以光技术产业为中心的信息技术 (IT) 产业中得到了广泛的应用。

钽酸锂晶体是一种重要的多功能晶体材料, 该晶体具有优良的压电、铁电、声光及电光效应, 因而成为声表面波 (SAW) 器件、光通信、激光及光电子领域中的基本功能材料。经过抛光的钽酸锂晶片广泛用于谐振器、滤波器、换能器等电子通信器件的制造, 尤其以它良好的机电耦合、温度系数等综合性能而被用于制造高频声表面波器件, 并应用在手机、对讲机、卫星通信、航空航天等许多高端通信领域 [33]。

xPb(In$_{1/2}$Nb$_{1/2}$)O$_3$-$(1-x-y)$Pb(Mg$_{1/3}$Nb$_{2/3}$)O$_3$-yPbTiO$_3$ 即铌酸铅铟–铌镁酸铅–钛酸铅 (PIN-PMN-PT) 晶体近年来受到很大重视。锆钛酸铅 (PZT) 陶瓷一直以来都是超声换能器的主要材料, 但是, PZT 在晶界处由于声波散射效应呈现了较大的声衰减以及声速发散效应 [34], 所以在高于 25MHz 时, PZT 的应用范围很小。

高频宽带换能器近年来在医学成像方面引起极大的关注，因其具有更高的横向和轴向分辨率 [35,36]。到目前为止，具有超高压电性能的单晶的特性都不如多畴晶体，主要有两方面原因：一是对实际应用来讲，超高压电的现象只发生在 [001] 和 [011] 方向极化的多畴晶体中；二是单畴晶体不如多畴晶体稳定。

有研究证明，弛豫型铁电单晶 $(1-x)\text{Pb}(\text{Mg}_{1/3}\text{Nb}_{2/3})\text{O}_3\text{-}x\text{PbTiO}_3$ (PMN-PT) 有优越的机电性能 [37,38]。但是，PMN-PT 由三方相转为四方相的相变温度相对较低 (75~95℃)，而且 PMN-PT 的矫顽电场 E_c(~2.5kV/cm) 对于高强度应用来讲太低了，当整合到设备中时性能会下降。所以近年来，与 PMN-PT 晶体性能相似，具有高的压电耦合和机电耦合系数，但也具有较高的矫顽电场和相变温度的晶体一直是研究的热点。

三组分晶体 PIN-PMN-PT 具有这样的特点，它的机电耦合性能与 PMN-PT 晶体类似，但是相变温度却要比 PMN-PT 晶体高 30℃左右，并且矫顽电场也提高了 2.5 倍 [39-42]。经试验证明，PIN-PMN-PT 要比 PMN-PT 具有更好的热稳定性 [43]。

有限振幅超声在晶体中传播的理论和实验目前已经有研究。Domanski 对立方晶体的超声的传播及非线性相互作用进行了研究；Du 研究了晶体中的纯模方式和非线性传播 [44]；姜文华和杜功焕研究了压电体中的退化场及对非线性参数的影响 [45]；Albert 等研究了超声脉冲测量立方晶体三阶弹性常数的方法 [46]；Jacob 研究了 300~3K 温度下硅和锗的三阶弹性参数，并对晶体 CsCdF_3 和 KZnF_3 的非线性进行了测量；Jiang 和 Cao 还对晶体中的切变波的二次谐波的产生进行了研究，并研究了晶体和陶瓷中横波的三次谐波的激发。非线性项说明了横波并不是纯横波，会伴随着纵波模式。另一方面，纵波还是保持纯纵波的形式，但是会伴随着二次谐波。所以在纯模方向上纵波的传播会有非线性现象的产生。已有文献对铌酸锂晶体的线性特性进行了研究，发现了其在 75℃ 时异常的声速 (声衰减) 变化 [47]。但还没有报道对钽酸锂晶体的非线性声学特性进行研究，我们测量了钽酸锂晶体的声学参数随温度的变化，并对结果进行了分析，利用二次谐波产生技术来说明声波在钽酸锂中非线性化的变化。本节对这种材料的非线性特性进行研究，基于二次谐波产生技术，深入探讨声波在钽酸锂晶体中传播速度、基波幅度、二次谐波幅度随温度的变化，并由此得到钽酸锂的非线性与晶体结构的关系。

本节同时用实验的方法比较 [001] 极化与 [111] 极化的 PIN-PMN-PT 晶体在 0~110℃ 范围内声速、声衰减、基波、二次谐波以及非线性参数的变化。[001] 极化的 PIN-PMN-PT 晶体的声学特性基本是单调变化，而 [111] 极化的 PIN-PMN-PT 晶体的声学特性是有拐点，与 [001] 极化的晶体完全不同。

2.4.1　实验方法

1. 换能器灵敏度校正

目前最常用的声波振幅绝对测量的方法主要有 [17]：① 用电容换能器；② 用激光探针；③ 用压电换能器。前两者均为非接触的方法，声波的传播不受干扰，但对样品表面和测量环境均有较高的要求。第三种方法为接触式的，换能器与样品之间的耦合质量可能会对测量造成影响。但从实用的角度，这一方法较为切实可行。由于换能器频带较窄，所以接触式换能器具有较高的灵敏度。当用压电换能器测量声波的绝对振幅时，必须对换能器的灵敏度做绝对校正。校正实验框架如图 2.5 所示。

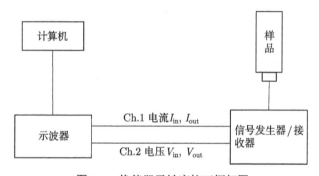

图 2.5　换能器灵敏度校正框架图

信号发生器通过换能器向样品发射声波，并接收返回来的声波，得到入射电流 I_{in}、入射电压 V_{in} 以及经样品一次反射返回的输出电流 I_{out}、输出电压 V_{out}。数据由计算机采集，经过傅里叶分析得到各个幅度谱。所以，得到换能器的响应函数：

$$|H(\omega)| = \sqrt{\frac{\left| I_{in}(\omega)\left(\frac{V_{out}(\omega)}{I_{out}(\omega)}\right) + V_{in}(\omega)\right|}{2\omega^2\rho_0 c_0 a |I_{out}(\omega)|}} \tag{2.68}$$

其中，ρ_0 是样品的密度；c_0 为声波在样品中的传播速度；a 为换能器的面积。

声波绝对振幅可以由响应函数与输出电流的乘积得到

$$|A_0(\omega_0)| = |H(\omega_0)| \times |I_{out}(\omega_0)| \tag{2.69}$$

$$|A_1(2\omega_0)| = |H(2\omega_0)| \times |I_{out}(2\omega_0)| \tag{2.70}$$

2. 实验系统

实验装置如图 2.6 所示，由函数发生器产生的调制信号经功率放大器放大后(中心频率为 2.5MHz，脉冲的重复频率为 100Hz，脉冲宽度为 4μs) 激励 PZT，产生中心频率为 2.5MHz 的超声纵波。超纵声波在晶体中传播后,在样品的另一端用中心频率为 4.8MHz 的 PZT 接收信号,并用数字存储示波器来存储接收信号。接收、发射换能器的声轴偏移角小于 2°。首先将接收、发射换能器和样品固定在实验支架上,保证样品的轴线与接收、发射换能器的轴线保持在一条线上,保证实验过程中样本和接收、发射换能器的相对位置不变,保证样品和接收、发射换能器之间的压力不变。采用凡士林为超声耦合剂。脉冲发生/接收器加在接收端以保证阻抗匹配。

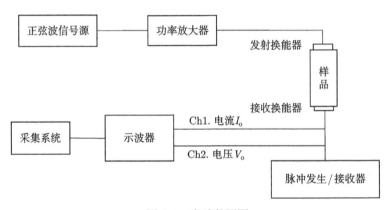

图 2.6　实验装置图

实验中铝块样品为圆柱体,高度为 3.5cm,底面直径为 3cm。钽酸锂样品为圆柱体,高度为 3.5cm,底面直径为 3.1cm。PIN-PMN-PT 实验采用的样品是 0.28PIN-0.42PMN-0.30PT,分别为 [001] 方向极化与 [111] 方向极化。[001] 极化方向晶体尺寸为 10.50mm×10.325mm×11.224mm,[111] 极化方向晶体尺寸为 11.53mm×11.035mm×10.52mm。

2.4.2　实验结果

1. 铝块实验结果

图 2.7 和图 2.8 分别是铝块在 20℃ 的室温下示波器接收到的电压和电流各次回波。可以很明显地看到铝块的一次、二次以及三次回波,电流计测得的电流与电压是同比例匹配的。从图 2.9 中可以清楚看到系统的二次、三次谐波分量。

为了消除系统线性以及非线性误差,先用铝块做非线性实验,二次谐波随温度的变化如图 2.10 所示。从图中可以看出,在 0~110℃,铝块二次谐波幅度变化不大,可以认为在误差允许范围内,超过 110℃ 时,二次谐波幅度急剧下降,认为此时 PZT 换能器已经不能正常工作。所以对 PIN-PMN-PT 的测量温度限于 110℃ 内。

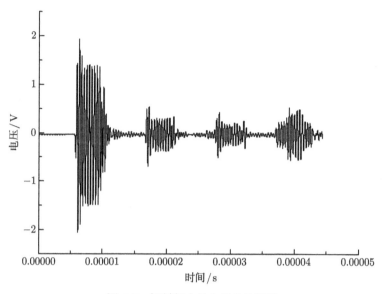

图 2.7　铝材料中的电压各次回波

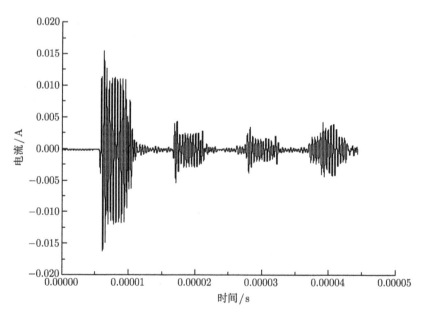

图 2.8　铝材料中的电流各次回波

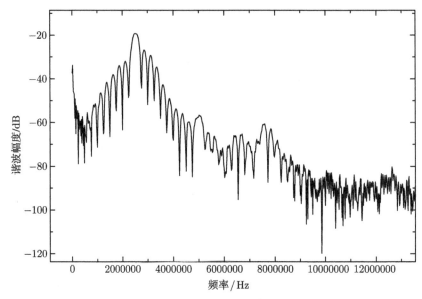

图 2.9　铝材料中的电压直达波频谱分析

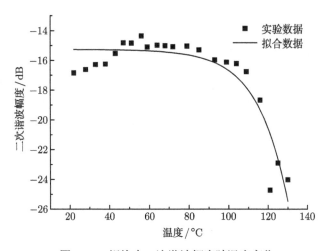

图 2.10　铝块中二次谐波幅度随温度变化

2. 钽酸锂实验结果

钽酸锂同铌酸锂一样,在室温时,晶体铁电相结构属于 3m 点群,而在居里点以上,顺电相结构属于点群 3m,属于三方晶系。

1) 声速

在 30~120℃,声波在钽酸锂中传播速度随温度变化如图 2.11 所示。

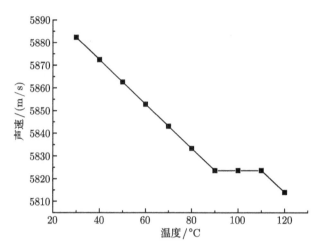

图 2.11　钽酸锂中声速随温度变化曲线

由图 2.11 可以看出，随着温度的升高，钽酸锂声速变化并不剧烈，并且逐渐下降。若取 30℃的声速为标准，在 120℃范围内，声速的变化最多只有 1.2%。

2) 基波和二次谐波

通过对声速的测量以及公式 (2.69) 和公式 (2.70)，得到基波和二次谐波幅度随着温度的变化图。

图 2.12 是钽酸锂中基波幅度与温度的变化关系。图 2.13 是钽酸锂中二次谐波幅度与温度的变化关系。其中，实线是数据的拟合曲线。从图中可以看出，随着温度的升高，基波幅度和二次谐波幅度都呈下降的趋势。

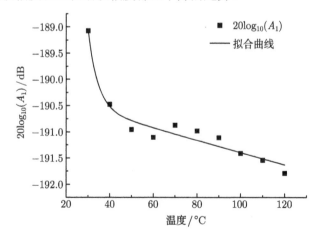

图 2.12　钽酸锂中基波幅度与温度的变化关系

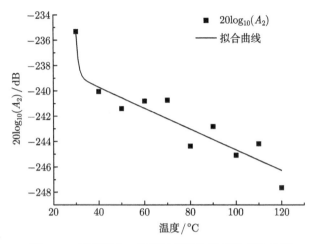

图 2.13 钽酸锂中二次谐波幅度与温度的变化关系

如图 2.14 所示，从二次谐波幅度 A_2 和基波幅度 A_1 之比可以看出，钽酸锂晶体随着温度的增加，非线性化程度减弱。钽酸锂晶体的温度特性比较好，因此与铌酸锂晶体相比更加稳定，随着温度的增加，钽酸锂晶体表现出非线性特性的减弱，说明此时钽酸锂晶体的结构中应力和应变的非线性关系减弱，不容易产生非线性谐波，因此更加适合于线性的工作范围。

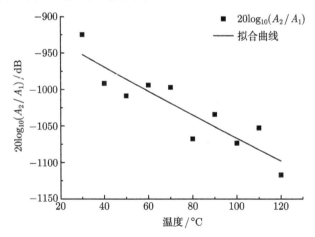

图 2.14 $20\log_{10}(A_2/A_1)$ 随温度的变化关系

3) PIN-PMN-PT 实验结果

图 2.15 和图 2.17 分别是 [001] 极化方向 PIN-PMN-PT 晶体在 21℃的情况下示波器接收到的电压和电流信号。图 2.16 是电压直达波傅里叶分析得到的频谱信号。

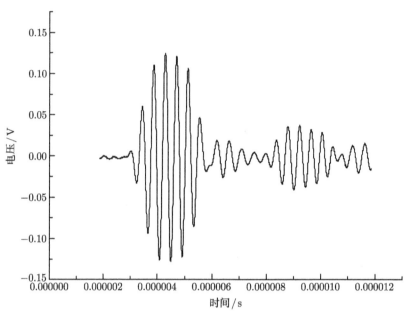

图 2.15　[001]极化 PIN-PMN-PT 晶体电压信号

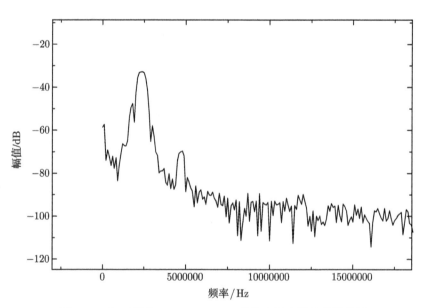

图 2.16　[001]极化 PIN-PMN-PT 晶体电压直达波频谱信号

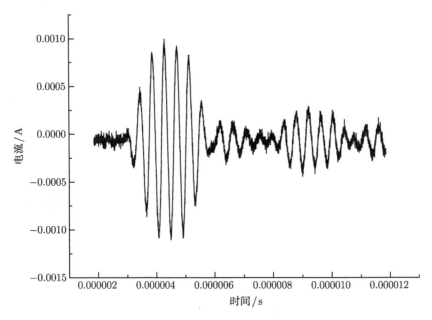

图 2.17　[001]极化 PIN-PMN-PT 晶体电流信号

　　图 2.18 和图 2.20 分别是 [111] 极化方向 PIN-PMN-PT 晶体在 23℃ 的情况下示波器接收到的电压和电流信号。图 2.19 是电压直达波傅里叶分析得到的频谱信号。

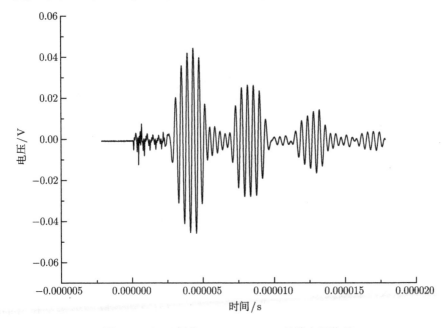

图 2.18　[111]极化 PIN-PMN-PT 晶体电压信号

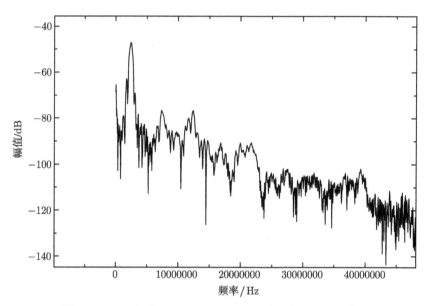

图 2.19　[111]极化 PIN-PMN-PT 晶体电压直达波频谱信号

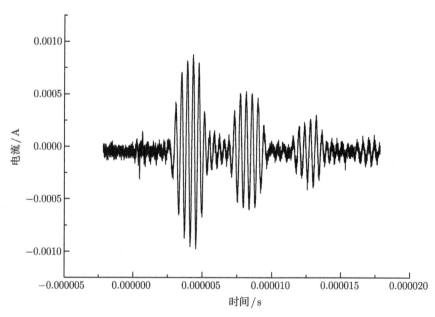

图 2.20　[111]极化 PIN-PMN-PT 晶体电流信号

A. 声速及声衰减变化

从图 2.21 和图 2.22 可以看出, [001] 极化的晶体的声速随着温度的提升而减小, 但变化幅度不大, 只有 3.57%。[111] 极化的晶体的声速也呈下降趋势, 但是变化幅度更小, 只有 1.31%。尤其是在 90℃ 以内, 只有 0.6%, 可以认为声速基本没有变化。从数值上看, [111] 极化的晶体的声速要比 [001] 极化的晶体的声速要高, 在 20℃ 的时候要高约 8.8%。

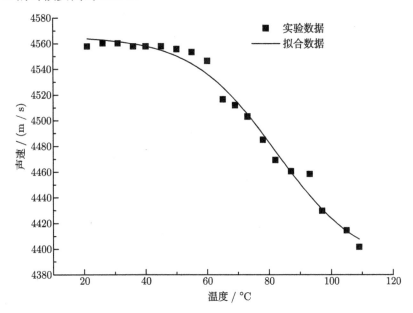

图 2.21 [001]极化 PIN-PMN-PT 晶体声速随温度变化

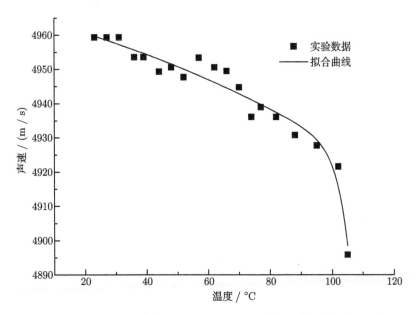

图 2.22 [111]极化 PIN-PMN-PT 晶体声速随温度变化

从图 2.23 和图 2.24 可以看出，[001] 极化的晶体的声衰减随着温度的增加，先减小后增加，在 0~90℃内减小，在 90~110℃内增加。而 [111] 极化的晶体声衰减呈振荡趋势，在 68℃左右有极大值。从数值上看，声衰减均处于 0.15~0.55dB/cm，差距不大。

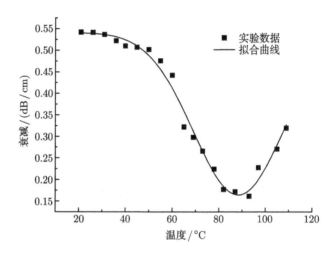

图 2.23   [001]极化 PIN-PMN-PT 晶体声衰减随温度变化

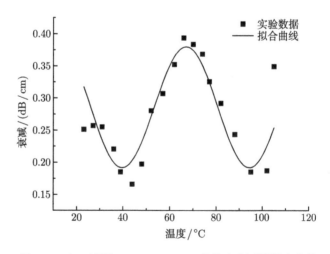

图 2.24   [111]极化 PIN-PMN-PT 晶体声衰减随温度变化

B. 谐波以及非线性参数随温度变化

从图 2.25 和图 2.26 可以看出，[001] 极化的晶体中的基波和二次谐波振幅随着温度的增加呈减小的趋势，而从图 2.27 和图 2.28 中可以看出 [111] 极化的晶体中的基波振幅度先增大后减小，二次谐波振幅也是先增大后减小，同样在 68°C附近有极大值。

对于这两种晶体，非线性参数$\beta = \dfrac{8}{3}\dfrac{1}{k^2 d}\dfrac{A_2}{A_1^2}$，其中 k 是波数，$k = \dfrac{2\pi f}{c_0}$，d 是样品的长度，A_1, A_2 分别是基波和二次谐波振幅。

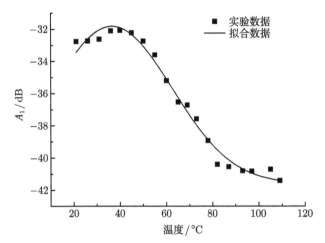

图 2.25 [001]极化 PIN-PMN-PT 晶体中基波振幅 A_1 随温度变化

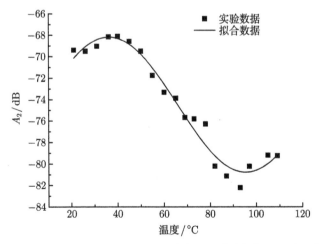

图 2.26 [001]极化 PIN-PMN-PT 晶体中二次谐波振幅 A_2 随温度变化

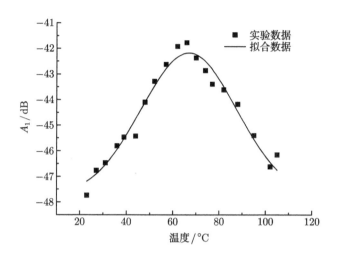

图 2.27   [111]极化 PIN-PMN-PT 晶体中基波振幅 A_1 随温度变化

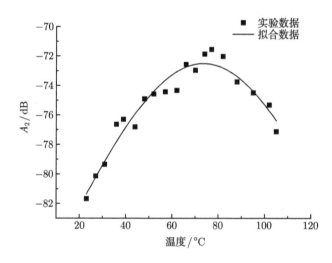

图 2.28   [111]极化 PIN-PMN-PT 晶体中二次谐波振幅 A_2 随温度变化

从图 2.29 和图 2.30 中可以明确地看出，不同极化方向的晶体非线性参数随温度变化的差异明显。[001] 极化的晶体的非线性参数随着温度的提升而增大，呈单调趋势，而 [111] 方向极化的样品随着温度的提升先减小后增大，在 60~70℃有极小值。从数值上看，[001] 极化的晶体的 β 处于 [0.5, 7]，而 [111] 极化的晶体的 β 处于 [1.75, 5]，变化的范围比 [001] 极化的晶体要小。这也间接地说明，极化方向不同会导致晶体结构不同，从而使晶体的一些物理性质，比如声速、声衰减、二次谐波以及非线性参数，发生改变。

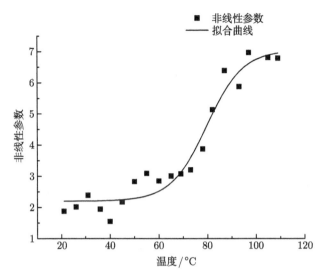

图 2.29 [001]极化 PIN-PMN-PT 晶体非线性参数随温度变化

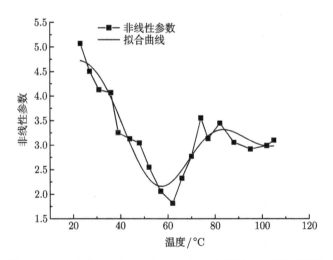

图 2.30 [111]极化 PIN-PMN-PT 晶体非线性参数随温度变化

2.5 陶瓷相变与非线性效应

压电陶瓷广泛应用于电子、光、热、声学等领域,是国防工业、民用工业以至日常生活中重要的功能材料,成为当前高技术的主要研究方向之一。目前,用得最多的压电陶瓷是 PZT 及其三元系或四元系陶瓷。在这些陶瓷中存在三方和四方相共存区, 即准同型相界 (MPB), 这个相区是出现强铁电压电性的区域。实用的压电铁电材料的组成往往处在 MPB 附近。

准同型相界这个概念最早由 Jaffe 在 20 世纪 70 年代初研究 PZT 时提出 [48]。理论上, 当三方相和四方相自由能相等时, 两相共存, 此点对应的界限称为准同型相界。组成偏离了此点, 具有较低自由能的那一相能稳定存在。实际上材料在制备工艺过程中的变化等很多因素都可能引起能量的涨落, 在准同型相界附近区域形成两相共存。因此, 准同型相界是指一个有限的区域, 而不是一个明显的界限。

锆钛酸铅 $(Pb(Zr_x, Ti_{1-x})O_3)$ 压电陶瓷以及衍生产品由于其较高的压电系数, 被广泛应用于超声换能器和其他机电设备。锆钛酸铅是由 $PbTiO_3$ 和 $PbZrO_3$ 构成的共溶体, 简称 PZT。该材料具有良好的性能且已广泛应用于热释电红外探测器和热释电成像器件上。它的主要优点为 [49]: ① 大多数性能优良的热释电材料均为单晶体, 相应多晶体材料的自发极化率达不到相应单晶材料的一半, 在 PZT 中, 对由立方相的顺电相向四方相或三方相的铁电相转变的钙钛矿结构的 PZT 铁电多晶材料, 其自发极化率可分别达单晶材料的 86.6% 和 91.2%; ② 在 PZT 中允许掺入大量的其他离子和 PZT 形成共溶体系, 可通过掺杂来改善性能; ③ PZT 陶瓷易于制备, 居里点高, 性能稳定且有较高的机械强度。

PZT 在四方相和三方相的相界附近时, 其耦合系数和介电常数是压电陶瓷中最高的, 这是因为在相界附近, 极化时更容易重新取向。其机电耦合系数 k_{33} 可达 0.6, 压电常数 d_{33} 可达 2×10^{-10} C/ N。

市售的 PZT 陶瓷有两种类型: 一类是硬性掺杂, 形成氧空缺 (阴离子); 另一类是软性掺杂, 造成金属 (阳离子) 空缺。它们分别被归类为硬性压电陶瓷 (如 PZT-4, PZT-8, 分别受体掺杂了 M^{2+}, M^{3+} 和 F^{2+}, F^{3+}) 和软性压电陶瓷 (PZT-5A, 通常掺杂了 Nb^{5+})。软性 PZT 加入 Nb^{5+} 等高价离子, 在晶格中形成一定量的正离子缺位, 导致晶粒内畴壁容易移动, 结果是矫顽电场降低, 使陶瓷的极化变得容易, 因而通常有较高的压电系数, 但畴壁运动引起的内部摩擦会造成较大的衰减, 引起机械品质因数和电气品质因数的降低。然而, 硬性 PZT 的负离子缺位导致晶胞收缩, 抑制畴壁运动, 降低离子扩散速度, 增加矫顽电场, 使极化变得困难, 从而降低了材料内部的损耗, 但这是以降低压电系数为代价的。硬性 PZT 陶瓷通常用于高功率的场合, 而软性 PZT 运用在压电感应器或低功率发射机上。

在高功率应用中, 非线性效应不能被忽视 [50]。Li 等在外部交流电场下, 测得不同激励水平下的 PZT 陶瓷的非线性电响应和机电响应 [51]。Morozov 等在实验上研究了软性、硬性 PZT 的非线性介电响应, 结果是低于矫顽场水平, 并就缺陷紊乱对非线性介电响应和滞回效应的影响进行了讨论; 缺陷紊乱与介电非线性有关, 这会导致奇次谐波的产生 [52]。Fan 等在非线性本构关系的基础上得到的仿真结果，与已发现的软性、硬性 PZT 陶瓷的非弹性行为一致 [53]。$Pb(Zn_{1/3}Nb_{2/3})O_3$-$xPbTiO_3$ 单晶的非线性介电性能已被报道，软性、硬性 PZT 陶瓷的二次、三次响应也在晶体中检测到 [54]。另一方面，Yamada 等研究了压电材料的非线性振动，对于均匀板的振动，奇次谐波是显而易见的，然而在热处理后，压电系数不再均一，这就引发了二次谐波 [55]。本节研究极化后 PZT 陶瓷的非线性行为与时间的关系。压电谐振器的更高次谐波来自于谐振器的几何约束和边界条件，并认为材料是线性的。在我们的研究中，更高次的谐波是波在传播时由材料的非线性产生的。非线性的幅度随着传播距离增加而增加。在谐波生成技术里没有共振。

传统的压电陶瓷在制备过程中存在着铅的挥发，不仅使陶瓷的化学计量比偏离，还会对环境造成污染。发展非铅基的压电铁电陶瓷，是一项具有重大现实意义的课题。目前，有关 NBT 系陶瓷的研究已成为无铅压电陶瓷研究领域的热点。

钛酸铋钠 $Na_{0.5}Bi_{0.5}TiO_3$ (简称 NBT) 是 Smolenskii 等于 1960 年发现的 A 位复合钙钛矿结构 (ABO_3) 化合物 [56]，被认为是最有希望取代铅基电材料的无铅压电陶瓷。NBT 的居里温度为 320℃，室温下为三方结构，具有较大的剩余极化强度 $P_r = 38.0\mu C/cm^2$ 和较高的矫顽电场强度 $E_c =7.3kV/mm$，显示出较强的铁电性。

由于 NBT 具有很高的矫顽电场，纯 NBT 陶瓷的极化很困难，其压电性能不能充分体现。因此，为了降低矫顽电场，提高其压电活性，常采用掺杂取代的方式。NBT 基无铅陶瓷是当前无铅压电材料的热点研究领域之一，NBT 陶瓷本身具有 A 位多种离子的复合取代结构，因而具有特殊的铁电相变和弛豫特征。为了提高 NBT 基陶瓷的压电性能，大多数方法是采取各种离子的掺杂取代，这必然改变 NBT 的铁电特性和弛豫相变特征。铁电反铁电相变温度的变化，会引起压电陶瓷的退极化温度改变，从而影响压电陶瓷的使用，所以这一现象必须引起足够的重视。如何在提高压电性能的同时，保持足够高的相变温度，仍然需要作进一步的研究。

锆钛酸钡 $Ba(Zr_yTi_{1-y})O_3$(简称 BZT) 也是一种重要的无铅压电陶瓷，其特点是具有很高的压电常数，但是居里温度很低，在 100℃左右，限制了它的应用。BZT 是钛酸钡 ($BaTiO_3$) 和锆酸钡 ($BaZrO_3$) 的固溶体，存在三方、斜方、四方和立方四种晶型及响应的三个相变温度。其相变对应的居里温度是锆 (Zr) 成分的函数。当 $y > 0.15$ 时，BZT 陶瓷的三个相变收缩 [57]；而 $y \sim 0.2$ 时，只有一个相存在 [58]，相变温度接近室温。低于这个温度，单斜相是稳定的，高于这个温度，立方相是稳定的 [59]。当 $y > 0.25$ 时，BZT 出现弛豫型行为 [60]。

NBT-BZT 体系陶瓷是 NBT 和 BZT 两相形成的固溶体。BZT 的加入能够提高 NBT 陶瓷的压电性能，而 NBT 的加入又能提高 BZT 的居里温度并降低其烧结温度，从而得到压电性能良好且满足使用要求的无铅压电陶瓷。在 NBT-BZT 陶瓷中存在从三方相向四方相转变的准同型相界，在相界附近材料具有优良的压电和介电性能。所以研究 NBT-BZT 体系具有很高的实践意义。

2.5.1 PZT 中极化导致的高阶非线性变化

1. 实验系统

本书采用的是 PZT-4 和 PZT-8(硬性 PZT)，以及 PZT-5A(软性 PZT)。

实验装置如图 2.31 所示，猝发 (burst) 信号从信号发生器输入功率放大器，输出到中心频率为 1.2MHz 的发射换能器上。信号经过样品后，被水听器 (聚偏二氟乙烯 (polyvinylidene fluoride, PVDF)，频率为 1～10MHz，孔径 1mm) 检测到，并且传输到数字示波器上，然后由计算机采集。样品 PZT-4，PZT-8，PZT-5 的尺寸分别是 3.02cm×2.01cm×1.74cm，2.94cm×2.14cm× 1.83cm，3.22cm×2.26cm×1.97cm。样品沉浸在硅油中，并在 140℃下用 4kV/mm 的电场极化 20min。波传播方向和极化方向相同。

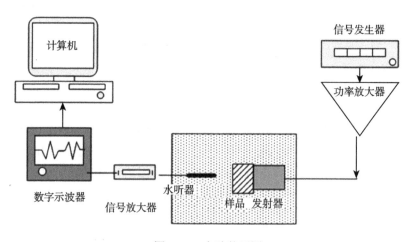

图 2.31 实验装置图

2. 实验结果

在没有样品的情况下，其相应的波形和频谱被水听器接收，如图 2.32 所示。在这种情况下，换能器二次、三次谐波非常小，可以忽略。

声波经过未极化的 PZT-4 样品后，波形及其频谱如图 2.33 所示，而经过极化 1 小时的 PZT-4 样品后，波形及其频谱如图 2.34 所示。在两种情况下，由于陶瓷样品的非线性，二次、三次谐波都可以很清楚地被观察到。

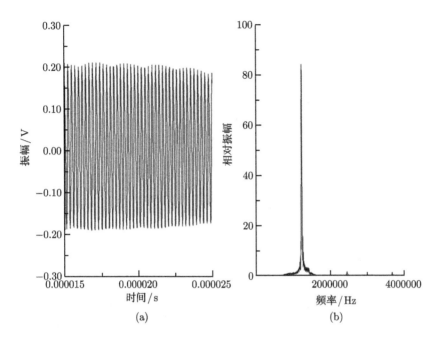

图 2.32 没有样品的情况下接收到的波形 (a) 及其频谱 (b)

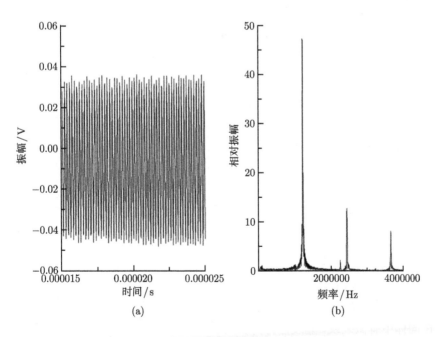

图 2.33 声波经过未极化的 PZT-4 样品后, 系统接收到的波形 (a) 及其频谱 (b)

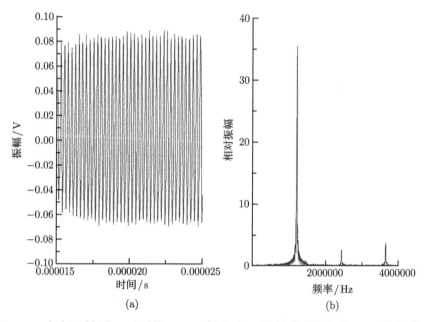

图 2.34　声波经过极化 1 小时的 PZT-4 样品后, 系统接收到的波形 (a) 及其频谱 (b)

表 2.4 总结了波在 PZT 陶瓷中传播时谐波与时间的变化关系。在极化前的情况下, 三次谐波振幅要比二次谐波振幅小, 然而在极化后, 三次谐波的振幅反而比二次谐波的振幅大。极化时间愈长, PZT 的非线性愈稳定, 在极化 2 天后饱和, 到达一个稳定值。

表 2.4　各个样品在不同极化时间下二次、三次谐波振幅与基波振幅之比

样品	未极化		极化 1 小时		极化 1 天		极化 2 天		极化 3 天	
	p_2/p_1	p_3/p_1	p_2/p_1	p_3/p_1	p_2/p_1	p_3/p_1	p_2/p_1	p_3/p_1	p_2/p_1	p_3/p_1
PZT-4	0.268	0.171	0.074	0.107	0.080	0.121	0.082	0.123	0.084	0.125
PZT-8	0.212	0.175	0.085	0.121	0.093	0.129	0.095	0.133	0.092	0.134
PZT-5A	0.201	0.076	0.065	0.126	0.070	0.136	0.073	0.139	0.072	0.141

3. 分析和结论

在极化前, 陶瓷材料被认为是各向同性的, 二次谐波振幅应该大于三次谐波振幅, 这是普通固体非线性的特点。众所周知, 弹性能可以用弹性应变的展开式描述。对于普通的固体, 线性部分占主要地位, 应变阶次越高, 高阶部分的贡献越小。如果在固体中有微裂纹, 非线性行为会发生改变, 因为微裂纹对高阶非线性的影响要高于对低阶非线性的影响, 我们称之为非经典非线性效应。极化后, 铁电材料由于非零极化表现出很强的各向异性。由于在极化过程中畴的转变, 可能发生机械损

伤，所以材料的经典非线性也会变成非经典非线性，并且应力与应变之间也呈滞回关系。由于非经典非线性，三次谐波振幅增长幅度要比二次谐波大，导致三次谐波振幅要比二次谐波振幅大。图 2.34 与参考文献 [50] 中的结果一致。这种现象在软性 PZT 中更为明显 (表 2.4)，这是因为在软性 PZT 中畴的转变要比在硬性 PZT 中更为容易。

本小节研究了极化前和极化后软性 PZT 和硬性 PZT 陶瓷的非线性变化。结果显示，在极化之前，非线性现象为经典非线性，二次谐波振幅要比三次谐波振幅大；而在极化后，非线性变为非经典非线性，三次谐波振幅要比二次谐波振幅大。这种现象在软性 PZT 中比在硬性 PZT 中更为明显。畴的变化导致微裂纹的产生，并产生这种有趣的非线性现象。非线性也会随着时间变化，但在极化 2 天后趋于稳定。

2.5.2 NBT 与 BZT 陶瓷相变与声速的关系

1. 实验系统

换能器灵敏度校正如图 2.5 所示，实验框架如图 2.6 所示。实验样品有 NBT，BZT-7 和 BZT-15，NBT 尺寸为 11.435mm×11.845mm× 21.75mm，BZT-7 尺寸为 23.582mm× 11.7mm× 9.23mm，它的组成是 $Ba(Zr_{0.07}Ti_{0.93})O_3$，BZT-15 尺寸为 10.37mm×8.70mm×24.63mm，它的组成是 $Ba(Zr_{0.15}Ti_{0.85})O_3$。

2. 实验结果

NBT，BZT-7 和 BZT-15 的介电常数 K 随温度变化见图 2.35～ 图 2.37，NBT 陶瓷声速随温度的变化关系如图 2.38 所示。温度从 20℃ 升到 90℃ 期间，NBT 的声速从 5220m/s 降到 5140m/s，变化仅有 1.53%，几乎可以认为没有变化。

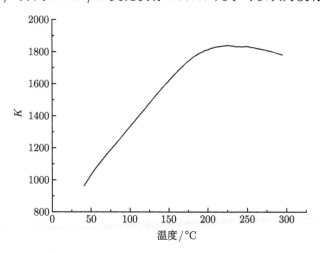

图 2.35　NBT 陶瓷介电常数 K 随温度变化

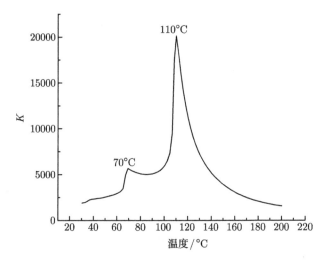

图 2.36　BZT-7 陶瓷介电常数 K 随温度变化

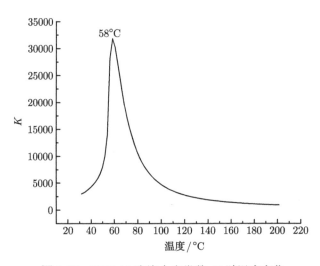

图 2.37　BZT-15 陶瓷介电常数 K 随温度变化

BZT-7 和 BZT-15 陶瓷的声速随温度变化关系则截然不同, 如图 2.39 和图 2.40 所示。图 2.39 显示, 在 70℃ 附近, BZT-7 的声速发生显著变化, 变化幅度达 12.5%, 而 BZT-7 的相变温度在 70℃。图 2.40 显示, 在 60℃ 附近, BZT-15 陶瓷的声速 也有显著改变, 比 BZT-7 更为明显, 变化幅度达 34.6%, 而 BZT-15 的相变温度在 58℃。

从已有数据可知, NBT 的相变温度比较高, 在 200℃ 以上。在 0~90℃ 范围 内, NBT 的声速几乎没有变化, 这也符合 NBT 相变温度较高这一事实。

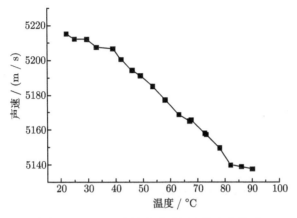

图 2.38 NBT 陶瓷声速随温度的变化关系

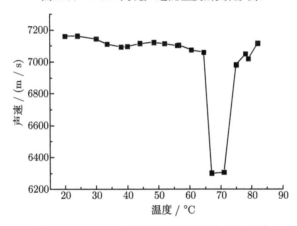

图 2.39 BZT-7 陶瓷声速随温度的变化关系

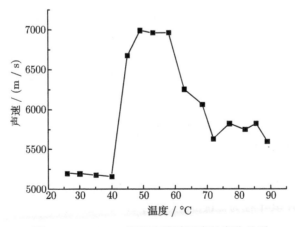

图 2.40 BZT-15 陶瓷声速随温度的变化关系

2.6 晶体中的声记忆现象

铌酸锂 (LN) 因其众多优良的物理化学性能, 一直是基础科学和应用研究的热点。它具有优良的压电、非线性光学、电光等性能, 被广泛用于声表面波、电光、声光、存储等器件 [61-63]。与晶体的极化方向有关, 铌酸锂晶体的声记忆现象与常见的铁电记忆现象有着不同的幅频特性 [64-66], 与常见的光电记忆现象也不同 [66,67]。2002 年, Breazeale 等发现了铌酸锂的声记忆现象 [67,68], 即对铌酸锂激发超声波时, 一部分声能量贮存在铌酸锂晶体中, 经过一段时间 (40~70μs) 后再发射出来, 这段信号就是声记忆信号, 这种现象就是声记忆现象。但其研究的超声频段为 16~30MHz。

声记忆现象是一种新的物理现象。在铌酸锂晶体中, 我们在 2.5~10MHz 的频率范围内观察到了声记忆现象。声记忆现象是由铁电介质的介电性能决定的。实验发现, 随着温度的升高, 声记忆信号的振幅增加, 反之亦然。另外, 我们发现了直达波信号的基波和二次谐波的振幅滞后现象、声记忆信号的振幅滞后现象、非线性频率偏移。上述三点特性和回波与距离为非指数衰减关系都证明了铌酸锂晶体的非经典非线性声学的特征。在激励信号足够大时, 或者激励信号中每个调制脉冲含有足够多的周期时, 我们首次发现了多段记忆信号。立足于超声激励后晶体结构的变化和非经典非线性理论, 我们定性地解释了上述实验现象 [69]。

2.6.1 实验方法

实验装置如图 2.41 所示, 由信号发生器产生的调制信号经功率放大器 (中心频率为 2.5MHz, 脉冲的重复频率为 100Hz, 脉冲宽度为 4μs) 放大后激励锆钛酸铅 (PZT) 发射换能器 (汕头超声电子有限公司, 孔径为 28mm), 产生中心频率为 2.5MHz 的超声纵波。超声波在铌酸锂晶体中传播后, 在样品的另一端用同样的 PZT 换能器接收信号, 并经宽带放大器后由数字存储示波器来存储信号。接收、发射换能器的声轴偏移角小于 2°。

首先将接收、发射换能器和铌酸锂样品固定在实验支架上, 保证铌酸锂样品的轴线和接收、发射换能器的轴线保持在一条线上, 保证实验过程中铌酸锂样本和接收、发射换能器的相对位置不变, 保证铌酸锂样品和接收、发射换能器之间的压力不变。采用凡士林为超声耦合剂。两个铌酸锂样品的作为实验样品。第一块铌酸锂样品为圆柱体形, 其半径为 2.0cm, 长度为 2.5cm, 极化方向为轴方向。第二块铌酸锂样品为长方体形, x, y, z 方向的长度分别为 3.3cm, 3.4cm 和 3.4cm, 极化方向沿着 z 方向。

　　实验样品的声接触面应保证没有缺陷和光滑。两个实验样品的表面应该保证平行和规则以避免壁面反射和可能的波形转换。在不平行的样品中，数次回波信号后，会出现类似记忆信号的一段信号，但这不是记忆信号，而是由样品壁面反射和波形转换造成。在密度不均匀的实验样品中，声传播速度不均匀也可能产生形状类似的声记忆信号。但是，这些都不是声记忆信号。

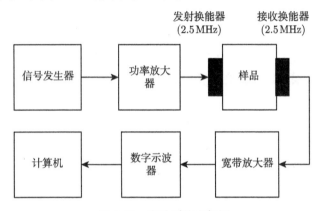

图 2.41　实验系统方框图

　　我们首先在圆柱体铌酸锂样品中观察到了声记忆信号。此时，信号发生器的激励信号的幅度为 200mV，频率为 2.5MHz，每个脉冲信号包含 8 个周期，脉冲的重复频率为 100Hz，实验温度为 20℃。同样实验条件下，我们在铝块中测量接收信号的波形，没有发现记忆信号，说明铌酸锂中观察到的记忆信号不是由实验系统的误差产生的。为了说明记忆信号的幅度和晶体极化方向的关系，我们比较了立方体形晶体中极化方向和非极化方向上的记忆信号的振幅。

　　在室温下，当激励电压从 100mV 逐渐变化到 1000mV 后，依次减小激励电压到 100mV。对比在激励电压增强和减弱过程中记忆信号振幅的变化，得到了声记忆信号的振幅滞后曲线，同时也得到了直达波的基波、二次谐波的振幅滞后曲线。由于换能器的发射和接收性能会随着激励电压的变化而变化，所以需要根据换能器性能的变化修正直接测量的实验结果。

　　当激励电压为 200mV，每个激励脉冲信号的周期数从 4 增加到 64 时，我们发现了多段记忆信号。为了避免直达波和反射波之间波形叠加，根据样品厚度，周期数的极限值为 67。每次改变周期数后，需要 10min 使得换能器的发射接收性能完全稳定下来。

　　采用中心频率为 2.5MHz 的 PZT 超声换能器发射超声波。2.5MHz 的超声换能器作为接收换能器接收信号，采用通带为 2～3MHz 的数字滤波器提取基波。采用 5MHz 的超声换能器作为接收换能器，通带为 4～6MHz 的数字滤波器提取二次谐波。逐渐改变激励电压的振幅,得到了直达波的基波和二次谐波的超声振幅滞后现象。

在测量记忆信号与温度的关系的实验中,采用烤箱作为加热源,自然冷却。由于凡士林在温度高于 40℃下熔化,所以采用高温耦合剂代替凡士林作为实验用耦合剂。

为了使样品内温度分布均匀,加热和冷却过程十分缓慢,实验过程中温度每升高 5℃需要约 15min,每降低 5℃需要约 20min。将一对温度探针分别紧贴铌酸锂样品的上下底面,取它们的平均值为铌酸锂样品内的实际温度。为了避免反复固定样品带来的实验误差,将实验支架连同已经固定在支架上的换能器和铌酸锂样品一起放入烘箱内加热和冷却。超声换能器的使用温度范围有限,因此实验中温度不可以太高,本实验的温度范围为 5~55℃。在换能器的使用温度范围内,发射和接收特性也会受到温度的影响,因此需要测量实验系统的温度振幅特性,并修正测量结果。

在激励电压分别为 100mV 和 1V 下,比较直达波和多次回波的振幅大小,得到了铌酸锂晶体的非指数型衰减现象。

2.6.2   实验结果

1. 记忆信号

在圆柱体铌酸锂晶体中,在 2.5MHz 下,声记忆信号如图 2.42 所示。七次回波后,回波信号衰减到噪声量级。一段时间 (10~20μs) 后,出现一段包络状信号,这段信号就是声记忆信号。声记忆信号是由再次释放储存在晶体中的能量而产生的。

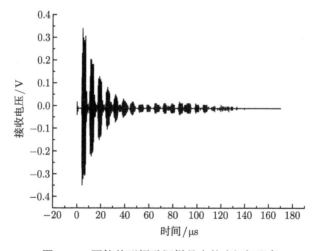

图 2.42   圆柱体形铌酸锂样品中的声记忆现象

当采用铝块为待测样品时,直达波和多次回波的波形如图 2.43 所示。回波信号以指数型衰减到很小,没有声记忆信号产生,说明声记忆信号不是由实验系统的误差产生,而是由铌酸锂本身特性决定的。图 2.44 分析了声记忆信号的频率,我们发现声记忆信号的频率是 2.44kHz,说明声记忆信号中存在着 60kHz 的频率偏移。这是由铌酸锂晶体的非经典非线性决定的,也进一步说明了声记忆信号不是由超声波在样本中多途反射和波形转换而造成的。

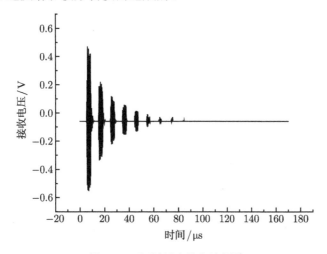

图 2.43　铝材料中的各次回波

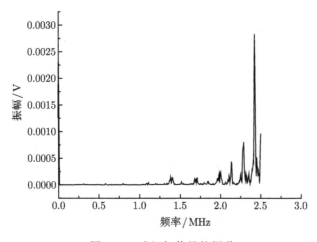

图 2.44　声记忆信号的频谱

我们在激励信号为 5MHz 时也观察到声记忆信号,如图 2.45(a) 所示。当采用 10MHz 超声换能器接收信号时,所观察到的声记忆信号如图 2.45(b) 所示。

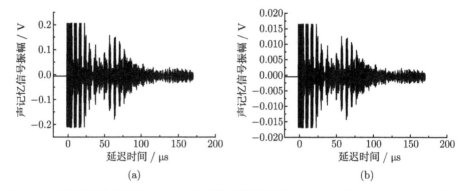

(a)   (b)

图 2.45 激励信号的频率为 5MHz，接收换能器分别是 5MHz(a) 和 10MHz(b) 时，声记忆
信号的波形

2. 声记忆信号和极化方向的关系

我们在长方体的铌酸锂样品中研究了声记忆信号和晶体极化方向的关系。此晶体的极化方向为 z 方向，做相同的实验，在 z 方向上的声记忆信号如图 2.46(a) 所示，在非极化方向 y 方向上的声记忆信号如图 2.46(b) 所示。可见，在极化方向上声记忆信号较大，而在非极化方向上的声记忆信号很小，说明声记忆信号与极化方向有关系。

3. 声记忆信号的振幅滞后关系

声记忆信号随发射振幅的变化而变化。当激励信号的振幅从 100mV 以 100mV 为步长依次增加到 1V 时，声记忆信号的振幅变化如图 2.47 中的虚线所示。然后逐渐减小激励信号的振幅，声记忆信号的振幅变化如图 2.47 中的实线所示，从中可以看到，两条曲线并不重合，出现了滞后现象，这是非经典非线性声学的一

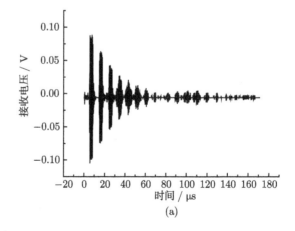

(a)

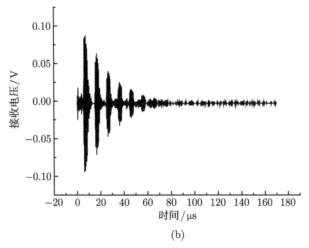

(b)

图 2.46 长方体铌酸锂样品中的声记忆现象

(a) z 轴方向上的声记忆现象；(b) y 轴方向上的声记忆现象

个显著特征，由于铌酸锂中位错等现象的存在，其表现出与常规的金属材料不同的声学特性。

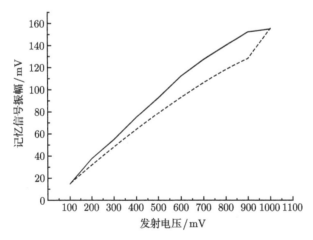

图 2.47 声记忆信号的振幅与发射电压之间的滞后关系

4. 声记忆信号的幅度与温度的关系

随着温度的增加，声记忆信号逐渐增强，反之亦然。如图 2.48 所示，虚线和实线分别代表着温度逐渐升高和降低过程中声记忆信号的变化情况。在温度逐渐升高的过程中，当实验温度从 5℃逐渐升高到 20℃时，声记忆信号较缓慢地增强；当实验温度从 20℃ 逐渐增加到 50℃ 时，声记忆信号较剧烈地增强；当实验温度从

50℃升高到 55℃时, 声记忆信号剧烈地增强; 在温度下降的过程中, 记忆信号逐渐减弱, 在不同温度范围内, 声记忆信号变化的快慢也是不同的。但是同一温度下, 温度下降过程中记忆信号的强度远大于温度升高过程中记忆信号的大小。我们发现在此频段的温度关系与文献 [64] 中的不同, 文献中声记忆信号的振幅随温度的升高而降低, 而我们的实验结果为随温度的升高, 声记忆信号有所增加。实验系统的发射接收特性也随着温度的变化而变化, 主要是由于收发换能器的性能与温度有关。采用铝块为实验样品, 我们测量了在升温和降温过程中实验系统的变化, 如图 2.49 所示。

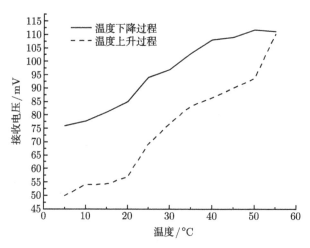

图 2.48　声记忆信号的振幅与温度的变化关系

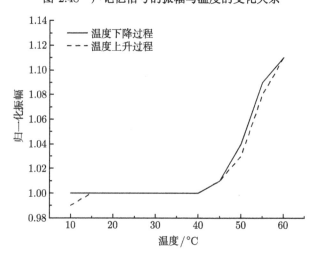

图 2.49　实验系统的收发性能随温度的变化关系

5. 多段声记忆信号

当激励电压足够大或者每个脉冲信号包含足够多的周期时，我们发现了第二段和第三段声记忆信号。图 2.50 描述了在 10MHz 下，声记忆信号随着脉冲周期数

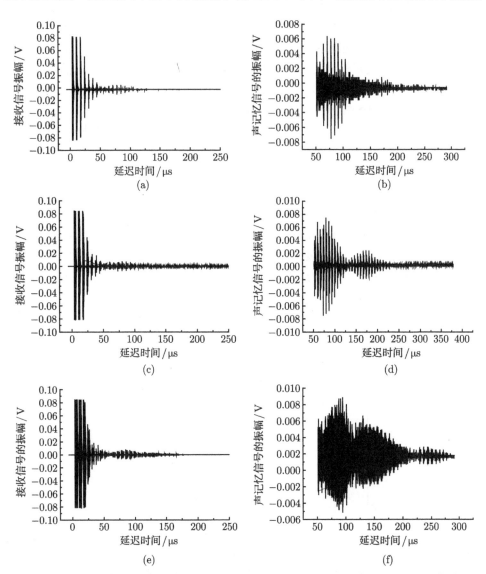

图 2.50 每个脉冲信号包含 4 个 (a) 和 (b)、16 个 (c) 和 (d)、64 个 (e) 和 (f) 周期时，声记忆信号的波形

(b)、(d)、(f) 为放大的声记忆信号的波形

的变化而变化。我们采用了一对中心频率为 10MHz 的 PZT 换能器作为收发换能器。在实验中，激励信号的振幅保持在 200mV, 脉冲的重复频率保持在 100Hz。图 2.50(a)∼(f) 分别描述了周期数为 4, 16, 64 时，声记忆信号的波形。当周期数为 4 时，可以观察到一段很清晰的声记忆信号包络，如图 2.50(a) 和 (b) 所示。但是第二段和第三段很弱，以至于我们认为这个时候只存在第一段声记忆信号。当周期数为 16 时，我们清晰地观察到第二段声记忆信号，如图 2.50(c) 和 (d) 所示。虽然第一、第二段声记忆信号的间隔并不是很明显，但是它们对于周期数的响应的差异是很大的 (图 2.51)，所以我们认为这是两段不同的声记忆信号。最后，当周期数为 64 时，第一段和第二段声记忆信号的间隔很明显，并且可以清晰地观察到第三段声记忆信号，如图 2.50(e) 和 (f) 所示。三段声记忆信号的振幅也是增加的，它们的变化幅度是不一样的，也就是说，每段声记忆信号对周期数的响应是不同的，如图 2.51 所示。在足够厚的铌酸锂晶体中，当周期数继续增加时，第四、第五段声记忆信号也会观察到。当激励电压足够大时，我们也发现了类似的多段声记忆信号。采用窄带的 PZT 也可以得到很好的多段声记忆信号，事实上，我们是采用自制的 PVDF 换能器首次观察到多段声记忆信号。为了更深入认识铌酸锂的声记忆现象，采用 PVDF 换能器可以得到更多的发现。在 PVDF 换能器接收信号时，我们也观察到圆柱体样品中当周期数为 200 时的声记忆信号的波形，图 2.52 所示。

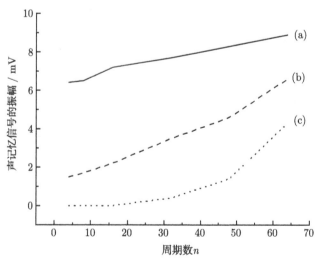

图 2.51 各段声记忆信号的振幅随着周期数的变化而变化

(a) 第一段声记忆信号；(b) 第二段声记忆信号；(c) 第三段声记忆信号

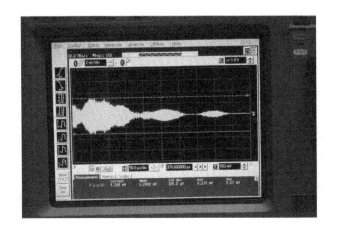

图 2.52 PVDF 作为接收换能器, 周期数为 200 时的声记忆信号的波形

随着周期数的增加, 直达波是减弱的, 如图 2.53 所示, 但是变化很小。当实验样品为铝块, 周期数增加时, 直达波的振幅会增加, 如表 2.5 所示。所以, 在铌酸锂晶体中, 随着周期数的增加, 一部分能量转移到声记忆信号中导致直达波振幅减小。

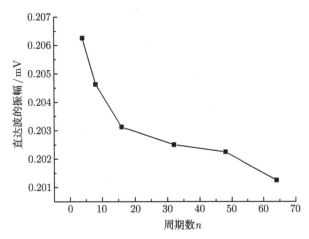

图 2.53 铌酸锂中直达波的振幅随周期数的变化情况

表 2.5 铝块样品中直达波的振幅与周期数的关系

周期数	4	8	16	32	48	64
直达波的振幅/mV	759.4	759.8	760.1	762.3	763.9	761.1

6. 回波信号的非指数衰减现象

我们不仅对以上有关声记忆信号的各种特性作分析，还对铌酸锂晶体的衰减特性做了一定的研究。图 2.54 分析了第 1~8 次回波的振幅比例关系，八次回波后的信号很差，噪声很大，故没有考虑八次后的回波。可见，铌酸锂的衰减随距离的变化是非指数型的，四次到五次回波的振幅变化很小。铌酸锂晶体的衰减系数随着激励信号的增加而增加，如图 2.55 所示，虚线代表激励信号是 100mV 时的超声衰减曲线，实线代表激励信号是 1V 时的超声衰减曲线，为了方便比较，已经对两个不同幅度下的接收信号以各自的最大值作归一化处理。可见，激励信号越小，超声波衰减得越快；激励信号越大，超声波衰减得越慢。这是铌酸锂的重要特征。

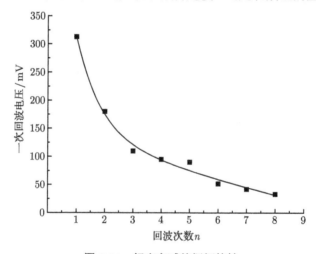

图 2.54   超声衰减的振幅特性

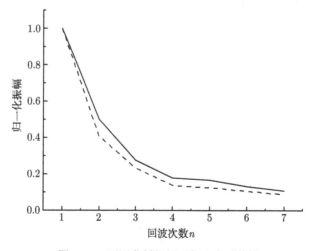

图 2.55   不同发射振幅下超声衰减特性

7. 直达波的基波和二次谐波的振幅滞后现象

铌酸锂晶体是非经典非线性很强的介质,从铌酸锂晶体中超声直达波的频谱分析可以看出,三次谐波强于二次谐波,这是非经典非线性声学的重要特征,如图 2.56 所示。图 2.57 中表述了没有铌酸锂晶体时发射换能器的频率响应功率谱。可以看出,发射换能器本身产生的非线性是很弱的,二次谐波和三次谐波要比一次谐波弱 35dB 以上。所以,在实验中可以忽略发射换能器对二次谐波和三次谐波测量的影响。当激励信号的频率为 2.5MHz 时,分别采用带宽为 2~3MHz 和 4~6MHz 的数字滤波器提取出接收直达波的基波和二次谐波。改变激励电压,得到了基波和二次谐波的振幅滞后现象,如图 2.58 所示。滞后现象再次证明了铌酸锂是一种非经典非线性很强的物质,并且为解释多段记忆信号提供了一种方法。

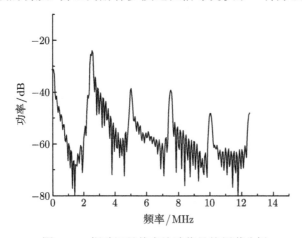

图 2.56 铌酸锂晶体直达波信号的频谱分析

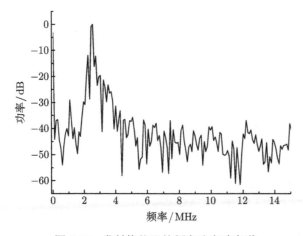

图 2.57 发射换能器的频率响应功率谱

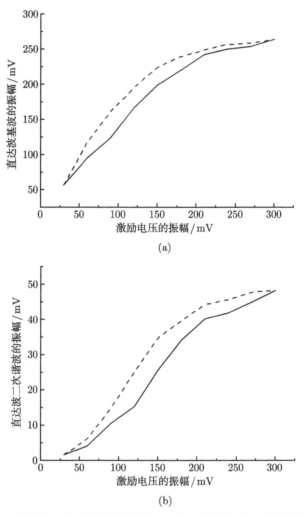

图 2.58　2.5MHz 下, 直达波的基波 (a) 和二次谐波 (b) 的超声滞后现象
实线代表激励信号逐渐增强的过程, 虚线代表激励信号逐渐减弱的过程

2.6.3　分析与讨论

　　应力引起了铁电畴的重新分布, 超声与畴的相互作用的物理机理起源于机械应力与声压引起的压电场。压电效应引起了电畴和缺陷的振动, 当超声波通过后, 电畴和缺陷的振动仍然在继续, 此现象只发生在晶体中, 原因是非晶体中没有畴结构。晶格的不均匀引起了畴壁与声波的相互作用。值得注意的是, 声记忆信号与晶体的微观结构有很大关系, 方形晶体由于不同方位的极化的情况不同, 导致了声记忆信号的完全不同, 因此, 声记忆信号可以反映晶体的微观特性。当晶体内部存在

亚结构的缺陷时，部分声能量将转入晶体的不规则处和超晶格的亚结构中，成为振动的次声源。初级声源与次声源非线性相互作用后，声能量重新出现，产生声记忆信号，引起回波信号大小的变化，因此，回波随距离的变化不再是指数型的。

在我们研究的频段中发现声记忆信号随温度的升高而增强，而 Breazeale 所使用的 25.9MHz 声记忆信号随温度的升高而下降。声记忆信号与铁电畴的运动有关，铁电畴的运动主要由外力和黏滞力决定[70]。黏滞系数是温度和频率的函数。因此，声记忆信号会随着温度和频率的变化而变化。

当超声波在晶体中传播时，铁电体的畴结构会受到超声波的影响而变化。畴结构中超声能量增加时，铁电体的黏滞作用会减小，畴壁的活动性会增强。当周期数增加或者激励电压增加时，更多的畴壁会受到外力作用运动起来，从而产生了第二段和第三段记忆信号。

铌酸锂晶体中声记忆信号的滞后效应反映了晶体中的缺陷。无论是天然晶体或者实验室制备的晶体，多少都会有缺陷。由于这些缺陷的存在，晶体中的应力和应变关系不再是线性关系，而是存在一定的滞后关系，使得铌酸锂晶体表现出非经典非线性声学特性，滞后现象是非经典非线性声学的特征之一。另外，对声记忆信号进行频谱分析得到声记忆信号的频率为 2.44MHz，说明声记忆信号有着 60kHz 的频率偏移，这也是非经典非线性声学的一个特征。

声记忆信号有明显的滞后现象，与磁学中的磁滞回线很类似，磁滞回线的存在反映出磁学中的一种记忆现象，而且这种现象应用于我们生活的各个方面，因此，声记忆信号滞后现象的存在也反映出声的某种记忆功能，它的机理和应用还有待我们进一步地深入研究。

本节在 2.5~10MHz 的频率范围内研究了铌酸锂中的声记忆现象，观察到声记忆信号和晶体极化方向的关系。观察到回波信号随距离的变化为非指数型，以及声记忆信号与发射激励信号的滞后关系，这种滞后关系体现出非经典非线性声学的特征，直达波信号的基波和二次谐波的滞后现象证实了这种特性，特别是声记忆信号和温度的关系随着所加超声频率的不同而变化。在周期数很大或者激励电压很大时，我们发现了多段声记忆信号。本节对实验中发现的现象进行了定性的解释，对此项目的进一步研究将有助于揭示声记忆现象产生的物理机理，并利用声记忆信号来分析晶体的内部结构，促进晶体在声记忆方面的应用。

参 考 文 献

[1] Jones G L, Kobett D R. Interaction of elastic waves in an isotropic solid [J]. Journal of Acoustical Society of America, 1963, 35(1): 5-10.

[2] Childress J D, Hambrick C G. Interactions between elastic waves in an isotropic solid

[J]. Physical Review, 1964, 136: A411-A418.

[3]　Krasilnikov V A, Zarembo L K. Nonlinear interaction of elastic waves in solids [J]. IEEE Transaction on Sonics and Ultrasonics,1967, 14(1): 12-17.

[4]　Korneer V A, Nihei K T, Myer L R. Nonlinear Interaction of Plane Elastic Waves [M]. Earth Science Division, 1998.

[5]　Domanski W. Propagation and interaction of weakly nonlinear elastic plane waves in a cubic crystal [J]. Wave Motions, 2008, 45: 337-349.

[6]　Goldberg Z A. Interaction of plane longitudinal and transverse elastic waves[J]. Soviet Physical Acoustics, 1960, 6: 306-310.

[7]　Holt A C, Ford J. Theory of ultrasonic pulse measurements of third-order elastic constants for cubic crystals [J]. Journal of Applied Physics, 1967, 38 (1) : 42-50.

[8]　Duquesne J Y, Perrin B. Interaction of collinear transverse acoustic waves in cubic crystals [J]. Physical Review B, 2001, 63 (6) : 811-820.

[9]　杜功焕. 晶体中纯模式的非线性声波传播理论 [J]. 中国科学, 1989, 3 : 276-282.

[10]　Jiang W H, Du G H. Quasilongitudinal wave along Y-direction of LiNbO$_3$ and ultrasonic nonlinearity parameters [J]. Science in China Ser A, 1991, 34 (3): 346-353.

[11]　Philip J , Breazeale M A. Temperature variation of some combinations of third-order elastic constants of silicon between 300 and 3°K [J]. Journal of Applied Physics, 1981, 52(5): 3383-3387.

[12]　Breazeale M A, Philip J, Zarembowitch A, et al. Acoustical measurement of solid state non-linearity: Application to CsCdF$_3$ and KZnF$_3$[J]. Journal of Sound & Vibration, 1983, 88 (1): 133-140.

[13]　Duquesne J Y, Perrin B. Anisotropic nonlinear elastic properties of an icosahedral quasicrystal [J]. Physical Review Letters, 2000, 85(20): 4301.

[14]　Duquesne Y J, Perrin B. Elastic wave interaction in icosahedral AlPdMn [J]. Physica B, 2002, 316-317: 317-320.

[15]　Jiang W H, Cao W W. Second harmonic generation of shear waves in crystals [J]. IEEE Transactions on Ultrasonics, Ferroelectrics and Frequency Control, 2004, 51(2): 153-162.

[16]　Jiang W H, Cao W W, Du G H. Third harmonic generation of transverse acoustic waves in crystals and ceramics [J]. Acta Acustica United with Acustica, 2002, 88(2): 163-167.

[17]　Domanski W. Propagation and interaction of weakly nonlinear elastic plane waves in a cubic crystal [J]. Wave Motion, 2008 , 45 (3) : 337-349.

[18]　Holt A C, Ford J. Theory of ultrasonic three-phonon interactions in single-crystal solids [J]. Journal of Applied Physics, 1969, 40: 142-148.

[19]　Duquesne Y J, Perrin B. Interaction of collinear transverse acoustic waves in cubic

crystals [J]. Physical Review B, 2001, 63: 064303.

[20] Zhang S J, Li F. High performance ferroelectric relaxor-PbTiO₃ single crystals: Status and perspective [J]. Journal of Applied Physics, 2012, 111(3): 2-27.

[21] Baumhauer J C, Tiesten H F. Nonlinear electroelastic equations small fields superposed on a bias [J]. Journal of the Acoustical Society of America,1973, 54: 1017-1034.

[22] Brugger K. Pure modes for elastic waves in crystals [J]. Journal of Applied Physics, 1965, 36(3): 759-768.

[23] Breazeale M A, Philip J. Physical Acoustics [M]. Vol. XVII//Mason W P, Thurston R N. Orlando: Academic Press, Inc., 1984: 1-61.

[24] Auld B A. Acoustic Waves and Fields in Solids [M]. New York: John Wiley & Sons Inc., 1973.

[25] Liu X Z, Jiang W H, Cao W W, et al. Interactions of collinear acoustic waves propagating along pure mode directions of crystals [J]. Journal of Applied Physics, 2014, 115: 064909.

[26] Cross L E. Relaxor ferroelectrics an overview [J]. Ferroelectrics, 1994, 151: 305-320.

[27] Park S E, Shrout T R. Characteristics of relaxor-based piezoelectric single crystals for ultrasonic transducers [J]. IEEE Transactions on Ultrasonics, Ferroelectrics, and Frequency Control, 1997, 44: 1140-1147.

[28] Choi S W, Shrout T R, Jang S J, et al. Dielectric and pyroelectric properties in the Pb(Mg₁/₃Nb₂/₃)O₃-PbTiO₃ system [J]. Ferroelectrics, 1989, 100: 29-38.

[29] Noblanc O, Gaucher P, Galvarin G. Structure and dielectric studies of Pb(Mg₁/₃Nb₂/₃) O₃-PbTiO₃ ferroelectric solid solution around the morphotropic boundary [J]. Journal of Applied Physics, 1996, 79(8): 4291-4297.

[30] 夏峰, 姚熹. 弛豫型铁电体在准同型相界的压电性能 [J]. 功能材料, 1999, 30(6): 582-584.

[31] 陈钢, 廖理几. 晶体物理学基础 [M]. 北京: 科学出版社, 1992: 168-184.

[32] Auld B A. Acoustic Fields and Waves in Solids [M]. New York: John Wiley& Sons Inc., 1973: 213-241.

[33] 张婷婷, 刘晓宙, 龚秀芬. 钽酸锂晶体的声学特性的研究 [J]. 声学技术, 2011, 30(4): 267-269.

[34] Wang H, Jiang W, Cao W. Characterization of lead zirconate titanate piezoceramic using high frequency ultrasonic spectroscopy [J]. Journal of Applied Physics, 1999, 85(12): 8083-8091.

[35] Cannata J M, Williams J A, Zhou Q, et al. Development of a 35-MHz piezo-composite ultrasound array for medical imaging [J]. IEEE Transactions on Ultrasonics, Ferroelectrics, and Frequency Control, 2006, 53(1): 224-236.

[36] Lau S T, Li H, Wong K S, et al. Multiple matching scheme for broadband 0.72Pb

$(Mg_{1/3}Nb_{2/3})O_3$-$0.28PbTiO_3$ single crystal phased-array transducer [J]. Journal of Applied Physics, 2009, 105(9): 094908.

[37] Zhang R, Jiang B, Cao W W. Elastic, piezoelectric, and dielectric properties of multidomain $0.67Pb(Mg_{1/3}Nb_{2/3})O_3$-$0.33PbTiO_3$ single crystals [J]. Journal of Applied Physics, 2001, 90(7): 3471-3475.

[38] Feng Z, Zhao X, Luo H. Composition and orientation dependence of dielectric and piezoelectric properties in poled $Pb(Mg_{1/3}Nb_{2/3})O_3$-$PbTiO_3$ crystals [J]. Journal of Applied Physics, 2006, 100(2): 024104.

[39] Hosono Y, Yamashita Y, Sakamoto H, et al. Growth of single crystals of high-Curie-temperature $Pb(In_{1/2}Nb_{1/2})O_3$-$Pb(Mg_{1/3}Nb_{2/3})O_3$-$PbTiO_3$ ternary systems near morphotropic phase boundary [J]. Japanese Journal of Applied Physics, 2003, 42(9A): 5681-5686.

[40] Tian J, Han P, Huang X, et al. Improved stability for piezoelectric crystals grown in the lead indium niobate-lead magnesium niobate-lead titanate system [J]. Applied Physics Letters, 2007, 91(22): 222903.

[41] Zhang S, Luo J, Hackenberger W, et al. Characterization of $Pb(In_{1/2}Nb_{1/2})O_3$-$Pb(Mg_{1/3}Nb_{2/3})O_3$-$PbTiO_3$ ferroelectric crystal with enhanced phase transition temperatures [J]. Journal of Applied Physics, 2008, 104(6): 064106.

[42] Liu X, Zhang S, Luo J, et al. Complete set of material constants of $Pb(In_{1/2}Nb_{1/2})O_3$-$Pb(Mg_{1/3}Nb_{2/3})O_3$-$PbTiO_3$ single crystal with morphotropic phase boundary composition [J]. Journal of Applied Physics, 2009, 106(7): 074112.

[43] Sun P, Zhou Q, Zhu B, et al. Design and fabrication of PIN-PMN-PT single-crystal high-frequency ultrasound transducers [J]. IEEE Transactions on Ultrasonics, Ferroelectrics, and Frequency Control, 2009, 56(2): 2760-2763.

[44] Du G H. Theory of propagation of nonlinear acoustic waves in pure longitudinal mode in crystals [J]. Science in China, 1989, 32(9): 1084-1092.

[45] 姜文华, 杜功焕. 压电体中的退极化场及其对超声非线性参数测量的影响 [J]. 声学学报, 1993, 18(7): 241-248.

[46] Albert C H, Joseph F. Theory of ultrasonic pulse measurement of third-order elastic constants for cubic crystals [J]. Journal of Applied Physics, 1967, 38(1): 42-50.

[47] 许自然, 沈惠敏, 王业宁. $LiNbO_3$ 晶体在 75℃ 附近的异常性能 [J]. 科学通报, 1980, 13: 586-588.

[48] Jaffe B, Jaffe H, Cook W R. Piezoelectric Ceramics [M]. London: Academic Press, 1971.

[49] Whatmore R W. Pyroelectric device and materials [J]. Rep. Prog. Phys., 1986, 49: 1335-1386.

[50] Mukherjee B K, Ren W, Liu S F, et al. Nonlinear properties of piezoelectric ceramics,

smart structures and materials[J]. Proceeding of SPIE, 2001, 4333: 41-54.

[51] Li S, Cao W, Cross L E. The extrinsic nature of nonlinear behavior observed in leadzir-
      conate titanate ferroelectric ceramic [J]. Journal of Applied Physics, 1991, 69: 7219.

[52] Morozov M, Damjanovic D, Setter N. The nonlinearity and subswitching hysteresis in
      hard and soft PZT [J]. Journal of the European Ceramic Society, 2005, 25: 2483-2486.

[53] Fan J, Stoll W A, Lynch C S. Nonlinear constitutive behavior of soft and hard PZT:
      experiments and modeling [J]. Acta Materials, 1999, 47: 4415-4425.

[54] Bharadwaja S S N, Hong E, Zhang S J, et al. Nonlinear dielectric response in $(1 -
      x)Pb(Zn_{1/3}Nb_{2/3})O_3$-$x$PbTiO$_3$ (x=0.045 and 0.08) single crystals[J]. Journal of Applied
      Physics, 2007, 101: 104102.

[55] Yamada K, Yamazaki D, Nakamura K. A functionally gradient piezoelectric material
      created by an internal temperature gradient [C]. Proceedings of the 12th IEEE Interna-
      tional Symposium on Application of Ferroelectrics, 2001: 475-478.

[56] Smolenskii G A, Isupov V A, Agranovakaya A I, et al. New ferroelectrics of complex
      composition [J]. IV. Soviet Physics Solid State, 1961, 2(11): 2651-2654.

[57] Yu Z, Guo R, Bhalla A S. Dielectric behavior of Ba$(Ti_{1-x}Zr_x)O_3$ single crystals [J].
      Journal of Applied Physics, 2000, 88(1): 410-415.

[58] Hennings D, Schnell A, Simon G. Diffuse ferroelectric phase transition in Ba$(Ti_{1-y}
      Zr_y)O_3$ ceramics [J]. Journal of the America Ceramic Society, 1982, 65(11): 539-544.

[59] Weber U, Greuel G, Boettger U, et al. Dielectric properties of Ba(Zr,Ti)O$_3$-based
      ferroelectrics for capacitor applications [J].Journal of the America Ceramic Society, 2001,
      84(4): 759-766.

[60] Tang X G, Chew K H, Chan H L W. Diffuse phase transition and dielectric tunability
      of Ba$(Zr_yTi_{1-y})O_3$ relaxor ferroelectric ceramics [J]. Acta Master, 2004, 529(17): 5177-
      5183.

[61] Weis R S, Gaylord T K. Lithium niobate: summary of physical properties and crystal
      structure [J]. Applied Physics A, 1985, 37: 191-203.

[62] Podivilov E. V, Sturman B I, Calvo G F, et al. Effect of domain structure fluctuations
      on the photorefractive response of periodically poled lithium niobate [J].Physical Review
      B, 2000, 62: 13182.

[63] Schwarz U T, Maier M. Asymmetric Raman lines caused by an anharmonic lattice
      potential in lithium niobate [J]. Physical Review B, 1997, 55: 11041.

[64] Scott J F. Ferroelectric Memory [M]//Ito K, Sakurai T. Berlin: Springer-Verlag, 2000.

[65] McPherson M S, Ostroskii I V, Breazeale M A. Observation of acoustical memory in
      LiNbO$_3$[J]. Physical Review Letters, 2002, 89: 115506.

[66] Ped'ko B B, Kislova I L, Volk T R, et al. New memory effects in lithium niobate

manocrystals [J].Russian Academic Science Bulletin Physics, 2000, 64: 1145.

[67]　Breazeale M A, Ostrovskii I V, McPherson M. Thermal hysteresis of nonlinear ultrasonic attenuation in lithium niobite [J]. Journal of Applied Physics, 2004, 96: 2990.

[68]　Breazeale M A, Ostrovskii I V. Innovations in Nonlinear Acoustics [M]//Atcheley A A, Sparrow V W, Keolian R M, et al. New York: AIP, Melville, 2006.

[69]　Zhou D, Liu X Z, Gong X F. Experimental study of acoustical memory in lithium niobite [J]. Physical Review E, 2008, 78: 016602.

[70]　Huang Y N, Wang Y N, Shen H M. Internal friction and dielectric loss related to domain walls [J]. Physical Review B, 1992,46: 3290.

第3章　声波在多孔材料中的非线性传播

近年来，非线性波在多孔介质中的传播越来越受到人们的关注。研究结果表明，多孔介质的非线性系数比无孔固体或流体的大 2 ~ 3 个数量级 [1-3]。Biot 提出低频和高频流体饱和的多孔材料中的弹性波的传播理论 [4,5]。Donskoy 等研究了非线性散射和纵向声波在多孔介质中的传播 [6]。Ostrovsky 导出球形和圆柱形微可压缩弹性介质腔的非线性振动方程 [1,3]。Geerits 还研究了声波通过多孔介质的传播 [7]。Dazel 等研究了多孔介质中的 Biot 波，考虑速度色散、频率依赖性和非线性，其理论是在颗粒介质与刚性边界的情况下提出的 [8]。考虑到在纯黏弹材料中的声吸收影响效果甚微，引入具有多孔结构的介质来增强声衰减，由此建立许多理论模型。Oberst[9] 和 Meyer 等 [10] 建立了关于黏弹层中球形穿孔的共振现象的一维模型。Gaunaurd 在此基础上对有多穿孔的情况进行了进一步研究 [11,12]。Biot[4,5] 考虑到多孔材料中某些频率对黏滞力的影响，将运动黏滞力项改为振荡黏滞力项。他的这一理论引发了后人对于各类传播的大量理论研究。Ostrovsky[13] 引入一种新的被称为 "类橡胶" 的介质，它对于射入的谐波具有高衰减和强非线性。文献 [14] 和 [15] 使用有限元方法对黏弹格栅中的谐波传播进行了研究。Ostrovsky[13] 提到的非线性只在低频考虑，材料中的微孔在共振频率附近的振荡性振动表现为二级声源，由于振荡的非线性，高次谐波，特别是二次谐波成分开始显著，最终介质的非线性由于这些微孔的存在获得了明显增强。Fan 等 [16] 以及 Liang 等 [17] 运用等效介质法对包含球形微孔的黏弹材料的非线性声传播特性进行了理论研究，表明这样的介质即使在孔隙率很小的情况下也具有较强的非线性。Liang 和 Cheng[18] 也研究了含球形气孔弱压缩性弹性介质的声局域化现象。以上的研究均基于等效介质法。然而，经典等效介质法所采用的 "等效介质" 实际上是一个包含多个散射子及均一介质的 "有效介质" 的退化，而多重散射法同样被运用于研究多孔介质的非线性效应。多重散射法将介质从微观角度入手分析，假定每个气孔散射子被声波激发进行散射，使得任意一点的声压值为入射声压与其他所有散射子在该点的散射声压的总和。Foldy 在半个多世纪前开创了多重散射理论 [19]。Weston[20] 和 Miller[21,22] 发展了该理论，并将散射影响命名为 "声相互作用"。大量实验也获得了基于该理论的类似结果 [23,24]。此外，对这些经典理论的改进工作也在逐步发展，例如考虑高阶散射的影响 [23-27]。这些改进同时适应于等效介质法 [24] 与多重散射法 [23,24]。

3.1　声波在含微孔的黏弹材料中的非线性特性

本节的模型是含大量圆柱形气孔的类橡胶介质 (图 3.1)，我们将对声波在该介质中的非线性声传播，特别是在孔的共振频率附近的频带范围的声传播表现进行研究。

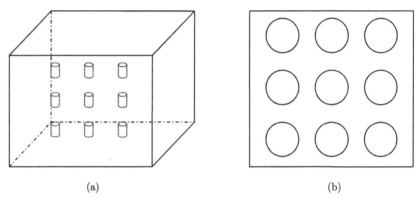

(a)　　　　　　　　　　　　　　　　　　　　　(b)

图 3.1　含大量圆柱形气孔的类橡胶介质模型

(a) 三维图例; (b) 二维图例

3.1.1　理论

1. 多孔类橡胶材料中的纵波声波方程

在均一黏弹介质中，纵波传播的力学方程可以描述为以下形式:

$$\rho_0 \left(\frac{\mathrm{d}v}{\mathrm{d}t} \right) = \frac{\partial \sigma(\varepsilon)}{\partial x} \tag{3.1}$$

这里, $v = v_x = \dfrac{\partial u_x}{\partial t}$ 表示方向速度 (在完全对称的情况下可以当作 x 方向上的速度分量); $\varepsilon = \dfrac{\partial u_x}{\partial x}$ 是对应于应力 σ 的应变; ρ_0 表示介质的密度。经过一些形式变换，我们可以获得 ε 与 σ 的关系:

$$\rho \frac{\partial^2 \varepsilon}{\partial t^2} = \frac{\partial^2 \sigma}{\partial x^2} \tag{3.2}$$

现在，我们考虑介质中含有微孔的情况。如果每个波长范围内的微孔总量足够多，这样的含孔介质可以被看作一个等效连续介质，由此，描述应力应变关系的"等效胡克定律"在纵波情况下的变形式可以写成

$$\sigma = (\lambda + 2\mu)(\varepsilon - NU) = \left(K + \frac{4}{3}M \right)(\varepsilon - NU) \tag{3.3}$$

这里，λ, μ 是拉梅常量；N 表示微孔总量；U 表示单个气孔的体积变化，在这个表达式里，由于微孔相对于整个介质而言非常小，所以将应变与微孔体积变化近似直接相减；K 和 M 代表了介质的体积模量和切变模量，可以分别表示为

$$K = K' + jK'' = K'(1 + j\eta_k)$$
$$M = M' + jM'' = M'(1 + j\eta_M) \tag{3.4}$$

式中，η_k 和 η_M 为耗散因子。将式 (3.3) 代入式 (3.2)，我们能获得含微孔的黏弹介质中的纵波声波方程：

$$\frac{\partial^2 \sigma}{\partial x^2} - \frac{1}{c_0^2(1 + j\eta)}\frac{\partial^2 \sigma}{\partial t^2} = \rho_0 N \frac{\partial^2 U}{\partial x^2} \tag{3.5}$$

其中，$\eta = \dfrac{\eta_k K' + \dfrac{4}{3}\eta_M M'}{K' + \dfrac{4}{3}M'}$ 描述无孔均一介质的黏滞项，它的值一般很小；$c_0 = \sqrt{\dfrac{K' + \dfrac{4}{3}M'}{\rho}}$ 表示在无孔均一介质中的纵波声速。为了解这个方程，我们继续沿用微扰法，令

$$\sigma = \sigma_1 + \sigma_2 + \cdots, \quad U = U_1' + U_2' + \cdots \tag{3.6}$$

这里，σ_1, U_1' 和 σ_2, U_2' 分别表示应力和微孔体积变化的一阶量和二阶量。将其代入式 (3.5)，我们得到下面的表达式：

$$\frac{\partial^2 \sigma_1}{\partial x^2} - \frac{1}{c_0^2(1 + j\eta)}\frac{\partial^2 \sigma_1}{\partial t^2} = \rho N \frac{\partial^2 U_1}{\partial t^2}$$
$$\frac{\partial^2 \sigma_2}{\partial x^2} - \frac{1}{c_0^2(1 + j\eta)}\frac{\partial^2 \sigma_2}{\partial t^2} = \rho N \frac{\partial^2 U_2}{\partial t^2} \tag{3.7}$$

2. 圆柱形多孔类橡胶材料的非线性声波方程

在类橡胶介质中，微孔的振动是以振荡的形式进行的。所谓的 "类橡胶" 又称为 "亲水性" 黏弹材料，其主要特点是弱压缩性，Ostrovsky 建立了一个方程对圆柱形微孔的非线性振荡进行描述，这些 "圆柱形微管" 与我们的研究对象 "圆柱形微孔" 在本质上是一致的，而我们将对由圆柱形微孔的非线性振荡带来的传播非线性进行研究，因此本节的理论基础采用了 Ostrovsky 的这个原始方程 [1]：

$$\frac{1}{4}\rho\left\{\ddot{B}\ln\frac{r_1^2 + B}{r_0^2 + B} + \frac{1}{2}\dot{B}^2\left(\frac{1}{R_1^2} - \frac{1}{R_0^2}\right)\right\}$$
$$+ 2B\int_{r_0}^{r_1}\frac{2r^2 + B}{(r^2 + B)^2} \times \left(\frac{\partial E}{\partial I_1} + \frac{\partial E}{\partial I_2}\right)\frac{\mathrm{d}r}{r} = p_0 - p_1 \tag{3.8}$$

其中，我们主要关心的参量为 $B = B_1 + B_2 + \cdots$，$B = R^2 - r^1 (U = \pi Bl$，$l$ 为样本长度)；r 为拉格朗日初始坐标；R 表示即时坐标；$S = \pi B$ 代表径向方向为参考的面积变化 (或者理解为单位长度的圆柱形振子的体积变化)；r_0, r_1 分别是圆柱管的内径和外径；p_0, p_1 分别是圆柱管的内部声压和外部声压的大小；$E(I_1, I_2)$ 是势能密度，与应变张量 I_1, I_2 有关，在径向对称的情况下，$I_1 = I_2 = \dfrac{R^2}{r^2} + \dfrac{r^2}{R^2} + 1 = 3 + \dfrac{B^2}{(r^2 + B)r^2}$。

由一系列假定、代换以及推导，并且在方程中添加一项描述由微孔振荡带来的附加黏滞效应的 $\gamma \dot{B}$，我们最终由微扰法得出下面的结果：

$$\frac{B_1 \omega^2}{2} \ln\left(\frac{qr_0\omega}{2c_0}\right) + \frac{\mu B_1}{r_0^2 \rho} - \frac{\mathrm{j}\pi\omega^2}{4} B_1 - \gamma \mathrm{j}\omega B_1 = \frac{\sigma_1}{\rho} \tag{3.9}$$

$$2\omega^2 B_2 \ln\left(\frac{qr_0\omega}{c_0}\right) + \frac{\mu}{\rho r_0^2} B_2 - \mathrm{j}\pi\omega^2 B_2 - \mathrm{j}2\omega\gamma B_2 = \frac{3}{2r_0^2}\left(\frac{\mu}{\rho r_0^2} - \frac{\omega^2}{4}\right) B_1^2 + \frac{\sigma_2}{\rho} \tag{3.10}$$

其中，r_0 为微孔半径；γ 是我们引入的描述介质黏滞效应的参数；$q = 1.78$。

解方程 (3.9)，我们得到下面的解：

$$B_1 = \frac{\dfrac{\sigma_1}{\rho}}{\dfrac{\omega^2}{2} \ln\left(\dfrac{q\omega r_0}{2c_0}\right) + \dfrac{\mu}{r_0^2 \rho} - \dfrac{\mathrm{j}\pi\omega^2}{4} - \gamma\mathrm{j}\omega} \tag{3.11}$$

将方程 (3.11) 代入方程 (3.10)，我们又可以得到

$$B_2 = \frac{\dfrac{\sigma_2}{\rho}}{2\omega^2 \ln\left(\dfrac{qr_0\omega}{c_0}\right) + \dfrac{\mu}{r_0^2 \rho} - \mathrm{j}\pi\omega^2 - \mathrm{j}2\omega\gamma}$$

$$+ \frac{\dfrac{3}{2r_0^2}\left(\dfrac{\mu}{r_0^2 \rho} - \dfrac{\omega^2}{4}\right)}{2\omega^2 \ln\left(\dfrac{qr_0\omega}{c_0}\right) + \dfrac{\mu}{r_0^2 \rho} - \mathrm{j}\pi\omega^2 - \mathrm{j}2\omega\gamma} \left[\frac{\dfrac{\sigma_1}{\rho}}{\dfrac{\omega^2}{2} \ln\left(\dfrac{qr_0\omega}{c_0}\right) + \dfrac{\mu}{r_0^2 \rho} - \dfrac{\mathrm{j}\pi\omega^2}{4} - \gamma\mathrm{j}\omega}\right]^2$$

$$\tag{3.12}$$

又将方程 (3.11)、方程 (3.12) 代入方程 (3.1)，我们就能得到基波和二次谐波传播的声波方程：

$$\frac{\partial^2 \sigma_1}{\partial x^2} - \frac{1}{c_0^2(1 + \mathrm{j}\eta)} \frac{\partial^2 \sigma_1}{\partial t^2} = -\frac{Nl\pi\sigma_1}{\dfrac{1}{2} \ln\left(\dfrac{q\omega r_0}{2c_0}\right) + \dfrac{1}{\omega^2} \dfrac{\mu}{r_0^2 \rho} - \dfrac{\mathrm{j}\pi}{4} - \mathrm{j}\dfrac{\gamma}{\omega}} \tag{3.13}$$

$$\frac{\partial^2 \sigma_2}{\partial x^2} - \frac{1}{c_0^2(1+\mathrm{j}\eta)}\frac{\partial^2 \sigma_2}{\partial t^2} = -\frac{Nl\pi\sigma_2}{2\ln\left(\dfrac{qr_0\omega}{c_0}\right) + \dfrac{1}{\omega^2}\dfrac{\mu}{r_0^2\rho} - \mathrm{j}\pi - \mathrm{j}\dfrac{2\gamma}{\omega}} - \rho Nl\pi D\sigma_1^2 \quad (3.14)$$

其中,

$$D = \left[\frac{\dfrac{3}{2r_0^2\rho^2}\left(\dfrac{\mu}{r_0^2\rho} - \dfrac{\omega^2}{4}\right)}{2\ln\left(\dfrac{qr_0\omega}{c_0}\right) + \dfrac{1}{\omega^2}\dfrac{\mu}{r_0^2\rho} - \mathrm{j}\pi - \mathrm{j}\dfrac{2\gamma}{\omega}}\right]\left[\frac{1}{\dfrac{\omega^2}{2}\ln\left(\dfrac{q\omega r_0}{2c_0}\right) + \dfrac{\mu}{r_0^2\rho} - \dfrac{\mathrm{j}\pi\omega^2}{4} - \mathrm{j}\gamma\omega}\right]^2$$

3. 基波

为了解方程 (3.13), 我们设

$$\begin{aligned}\sigma_1 &= \sigma_{1A}\cdot\exp[\mathrm{j}(\omega t - \bar{k}_1 x)]\\\bar{k}_1^2 &= A_1 - \mathrm{j}B_1\end{aligned} \quad (3.15)$$

由此解出

$$A_1 = \frac{k_0^2}{1+\eta^2} + Nl\pi\left\{\frac{\dfrac{1}{2}\ln\left(\dfrac{q\omega r_0}{2c_0}\right) + \dfrac{1}{\omega^2}\dfrac{\mu}{r_0^2\rho}}{\left[\dfrac{1}{2}\ln\left(\dfrac{q\omega r_0}{2c_0}\right) + \dfrac{1}{\omega^2}\dfrac{\mu}{r_0^2\rho}\right]^2 + \left(\dfrac{\pi}{4} + \dfrac{\gamma}{\omega}\right)^2}\right\} \quad (3.16)$$

$$B_1 = \frac{k_0^2\eta}{1+\eta^2} - Nl\pi\left\{\frac{\dfrac{\pi}{4} + \dfrac{\gamma}{\omega}}{\left[\dfrac{1}{2}\ln\left(\dfrac{q\omega r_0}{2c_0}\right) + \dfrac{1}{\omega^2}\dfrac{\mu}{r_0^2\rho}\right]^2 + \left(\dfrac{\pi}{4} + \dfrac{\gamma}{\omega}\right)^2}\right\} \quad (3.17)$$

其中, $k_0 = \dfrac{\omega}{c_0}$; $\bar{k}_1 = k_1 - \mathrm{j}\alpha_1$; $c_1 = \omega/k_1$; $\alpha_1 = \sqrt{\dfrac{\sqrt{A_1^2 + B_1^2} - A_1}{2}}$。这里的 c_1 表示纵波声速, α_1 表示基波声衰减系数。

4. 二次谐波

方程 (3.14) 是一个非齐次微分方程。关于这种方程的求解, 一般方法是求出齐次解与一个特解, 再将其求和。

为求解它的齐次解, 我们仍令

$$\begin{aligned}\sigma_2' &= \sigma_{2A}'\exp[\mathrm{j}(2\omega t - \bar{k}_2 x)]\\\bar{k}_2^2 &= A_2 - \mathrm{j}B_2\end{aligned} \quad (3.18)$$

因此,

$$A_2 = \frac{4k_0^2}{1+\eta^2} + \frac{Nl\pi\left[2\ln\left(\dfrac{qr_0\omega}{c_l}\right) + \dfrac{1}{\omega^2}\dfrac{\mu}{r_0^2\rho}\right]}{\left[2\ln\left(\dfrac{qr_0\omega}{c_0}\right) + \dfrac{1}{\omega^2}\dfrac{\mu}{r_0^2\rho}\right]^2 + \left(\pi + \dfrac{2\gamma}{\omega}\right)^2} \tag{3.19}$$

$$B_2 = \frac{4k_0^2\eta}{1+\eta^2} - \frac{Nl\pi\left(\pi + \dfrac{2\gamma}{\omega}\right)}{\left[2\ln\left(\dfrac{qr_0\omega}{c_0}\right) + \dfrac{1}{\omega^2}\dfrac{\mu}{\rho r_0^2}\right]^2 + \left(\pi + \dfrac{2\gamma}{\omega}\right)^2} \tag{3.20}$$

为求它的特解，我们假定

$$\sigma_2'' = \sigma_{2A}'' \exp[j(2\omega t - 2\bar{k}_1 x)]$$

于是求得

$$\sigma_{2A}'' = \frac{\rho N\pi l D \sigma_{1A}^2}{4\bar{k}_1^2 - \bar{k}_2^2}$$

最终解为

$$\sigma_2 = \sigma_2' + \sigma_2'' \tag{3.21}$$

在刚性边界条件下

$$x = 0, \quad \sigma_2 = 0$$

最终我们求出解为

$$\sigma_2 = \frac{\rho N\pi l D \sigma_{1A}^2}{4\bar{k}_1^2 - \bar{k}_2^2}[\exp(-j\bar{k}_2 x) - \exp(-2j\bar{k}_1 x)]\exp(2j\omega t) \tag{3.22}$$

5. 等效非线性参数

对于一个非耗散弹性介质，包含非线性项的基于应力的一维波动方程可以由下式表达：

$$\frac{\partial^2 \sigma}{\partial x^2} - \frac{1}{c_0^2}\frac{\partial^2 \sigma}{\partial t^2} = -\frac{\Gamma}{\lambda + 2\mu}\frac{\partial^2 \sigma}{\partial x^2} \tag{3.23}$$

上式的解为

$$\sigma = \sigma_{1A}\exp[j(\omega t - kx)] + \frac{\Gamma\omega\sigma_{1A}^2 x}{c_0^3\rho}j\exp[2j(\omega t - kx)] \tag{3.24}$$

于是二次谐波的幅值与基波幅值的关系如下：

$$\sigma_{2A} = \frac{\Gamma\omega\sigma_{1A}^2 x}{c_0^3\rho} \tag{3.25}$$

对上两式进行比较，并参考式 (3.15) 和式 (3.22) 的解，我们得出一个 "等效" 非线性参数，利用其近似地描述类橡胶多孔黏弹材料中的声传播中，二次谐波与基波的关系表达式如下：

$$\Gamma_e = \frac{c_0^3\rho^2\pi NlD[\exp(-2j\bar{k}_1 x) - \exp(-j\bar{k}_2 x)]}{\omega x(4\bar{k}_1^2 - \bar{k}_2^2)} \tag{3.26}$$

在传播距离较短的情况下,可以利用以下近似不等式简化方程: $(\alpha_2 - 2\alpha_1)x \ll 1, (k_2 - 2k_1) \ll 1$。由此近似,我们可以进一步推导出简化后的等效非线性参数的幅度值:

$$\Gamma_e = \frac{c_0^3 \rho^2 \pi N l D}{\omega \sqrt{(2k_1 + k_2)^2 + (2\alpha_1 + \alpha_2)^2}} \tag{3.27}$$

6. 考虑多重散射后的改进模型

考虑到多孔材料中的耗散,纵波传播方程可以写成如下形式:

$$\rho \frac{\partial^2 \varepsilon}{\partial t^2} = \frac{\partial^2 \sigma}{\partial x^2} + \eta \frac{\partial}{\partial t}\left(\frac{\partial^2 \varepsilon}{\partial x^2}\right) \tag{3.28}$$

由式 (3.11),我们能得到

$$U = \frac{\sigma}{\rho}\pi l \left/ \left[\frac{\omega^2}{2}\ln\left(\frac{qr_0\omega}{2c_l}\right) + \frac{\mu}{r_0^2\rho} - \frac{j\pi\omega^2}{4} - \gamma j\omega\right]\right. \tag{3.29}$$

将式 (3.29) 代入式 (3.3),可得

$$\sigma = (\lambda + 2\mu)\left\{\varepsilon - N\frac{\sigma}{\rho}\pi l \left/ \left[\frac{\omega^2}{2}\ln\left(\frac{qr_0\omega}{2c_l}\right) + \frac{\mu}{r_0^2\rho} - \frac{j\pi\omega^2}{4} - \gamma j\omega\right]\right.\right\} \tag{3.30}$$

令

$$A = \frac{\omega^2}{2}\ln\left(\frac{qr_0\omega}{2c_0}\right) + \frac{\mu}{r_0^2\rho} - \frac{j\pi\omega^2}{4} - \gamma j\omega \tag{3.31}$$

方程 (3.28) 可以写成

$$\left[\frac{(\lambda + 2\mu)\rho A}{\rho A + N\pi l(\lambda + 2\mu)} + \eta(j\omega)\right]\nabla^2\varepsilon + \rho\omega^2\varepsilon = 0$$

$$\nabla^2\varepsilon + \left[\frac{\rho\omega^2}{\dfrac{(\lambda + 2\mu)\rho A}{\rho A + N\pi l(\lambda + 2\mu)} + \eta(j\omega)}\right]\varepsilon = 0 \tag{3.32}$$

于是由式 (3.32),可求出等效波数:

$$k^2 = \frac{\rho\omega^2}{\dfrac{(\lambda + 2\mu)\rho A}{\rho A + N\pi l(\lambda + 2\mu)} + \eta(j\omega)} \tag{3.33}$$

前面已经讨论过,η 本身非常小以致可以被忽略,于是

$$k^2 = \frac{\rho\omega^2}{\dfrac{(\lambda + 2\mu)\rho A}{\rho A + N\pi l(\lambda + 2\mu)}}$$

$$= \frac{\rho\omega^2[\rho A + N\pi l(\lambda + 2\mu)]}{(\lambda + 2\mu)\rho A}$$

$$= \frac{\omega^2[\rho A + N\pi l(\lambda + 2\mu)]}{(\lambda + 2\mu)A}$$

$$= \frac{\omega^2 \rho}{\lambda + 2\mu} + \frac{\omega^2 N\pi l(\lambda + 2\mu)}{(\lambda + 2\mu)A}$$

$$= k_0^2 + \frac{\omega^2 N\pi l}{A}$$

$$= k_0^2 + \frac{N\pi l\omega^2}{\frac{\omega^2}{2}\ln\left(\frac{qr_0\omega}{2c_0}\right) + \frac{\mu}{r_0^2\rho} - \frac{\mathrm{j}\pi\omega^2}{4} - \gamma\mathrm{j}\omega}$$

要对这个方程继续推导下去, 我们先回到方程 (3.9):

$$\frac{B_1\omega^2}{2}\ln\left(\frac{qr_0\omega}{2c_0}\right) + \frac{\mu B_1}{r_0^2\rho} - \frac{\mathrm{j}\pi\omega^2}{4}B_1 - \gamma\mathrm{j}\omega B_1 = \frac{\sigma_1}{\rho}$$

对于这个方程, 我们联系经典的物理学振动方程形式, 例如

$$\ddot{\varepsilon} + \omega_0^2\varepsilon + \cdots = 0$$

可以从式 (3.10) 中抽出共振频率的表达式, 因为

$$\frac{B\omega^2}{2} = -\frac{\ddot{B}}{2}$$

所以可得

$$\omega_0^2 = \frac{\dfrac{\mu}{r_0^2\rho}}{-\ln\left(\dfrac{qr_0\omega}{2c_0}\right)\bigg/2}$$

于是得到

$$\frac{\mu}{r_0^2\rho} = -\frac{\omega_0^2}{2}\ln\left(\frac{qr_0\omega}{2c_0}\right)$$

要使此式成立, 右侧的 ω 必然应该等于 ω_0, 即

$$\frac{\mu}{r_0^2\rho} = -\frac{\omega_0^2}{2}\ln\left(\frac{qr_0\omega_0}{2c_0}\right) \tag{3.34}$$

将上式代入上面波数 k^2 的表达式, 可得

$$k^2 = k_0^2 + \frac{N\pi l\omega^2}{\frac{\omega^2}{2}\ln\left(\frac{qr_0\omega}{2c_0}\right) - \frac{\omega_0^2}{2}\ln\left(\frac{qr_0\omega_0}{2c_0}\right) - \frac{\mathrm{j}\pi\omega^2}{4} - \gamma\mathrm{j}\omega}$$

$$= k_0^2 + \cfrac{N\pi l\omega^2}{\cfrac{\omega^2}{2}\ln\left(\cfrac{qr_0k_0}{2}\right) - \cfrac{\omega_0^2}{2}\ln\left(\cfrac{qr_0\omega_0}{2c_0}\right) - \cfrac{\mathrm{j}\pi\omega^2}{4} - \gamma\mathrm{j}\omega}$$

$$= k_0^2 + \cfrac{2N\pi l\omega^2\left/\ln\left(\cfrac{qr_0k_0}{2}\right)\right.}{\omega^2 - \omega_0^2\ln\left(\cfrac{qr_0\omega_0}{2c_0}\right)\left/\ln\left(\cfrac{qr_0k_0}{2}\right)\right. - 2\mathrm{j}\left(\cfrac{\pi\omega^2}{4} + \gamma\omega\right)\left/\ln\left(\cfrac{qr_0k_0}{2}\right)\right.}$$

即

$$k^2 = k_0^2 + \cfrac{2N\pi l\omega^2\left/\ln\left(\cfrac{qr_0k_0}{2}\right)\right.}{\omega^2 - \omega_0^2\ln\left(\cfrac{qr_0\omega_0}{2c_0}\right)\left/\ln\left(\cfrac{qr_0k_0}{2}\right)\right. - 2\mathrm{j}\left(\cfrac{\pi\omega^2}{4} + \gamma\omega\right)\left/\ln\left(\cfrac{qr_0k_0}{2}\right)\right.}$$

$$(3.35)$$

由 Kargl 修正思想 [25]，再考虑到由微孔带来的多重散射，我们将方程 (3.35) 右边除了第一个 k_0 外的所有 k_0 替换为 k_m。由此，方程变为一个迭代式：

$$k_m^2 = k_0^2 + \cfrac{2N\pi l\omega^2\left/\ln\left(\cfrac{qr_0k_m}{2}\right)\right.}{\omega^2 - \omega_0^2\ln\left(\cfrac{qr_0\omega_0}{2c_0}\right)\left/\ln\left(\cfrac{qr_0k_m}{2}\right)\right. - 2\mathrm{j}\left(\cfrac{\pi\omega^2}{4} + \gamma\omega\right)\left/\ln\left(\cfrac{qr_0k_m}{2}\right)\right.}$$

$$(3.36)$$

由这个迭代式求出的最终稳定的 k_m，就是我们所要求的修正波数，它包含了修正后的声速以及声衰减系数这两个信息。同样地，我们对方程 (3.36) 作类似的迭代修正，将得到考虑了多重散射后的等效声非线性参数。

3.1.2 数值计算

我们选择硅橡胶材料参数作为数值模拟参考。硅橡胶本身具备很好的类橡胶性质 ($K/\mu \gg 1$)。一些具体的参数参见表 3.1。

表 3.1 硅橡胶材料参数

材料	硅橡胶
密度 $\rho/(\mathrm{kg/m^3})$	1000
体模量 K/Pa	2.89×10^9
切变模量 M/Pa	4×10^5
K/M	7225
杨氏模量 E/Pa	1.20×10^6
泊松比 σ	0.49976

1. 随频率变化的相速度

图 3.2 表明了在不同的孔半径下随频率变化的归一化相速度各曲线的差异。在计算中，半径分别取 0.1mm, 0.2mm 和 0.3mm，微孔的体积分数为 $NU = 0.1\%$，描述无孔时均一介质的黏滞参量 η 忽略，取零。由图中我们可以看到，在频率很低时，各个归一化相速度逐渐降低，当频率接近小孔共振频率时，相速度的值剧烈增加，直到共振频率时达到峰值。频率继续增加后，由于小孔的振动带来的影响逐渐降低，相速度的值再次下降，最终值趋向于介质内部不含气孔时的传播相速度。同时，随着小孔半径的增大，共振频率向低频偏移，同时在共振频率处的相速度绝对值也越来越小。与之形成对比，图 3.3 表示的是在孔半径不变的情况下 (半径取 0.2mm)，随着小孔所占体积分数的逐渐增大，共振频率逐渐右移，并且相速度在共振频率处的绝对值也逐渐增大。

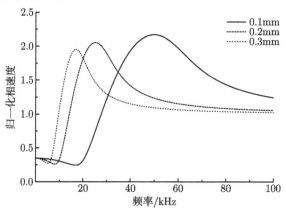

图 3.2　在体积分数不变的情况下，取不同半径时的不同归一化相速度
体积分数取 0.1%，半径分别取 0.1mm, 0.2mm 和 0.3mm

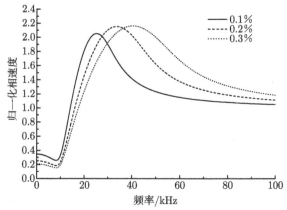

图 3.3　在半径不变的情况下，取不同体积分数时的不同归一化相速度
半径取 0.2mm，体积分数分别取 0.1%，0.2%和 0.3%

2. 随频率变化的声衰减系数

与图 3.2 相类似, 图 3.4 表明了取定体积分数时, 在不同半径下的声衰减系数曲线, 取的参数与图 3.2 中所取的参数一致。由图中我们可以看到, 在共振频率附近, 孔的非线性振动达到最大, 因此声衰减系数在共振频率附近达到最大值; 而距离共振频率越远的地方, 孔的振动幅度越小, 以致其振动给传播带来的影响可以忽略, 因此声衰减系数越小, 最终与没有孔时的均一介质的声衰减系数曲线相重合。随着半径的逐渐增大, 共振频率降低, 因此声衰减系数的峰值频率也减小, 同时由图可见其峰值的绝对值也降低。图 3.5 描述了在半径不变的情况下, 声衰减系数随着孔所占体积分数变化而变化的情况。很明显, 孔所占体积分数越大, 声衰减越强。

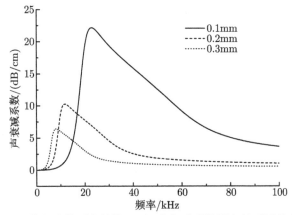

图 3.4　体积分数不变的情况下, 声衰减系数随半径不同的变化
体积分数取 0.1%, 半径分别取 0.1mm, 0.2mm 和 0.3mm

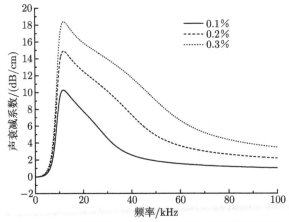

图 3.5　半径不变时, 声衰减系数随体积分数的变化
半径取 0.2mm, 体积分数分别取 0.1%, 0.2%和 0.3%

3. 等效非线性参数

由式 (3.36) 所定义的等效非线性参数的数值模拟如图 3.6 所示。从图中我们可以发现,该参数达到极值所对应的频率值并不是在孔的共振频率处,而是在其共振频率的半频处。例如,当微孔半径为 0.2mm 时,对应的共振频率大约为 10kHz,而等效非线性参数达到极值的频率大概在 5kHz。实际上,从图中我们可以看出,该参数值得到显著增强的区域确实包含微孔的共振频率附近范围,只是增强程度远不及半频区域。同样地,随着孔半径的增加,等效非线性参数的峰值频率逐渐向低频偏移,并且峰值绝对值也降低;另一个显而易见的趋势是,该参数的幅值随着孔体积分数的增加而增加。

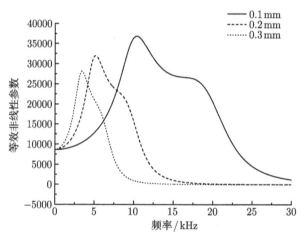

图 3.6　体积分数不变的情况下,对应不同孔半径的等效非线性参数随频率的变化

体积分数取 0.1%,半径分别取 0.1mm, 0.2mm 和 0.3mm

4. 多重散射带来的影响

对于介质内部的多重散射带来的影响 (又称孔间相互作用),首先我们考虑体积分数非常小的情况,例如 $NU = 0.0001\%$,此时声速和声衰减系数两个声学参数的不同,相当于方程 (3.36) 与方程 (3.35) 的表达式差别 (这里是由波数表达的)。在图 3.7 和图 3.8 中对这两个参数进行了两种不同理论模拟的比较。由该两图我们得到的结论是:在微孔所占体积分数非常小时,孔间的多重散射带来的影响是微乎其微的,因此,不考虑孔间相互作用求出的声速和声衰减系数值与考虑孔间相互作用后求出的声速和声衰减系数值基本吻合。但是这种影响随着体积分数的增大而增大,在体积分数达到一定值时开始产生实质性的影响 (图 3.9 和图 3.10),此时的体积分数为 0.005%。而体积分数继续增大,多孔之间的相互作用愈发显著,相对应的参数的值 (特别是在共振频率处的值) 也发生了明显的变化。在图 3.11 和图 3.12

中我们看到，当微孔的体积分数达到 0.1%时，孔与孔之间的多重散射对这两个声学参数所带来的巨大影响是根本不能被忽略的，这体现出了模型修正的必要性。图 3.13 是修正后的等效非线性参数与原先不考虑多重散射时的比较，图中明显的差异表明，该参数也一样受到孔间相互作用的影响。总的来讲，多重散射对声波在该多孔材料中的传播所产生的影响，在微孔的体积分数非常小 (也即排列非常稀疏) 的时候是可以忽略的；但是，当体积分数逐渐增大至一定值时，多重散射对一些声学参数的影响将变得不可忽略，必须在模型中加入对孔间相互作用的考虑才能更好地模拟实际情况。同时，我们也可以看出，在远离共振频率的区域，多重散射的影响始终很小，是可以忽略的。

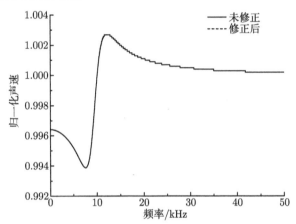

图 3.7　两种模型中归一化声速的比较 (体积分数取 0.0001%，半径取 0.2mm)

实线表示未修正的模拟值，虚线表示修正后的模拟值，由图可见两者基本重合

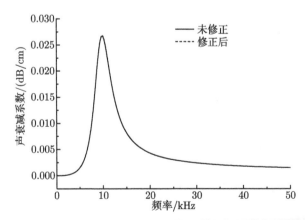

图 3.8　两种模型中声衰减系数的比较 (体积分数取 0.0001%，半径取 0.2mm)

实线表示未修正的模拟值，虚线表示修正后的模拟值，由图可见两者基本重合

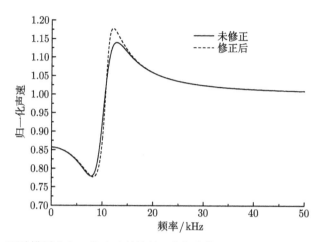

图 3.9　两种模型中归一化声速的比较 (体积分数取 0.005%，半径取 0.2mm)
实线表示未修正的模拟值，虚线表示修正后的模拟值，由图可见两者开始有了可视化的不同，而远离共振
频率时，两者仍然基本重合

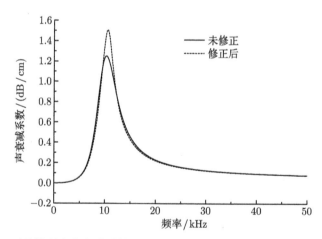

图 3.10　两种模型中声衰减系数的比较 (体积分数取 0.005%，半径取 0.2mm)
实线表示未修正的模拟值，虚线表示修正后的模拟值，由图可见两者开始有了可视化的不同，而远离共振
频率时，两者仍然基本重合

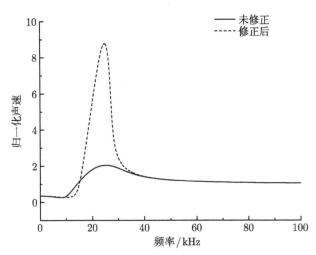

图 3.11 两种模型中归一化声速的比较 (体积分数取 0.1%, 半径取 0.2mm)

实线表示未修正的模拟值, 虚线表示修正后的模拟值, 由图可见两者有非常明显的不同, 特别是在共振频率

附近有倍数差别, 而远离共振频率时, 两者仍然基本重合

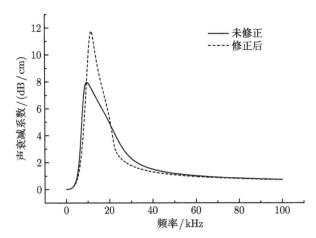

图 3.12 两种模型中声衰减系数的比较 (体积分数取 0.1%, 半径取 0.25mm)

实线表示未修正的模拟值, 虚线表示修正后的模拟值, 由图可见两者有非常明显的不同, 特别是在共振频率

附近有倍数差别, 而远离共振频率时, 两者仍然基本重合

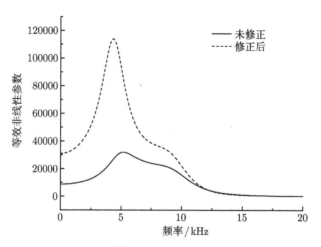

图 3.13　两种模型中等效非线性参数的比较

体积分数取 0.1%，半径取 0.2mm；实线表示未修正的模拟值，虚线表示修正后的模拟值，由图可见两者有

非常明显的不同，特别是在共振频率附近有倍数差别，而远离共振频率时，两者仍然基本重合

3.2　考虑耗散效应的多孔介质非线性声波

Donskoy 等在 Biot 理论的基础上，研究了多孔介质中的非线性声波，但是他们没有考虑介质的耗散效应 [2]。孔隙度往往与耗散有关，因此在多孔介质中研究波的传播更为现实。本节以 Biot 理论为基础，导出耗散多孔介质中波传播的非线性方程，并进行计算和实验验证。特别地，我们分析耗散对这种多孔介质中二次谐波行为的影响。

3.2.1　理论

令向量 $\boldsymbol{u} := (u_1, u_2, u_3)^{\mathrm{T}}$ 和 $\boldsymbol{w} := (w_1, w_2, w_3)^{\mathrm{T}}$ 分别表示固体位移和相对于固体的流体位移。根据 Biot 的理论，运动方程的一般形式是 [2]

$$\begin{aligned}\partial_{x_j}\sigma_{ij} &= \rho\partial_{tt}u_i + \rho_f\partial_{tt}w_i \\ -\partial_{x_i}p &= \rho_f\partial_{tt}u_i + Y\partial_t w_i\end{aligned} \tag{3.37}$$

这里，$Y = \eta/\kappa + m\partial_t$ 是一个黏动力学算子。在参考文献 [2] 中，$Y = m\partial_t$，对非耗散系统进行了研究；而本节对耗散系统进行研究，$Y = \eta/\kappa + m\partial_t$。

多孔介质的本构关系如下：

$$\begin{aligned}\sigma_{ij} &= 2\mu\varepsilon_{ij} + \delta_{ij}[(\lambda + \alpha^2 M)\varepsilon - \alpha M\xi] + \partial_{\bar{\varepsilon}_{ij}}H|_{p=p^l} - \alpha\theta M\delta_{ij}\delta_{lm}\partial_{\bar{\varepsilon}_{lm}}H|_{p=p^l} \\ p &= M(\xi - \alpha\varepsilon) + \delta_{ij}\theta M\partial_{\bar{\varepsilon}_{ij}}H|_{p=p^l}\end{aligned} \tag{3.38}$$

这里, $\bar{\varepsilon}_{ij} = \varepsilon_{ij} + \theta \delta_{ij} p$。

将式 (3.38) 代入式 (3.37), 可以得到下列方程:

$$2\mu u_{xx} + (\lambda + \alpha^2 M)u_{xx} - \alpha M w_{xx} + \partial_{x_j}\{\partial_{\bar{\varepsilon}_{ij}} H|_{p=p^l} - \alpha\theta M \delta_{ij}\delta_{lm}\partial_{\bar{\varepsilon}_{lm}} H|_{p=p^l}\}$$
$$= \rho u_{tt} + \rho_f w_{tt}, \quad M w_{xx} + \alpha M u_{xx} + \partial_{x_j}\{\delta_{ij}\theta M \partial_{\bar{\varepsilon}_{ij}} H|_{p=p^l}\} = \rho_f u_{tt} + Y w_t \quad (3.39)$$

因此, 运动方程如下:

$$(\lambda_c + \alpha^2 M)u_{xx} + \alpha M w_{xx} = \rho M u_{tt} + \rho_f w_{tt} + N_1(u_x, u_{xx}, w_x, w_{xx})$$
$$\alpha M u_{xx} + M w_{xx} = \rho_f u_{tt} + Y w_t + N_2(u_x, u_{xx}, w_x, w_{xx}) \quad (3.40)$$

其中, $\lambda_c = \lambda + 2\mu$; N_1 和 N_2 是非线性函数, 其定义如下:

$$N_1 = c_{11}u_x u_{xx} + c_{12}u_x u_{xx} + d_{11}w_x u_{xx} + d_{12}w_x w_{xx}$$
$$N_2 = c_{21}u_x u_{xx} + c_{22}u_x u_{xx} + d_{21}w_x u_{xx} + d_{22}w_x w_{xx} \quad (3.41)$$

令 $K := D + 6F + G$, $P := D + 2F$, 则

$$c_{11} = 2(\alpha\theta M - 1)(D - 2\theta M P\alpha + K\theta^2 M^2\alpha^2)$$
$$c_{12} = 2(\alpha\theta M - 1)(-P\theta M + \alpha K\theta^2 M^2)$$
$$c_{21} = 2M\theta(P - 2\alpha K\theta M + 3\alpha^2 K\theta^2 M^2)$$
$$c_{22} = 2K\theta^2 M^2(3\theta M\alpha - 1)$$
$$d_{11} = c_{12} \quad (3.42)$$
$$d_{12} = 2\theta^2 M^2 K(\theta M\alpha - 1)$$
$$d_{21} = c_{22}$$
$$d_{22} = 6K\theta^3 M^3$$

如果不考虑耗散效应, 则不考虑 N_1 和 N_2 的式 (3.40) 的特征方程是

$$\lambda_c M k^4 + [(2\alpha\rho_f - \rho)M - m(\lambda_c + \alpha^2 M)]\omega^2 k^2 + (\rho m - \rho_f^2)\omega^4 = 0 \quad (3.43)$$

因此, 线性波解是

$$v_L(x,t) = a_1 v_1 + a_2 v_2 \quad (3.44)$$

这里, $v_1 = e^{i(\omega t - k_1 x)}$; $v_2 = e^{i(\omega t - k_2 x)}$; $a_1 = (a_1, a_3)^T$; $a_2 = (a_2, a_4)^T$。

如果考虑耗散效应, 则式 (3.40) 的相应线性方程如下:

$$(\lambda_c + \alpha^2 M)u_{xx} + \alpha M w_{xx} = \rho u_{tt} + \rho_f w_{tt}$$
$$\alpha M u_{xx} + M w_{xx} = \rho_f u_{tt} + m w_{tt} + (\eta/\kappa)w_t \quad (3.45)$$

公式 (3.43) 的特征方程是

$$\lambda_c M k^4 + \{(2\alpha\rho_f - \rho)M - m(\lambda_c + \alpha^2 M)]\omega^2 - (\lambda_c + \alpha^2 M)(\eta/\kappa)\mathrm{i}\omega\} k^2 \\ + (\rho m - \rho_f^2)\omega^4 + \rho\omega^2(\eta/\kappa)\mathrm{i}\omega = 0 \tag{3.46}$$

假定

$$k = k_j + \alpha_j \mathrm{i}, \quad j = 1, 2 \tag{3.47}$$

非线性波解是

$$\begin{aligned} \boldsymbol{v}_{\mathrm{N}}(x,t) &= \boldsymbol{b}_1(x)v_1^2 + \boldsymbol{b}_2(x)v_2^2 + \boldsymbol{b}_3(x)v_1 v_2 \\ &= \boldsymbol{b}_1(x)\mathrm{e}^{\mathrm{i}2(\omega t - k_1 x)}\mathrm{e}^{-2\alpha_1 x} + \boldsymbol{b}_2(x)\mathrm{e}^{\mathrm{i}2(\omega t - k_2 x)}\mathrm{e}^{-2\alpha_2 x} \\ &\quad + \boldsymbol{b}_3(x)\mathrm{e}^{\mathrm{i}[2\omega t - (k_1 + k_2)x]}\mathrm{e}^{-(\alpha_1 + \alpha_2)x} \end{aligned} \tag{3.48}$$

这里，$\boldsymbol{b}_1 = (b_1(x), b_4(x))^{\mathrm{T}}; \boldsymbol{b}_2 = (b_2(x), b_5(x))^{\mathrm{T}}; \boldsymbol{b}_3 = (b_3(x), b_6(x))^{\mathrm{T}}$。

线性波解现在由非线性算子 N 操作，非线性波由线性算子 L 所作用，$N[\boldsymbol{v}] = [\boldsymbol{C}u_x + \boldsymbol{D}w_x]v_{xx}; L[\boldsymbol{v}] = [\boldsymbol{A}\partial_{xx} - \boldsymbol{R}\partial_{tt}]v$，其中 $\boldsymbol{A}$, $\boldsymbol{R}$, $\boldsymbol{C}$ 和 $\boldsymbol{D}$ 与参考文献 [2] 中的相同。

$$L[\boldsymbol{v}_N] = N[\boldsymbol{v}_L] \tag{3.49}$$

系数 v_1^2：

$$\begin{aligned} \boldsymbol{A}[\boldsymbol{b}_1''(x) - 4(\mathrm{i}k_1 + \alpha_1)\boldsymbol{b}_1'(x)] + 4[\boldsymbol{R}\omega^2 + (\mathrm{i}k_1 + \alpha_1)^2 \boldsymbol{A}]\boldsymbol{b}_1(x) \\ = -(\mathrm{i}k_1 + \alpha_1)^3(a_1\boldsymbol{C} + a_3\boldsymbol{D})a_1 \end{aligned} \tag{3.50}$$

我们考虑二次谐波振幅的缓慢变化，$b_j(j=1,2,3)$ 二阶导数是可以忽略的。

$$\boldsymbol{A}[\boldsymbol{b}_1''(x) - 4(\mathrm{i}k_1 + \alpha_1)\boldsymbol{b}_1'(x)] + 4[\omega^2\boldsymbol{R}^2 + (\mathrm{i}k_1 + \alpha_1)^2\boldsymbol{A}] = -(\mathrm{i}k_1 + \alpha_1)^3(a_1\boldsymbol{C} + a_3\boldsymbol{D})a_1$$

$$\begin{aligned} \boldsymbol{b}_1'(x) &= \boldsymbol{A}^{-1}\frac{\omega^2\boldsymbol{R}^2 + (\mathrm{i}k_1 + \alpha_1)^2 b_1(x)\boldsymbol{A}}{\mathrm{i}k_1 + \alpha_1} - \boldsymbol{A}^{-1}\frac{(\mathrm{i}k_1 + \alpha_1)^3}{4(\mathrm{i}k_1 + \alpha_1)}(a_1\boldsymbol{C} + a_3\boldsymbol{D})a_1 \\ &= \boldsymbol{A}^{-1}\frac{[\omega^2\boldsymbol{R}^2 + (\mathrm{i}k_1 + \alpha_1)^2\boldsymbol{A}]b_1(x)}{\mathrm{i}k_1 + \alpha_1} - \boldsymbol{A}^{-1}\frac{(\mathrm{i}k_1 + \alpha_1)^2(a_1\boldsymbol{C} + a_3\boldsymbol{D})a_1}{4} \end{aligned} \tag{3.51}$$

系数 v_2^2：

$$\boldsymbol{A}[\boldsymbol{b}_2''(x) - 4(\mathrm{i}k_2 + \alpha_2)\boldsymbol{b}_2'(x)] + 4[\omega^2\boldsymbol{R}^2 + (\mathrm{i}k_2 + \alpha_2)^2\boldsymbol{A}] = -(\mathrm{i}k_2 + \alpha_2)^3(a_2\boldsymbol{C} + a_4\boldsymbol{D})a_2$$

$$\boldsymbol{b}_2'(x) = \boldsymbol{A}^{-1}\frac{\omega^2\boldsymbol{R}^2 + (\mathrm{i}k_2 + \alpha_2)^2 b_2(x)\boldsymbol{A}}{\mathrm{i}k_2 + \alpha_2} - \boldsymbol{A}^{-1}\frac{(\mathrm{i}k_2 + \alpha_2)^3}{4(\mathrm{i}k_2 + \alpha_2)}(a_2\boldsymbol{C} + a_4\boldsymbol{D})a_2$$

$$= \boldsymbol{A}^{-1}\frac{[\omega^2\boldsymbol{R}^2 + (ik_2 + \alpha_2)^2 A]\boldsymbol{b}_2(x)}{ik_2 + \alpha_2} - \boldsymbol{A}^{-1}\frac{(ik_2 + \alpha_2)^2(a_2\boldsymbol{C} + a_4\boldsymbol{D})a_2}{4} \tag{3.52}$$

系数 v_1v_2：

$$\boldsymbol{A}[\boldsymbol{b}_3''(x) + 2(ik_1 + \alpha_1 + ik_2 + \alpha_2)\boldsymbol{b}_3'(x)] + [4\omega^2\boldsymbol{R}^2 + (ik_1 + ik_2 + \alpha_1 + \alpha_2)^2\boldsymbol{A}]\boldsymbol{b}_3(x)$$

$$= -(ik_2 + \alpha_2)(ik_1 + \alpha_1)^2(a_2\boldsymbol{C} + a_4\boldsymbol{D})a_1 + (ik_1 + \alpha_1)(ik_2 + \alpha_2)^3(a_2\boldsymbol{C} + a_4\boldsymbol{D})a_2$$

$$\boldsymbol{b}_3'(x) = A^{-1}\frac{[4\omega^2\boldsymbol{R}^2 - (ik_1 + ik_2)^2\boldsymbol{A}]\boldsymbol{b}_3(x)}{2(ik_1 + \alpha_1 + ik_2 + \alpha_2)} + [(ik_2 + \alpha_2)(ik_1 + \alpha_1)^2(a_2\boldsymbol{C} + a_4\boldsymbol{D})a_1$$

$$+ (ik_1 + \alpha_1)(ik_2 + \alpha_2)^2(a_1\boldsymbol{C} + a_3\boldsymbol{D})a_2] \tag{3.53}$$

该系统的一般形式如下：

$$\boldsymbol{y}'(x) = \boldsymbol{B}y(x) + \boldsymbol{f} \tag{3.54}$$

对于 v_1^2，有

$$\boldsymbol{B} = \frac{\boldsymbol{A}^{-1}(\omega^2\boldsymbol{R}) + (ik_1 + \alpha_1)^2}{ik_1 + \alpha} \tag{3.55}$$

$$\boldsymbol{f} = -\boldsymbol{A}^{-1}\frac{(ik_1 + \alpha_1)^2(a_1\boldsymbol{C} + a_3\boldsymbol{D})a_1}{4} \tag{3.56}$$

这里，

$$\boldsymbol{A}^{-1} = \begin{pmatrix} \dfrac{1}{\lambda_c} & -\dfrac{\alpha}{\lambda_c} \\ -\dfrac{\alpha}{\lambda_c} & \dfrac{\lambda_c + \alpha^2 M}{\lambda_c M} \end{pmatrix} \tag{3.57}$$

所以矩阵 $\boldsymbol{B}$ 有如下形式：

$$\boldsymbol{B} = \frac{\boldsymbol{A}^{-1}(\omega^2\boldsymbol{R}) + (ik_1 + \alpha_1)^2}{ik_1 + \alpha_1} = \frac{\boldsymbol{A}^{-1}\omega^2\boldsymbol{R}}{ik_1 + \alpha_1} + (ik_1 + \alpha_1) = \frac{1}{ik_1 + \alpha_1}$$

$$\cdot \begin{pmatrix} \dfrac{\omega^2}{\lambda_c}(\rho - \alpha\rho_f) + (ik_1 + \alpha_1)^2 & \dfrac{\omega^2}{\lambda_c}(\rho_f - \alpha m) \\ \omega^2\rho_f\dfrac{\lambda_c + \alpha^2 M}{\lambda_c M} - \omega^2\dfrac{\alpha}{\lambda_c}\rho & -\omega^2\dfrac{\alpha}{\lambda_c}\rho_f + \omega^2\dfrac{\lambda_c + \alpha^2 M}{\lambda_c M}m + (ik_1 + \alpha_1)^2 \end{pmatrix} \tag{3.58}$$

矩阵 $\boldsymbol{f}$ 有如下形式：

$$\begin{pmatrix} f_1 \\ f_4 \end{pmatrix} = \frac{(ik_1 + \alpha_1)^2}{4\lambda_c}$$

$$\cdot \begin{pmatrix} a_1^2(c_{11} - \alpha c_{12}) + 2a_1 a_3(c_{12} - \alpha c_{22}) + a_3^2(d_{12} - \alpha d_{22}) \\ a_1^2 \left(c_{21} \dfrac{\lambda_c + \alpha^2 M}{M} - \alpha c_{11} \right) + 2a_1 a_3 \left(\dfrac{\lambda_c + \alpha^2 M}{M} c_{22} - \alpha c_{12} \right) \\ + a_3^2 \left(\dfrac{\lambda_c + \alpha^2 M}{M} d_{22} - \alpha d_{12} \right) \end{pmatrix}$$

$$(3.59)$$

因此，

$$b_1(x) = -\frac{b_{12} f_2 - b_{22} f_1}{\kappa} x + \left[\frac{1}{\kappa^2}(b_{12} f_2 + b_{11} f_1) \right](\mathrm{e}^{\kappa x} - 1) \tag{3.60}$$

$$b_4(x) = -\frac{b_{11}}{b_{12}} \frac{b_{22} f_1 - b_{12} f_2}{\kappa} x + \frac{b_{22}}{b_{12}} \left(\frac{b_{12} f_2 + b_{11} f_1}{\kappa^2} \right)(\mathrm{e}^{\kappa x} - 1) \tag{3.61}$$

这里，

$$\begin{pmatrix} b_{11} & b_{12} \\ b_{21} & b_{22} \end{pmatrix}$$

$$= \frac{1}{\mathrm{i} k_1 + \alpha_1}$$

$$\cdot \begin{pmatrix} \dfrac{\omega^2}{\lambda_c}(\rho - \alpha \rho_f) + (\mathrm{i} k_1 + \alpha_1)^2 & \dfrac{\omega^2}{\lambda_c}(\rho_f - \alpha m) \\ \omega^2 \rho_f \dfrac{\lambda_c + \alpha^2 M}{\lambda_c M} - \omega^2 \dfrac{\alpha}{\lambda_c} \rho & -\omega^2 \dfrac{\alpha}{\lambda_c} \rho_f + \omega^2 \dfrac{\lambda_c + \alpha^2 M}{\lambda_c M} m + (\mathrm{i} k_1 + \alpha_1)^2 \end{pmatrix}$$

$$(3.62)$$

系数 v_2^2 和 $v_1 v_2$ 的解，可做类似的推导。

3.2.2　数值结果

　　计算中使用的参数与文献 [2] 相同。用于计算的其他参数是：发射换能器中心频率为 25kHz，样品的流体黏度为 0.01。二次谐波振幅随距离的变化函数可以在图 3.14(a) 中看到。此外，当样品的孔隙率为 0.125 时，我们发现，振幅随距离增加而增加，在约 0.064m 处达到一个最大值，接着随距离的增加，振幅衰减。这被解释为非线性和衰减之间的相互作用。开始，非线性与衰减相比占主导地位，直到振幅达到最大，然后衰减成为主导因素，振幅趋近为零。物理机制是相当清楚的，最初的非线性与耗散相比占主导地位，导致振幅随距离增大而增大，直到消散强于非线性效应。由于衰减效应是指数的，它随着距离的增大而变强，并最终占据主导地位，使振幅在距离上渐近衰减到零。此外，由于衰减与频率成正比，而且二次谐波频率比基波频率高，所以非线性介质的衰减更高。当非线性和衰减达到平衡时，二次谐波达到峰值。频率越高，非线性和衰减越大，最大的二次谐波发生在 0.064m 的距离，图 3.14(b) 为二次谐波的振幅随孔隙率的变化，我们发现，非线性随孔隙率的变化并不单调，在 $x = 0.1\text{m}$，最大的振幅发生在孔隙率为 0.3 时，它提供了一个获得多孔介质的孔隙率值的方法。图 3.15 为二次谐波的振幅随介质的流体黏性系数的变化。振幅随流体黏性系数的增大而减小，这个很容易理解。流体黏性系数增加，声衰减也随之增加，从而导致二次谐波振幅的降低。二次谐波的振幅随介质的剪切系数的变化见图 3.16，振幅随介质的泊松比的变化见图 3.17，我们发现，当剪切系数为 8×10^7 时，二次谐波振幅最大；二次谐波振幅随着样品泊松比的增大而逐渐增大，泊松比达到 0.28 后振幅减小。

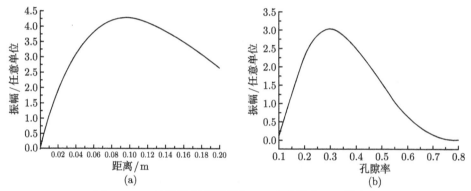

图 3.14　二次谐波振幅随距离 (a) 和孔隙率 (b) 的变化

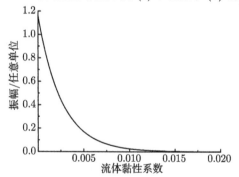

图 3.15　二次谐波振幅随介质的流体黏性系数的变化

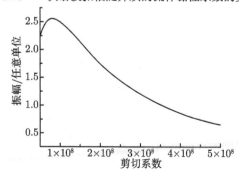

图 3.16　二次谐波的振幅随介质的剪切系数的变化

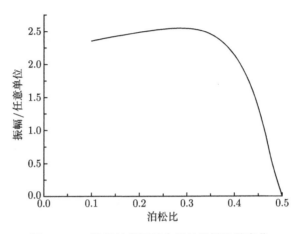

图 3.17　二次谐波振幅随介质的泊松比的变化

3.2.3　实验系统和实验结果

实验系统见图 3.18, 任意波形发生器 (Agilent 33250) 发出一个脉冲调制信号 (中心频率为 25kHz, 40 个周期, 脉冲的重复频率为 100Hz), 信号加到功率放大器 (ENI A150), 放大器的信号加到超声换能器, 声波经过多孔样品后由加速度计 (美国 PCB Piezotronics 公司) 接收, 并由数字示波器采样后存在计算机上进行处理。样品呈立方形, 宽 6cm, 高 6cm, 长度不同 (分别为 5cm, 10cm, 15cm 和 20cm)。样品的水泥砂体积比为 1 : 3。为了模拟具有黏性的多孔介质, 在样品中嵌入了一些半径为 6mm 的钢球。样品的孔隙率为 0.125。为了比较, 我们也制作了没有钢球的样品。我们把所有的样品放在水中 14 天, 直到样品的质量没有增加为止。

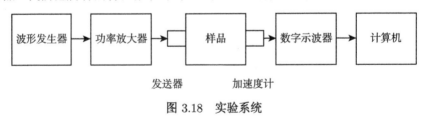

图 3.18　实验系统

孔隙度为 0.125 的样品的接收信号的功率谱见图 3.19, 这些多孔样品的二次谐波振幅随距离的变化见图 3.20(a)。我们也给出了没有气孔的样品的实验结果 (图 3.20(b))。测得的声速为 2500m/s, 样品密度为 2452kg/m^3, 实验结果与理论分析的二次谐波随距离的变化趋势一致 (图 3.14(a))。对于有孔隙的样品, 二次谐波的振幅较大。虽然我们不能确定样品的所有物理参数, 但实验结果可以定性地证明理论模型的有效性。

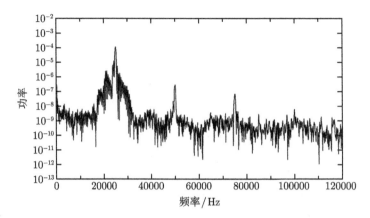

图 3.19　样品的接收信号功率谱

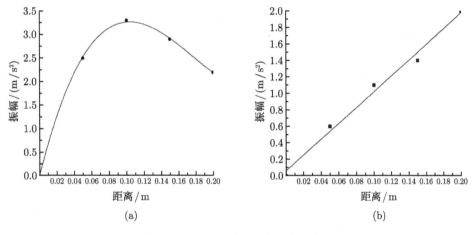

图 3.20　二次谐波振幅随距离的变化

(a) 孔隙率 (0.125) 样品；(b) 无孔样品

参 考 文 献

[1] Ostrovsky L A. Nonlinear properties of an elastic medium with cylindrical pores [J]. Soviet Physical Acoustics, 1989, 35(3): 286-289.

[2] Donskoy D M, Khashanah K, McKee T G, et al. Nonlinear acoustic wave in porous media in the context of Biot's theory [J]. Journal of Acoustical Society of America, 1997, 102: 2521-2528.

[3] Ostrovsky L A. Wave progresses in media with strong acoustic nonlinearity [J]. Journal of Acoustical Society of America, 1991, 90: 3332-3337.

[4] Biot M A. Theory of propagation of elastic waves in a fluid-saturated porous solid, part I : Low frequency range [J]. Journal of Acoustical Society of America, 1956, 28(2):168-178.

[5] Biot M A. Theory of propagation of elastic waves in a fluid-saturated porous solid, part I : Higher frequency range [J]. Journal of Acoustical Society of America, 1956, 28(2):179-191.

[6] Donskoy D M, Sutin A M. Nonlinear scattering and propagation of longitudinal acoustic waves in porous media [J]. Soviet Physical Acoustics, 1984, 30: 358-361.

[7] Geerits T W. Acoustic wave propagation through porous media revisited [J]. Journal of Acoustical Society of America, 1996, 100: 2949-2959.

[8] Dazel V, Tournat D V. Nonlinear Biot waves in porous media with application to unconsolidated granular media [J]. Journal of Acoustical Society of America, 2010, 127: 692-702.

[9] Obsert H. Resonant Sound Absorbers, Technical Aspects of Sound [M]//Richardon E R. Amsterdam: Elsevier, 1957.

[10] Meyer E, Brendel K, Tamm K J. Pulsation oscillation of cavities in rubber [J]. Journal of Acoustical Society of America, 1958, 30: 1116-1124.

[11] Gaunaurd G C. One-dimensional model for acoustic absorption in a viscelastic medium considering cylindrical cavities [J]. Journal of Acoustical Society of America, 1977, 62: 298-307.

[12] Gaunaurd G C, Uberall H. Theory of resonant scattering from spherical cavities in elastic and viscoelastic media [J]. Journal of Acoustical Society of America, 1978, 63(6):1699-1972.

[13] Ostrovsky L A. Wave progresses in media with strong acoustic nonlinearity [J]. Journal of Acoustical Society of America, 1991, 90: 3332-3337.

[14] Hladky-Hennion A C, Decarpigny J N. Analysis of the scattering of a plane wave by a doubly periodic structure using the finite element method: Application to Alberich anechoic coatings [J]. Journal of Acoustical Society of America, 1991, 90: 3356-3367.

[15] Easwaran V, Munjal M L. Analysis of reflection characteristics of a normal incidence plane wave on resonant sound absorbers: A finite element approach [J]. Journal of Acoustical Society of America, 1993, 93: 1308-1318.

[16] Fan Z, Ma J, Liang B, et al. The nonlinear acoustic wave propagation in porous rubberlike medium [J]. Acta Acustica United with Acustica, 2006, 92: 217-234.

[17] Liang B, Zhu Z M, Cheng J C. The propagation of acoustic wave in viscoelastic medium permeated with air-filled bubbles [J]. Chinese Physics B, 2006, 15: 412-421.

[18] Liang B, Cheng J C. Acoustic localization in weakly compressible elastic media containing random air bubbles [J]. Physical Review E, 2007, 75: 016605.

[19] Foldy L L. The multiple scattering of waves [J]. Physical Review, 1945, 67: 107-119.

[20] Weston D E. Acoustic interaction effects in arrays of small spheres [J]. Journal of Acoustical Society of America, 1966, 39: 316-322.

[21] Miller D L. Acoustical interaction of spherical and cylindrical bubbles on plane sheets and ribbons [J]. Ultrasonics, 1980, 18: 277-282.

[22] Miller D L. Ultrasonic detection resonant cavitation bubbles in a flow tube by their second-harmonic emission [J]. Ultrasonics, 1981, 19: 217-224.

[23] Ye Z, Ding L. Acoustic dispersion and attenuation relations in bubbly mixture [J]. Journal of Acoustical Society of America, 1995, 98: 1629-1636.

[24] Henyey F S. Corrections to Foldy's effective medium theory for propagation in bubble clouds and other collections of very small scatterers [J]. Journal of Acoustical Society of America, 1999, 105: 2149-2154.

[25] Kargl S G. A modification of Church's model wasmade by combining it with Kargl's model [J]. Journal of Acoustical Society of America, 2002, 111: 168-173.

[26] Ma J, Yu J F, Fan Z, et al. Acoustic nonlinearity of liquid containing encapsulated microbubbles [J]. Journal of Acoustical Society of America, 2004, 116: 186-193.

[27] Feng Y L, Liu X Z, Liu J H, et al. The nonlinear propagation of acoustic waves in a viscoelastic medium containing cylinder micropores [J]. Chinese Physics B, 2009, 18(9): 3909-3917.

第4章　声波在有裂纹的固体中的非经典非线性传播

超声无损评价有线性和非线性两种评价方法, 其中线性方面的研究在国内外比较多, 也取得了一定成果并已应用于生产检测。而非线性检测则是近些年才发展起来的一种新方法, 受到许多科学工作者关注 [1]。

线性方法是相对较为传统的检测技术, 主要有超声导波技术、声发射技术、非接触超声换能, 以及超声信息处理与模式识别等方法。超声导波技术通过对材料的 SH 模式导波、兰姆波、棒中导波等的简要分析来进行无损检测。管状结构是超声导波可发挥其特长的对象, 用该技术可对各种管道进行长距离一次性检测 [2,3]。声发射技术是一种被动式检测技术, 至今仍用于导弹壳体与潜艇的水压试验, 以此对构件的安全性能与失效行为进行动态监测与评价。还有一种新型的非接触超声换能方法, 主要有电磁声方法、静电耦合方法、空气耦合及激光超声方法。传统的方法需要使用耦合剂或采用水浸法来减少超声波在空气中的损失, 因此许多物品不能用传统方法检测, 这时就需要用非接触超声检测, 它具有非接触、非侵入、完全无损的特点 [4], 有很好的应用前景。而在检测中的数字信号处理和数字识别能分离一些复杂的信号, 减少许多误差。

长期以来, 在研究声学的各种问题时, 一直都是在线性声学的理论框架内进行和发展的。然而, 在某些情况下, 基于线性声学理论下的结果会带来较大误差, 出现线性声学无法解释的非线性现象。因此, 近年来, 非线性声学得到科学家的广泛关注并获得快速发展。

非线性声学是一门既古老又年轻的学科, 随着非线性声波信息价值的不断被发现, 基于非线性声学的材料缺陷检测技术已获得越来越多的应用 [5]。

疲劳会使材料内部发生微结构的变化 (即出现不均匀性), 并由于裂纹的萌生而存在大量界面, 最近的理论和实验研究表明, 所有这些都会对声二次谐波的非线性激发作出贡献, 因此有理由认为, 材料的非线性声学特性将随材料疲劳程度的不同而明显变化, 非线性二次谐波激发技术是一种很有前途的无损疲劳检测方法 [6]。

在二阶近似的条件下, 固体的非线性是用若干个三阶弹性常数来描述的, 对于各向同性的弹性体而言, 有三个独立的三阶弹性常数。三阶或更高阶弹性常数是表征固体性质的宏观参数, 它不但与固体结构有紧密的联系, 而且将成为缺陷、疲劳等无损评价的新参数。此外, 介质的非线性参数 B/A 被定义为在绝热条件下介质状态方程泰勒展开式中二阶项系数与线性项系数之比, 它是描述二阶非线性声学介质特性的参数, 表明了介质非线性效应的大小。介质的非线性参数 B/A 与介质的组织结构有关, 故有可能用来探测介质缺陷和评价介质的相关质量 [7,8]。

4.1 裂纹的经典非线性效应

裂纹的经典非线性效应是对裂纹的应力应变关系按照幂级数展开而得到的。其本构关系如下 [9]:

$$\sigma = Y_0 \left(\frac{\partial u}{\partial x}\right) + Y_1 \left(\frac{\partial u}{\partial x}\right)^2 + Y_2 \left(\frac{\partial u}{\partial x}\right)^3 \tag{4.1}$$

其中, σ 为应力; u 为材料中的质点振动位移; x 表示所建立的坐标; Y_0, Y_1, Y_2 分别为材料中的二阶、三阶、四阶弹性常数。根据动量守恒定律, 我们在拉格朗日坐标系下获得了其波动方程:

$$\rho_0 \frac{\partial^2 u}{\partial t^2} = Y_0 \frac{\partial^2 u}{\partial x^2} + Y_1 \frac{\partial}{\partial x}\left[\left(\frac{\partial u}{\partial x}\right)^2\right] + Y_2 \frac{\partial}{\partial x}\left[\left(\frac{\partial u}{\partial x}\right)^3\right] \tag{4.2}$$

其中, ρ_0 是初始静态密度; t 为时间。一般使用逐级近似方法来解方程 (4.1) 和方程 (4.2), 设其解有三项: $u = u_1 + u_2 + u_3$, 其中 u_1 为一阶近似解, u_2 与 u_3 分别为二阶近似解与三阶近似解。在 $x = L$ 处的边界条件为线性激发, $x = 0$ 处为自由边界条件, 其线性解 u_1 为

$$u_1(x,t) = -u_0 \cos\omega t \cos k_0 x \tag{4.3}$$

其中, u_0 为在激发处的质点振动位移; ω 为振动角频率; k_0 为波数。通过二阶以及三阶微扰法, 我们分别得到二阶近似解以及三阶近似解:

$$u_2(x,t) = \frac{Y_1 u_0^2}{Y_0}[A(x) + B(x)\cos 2\omega t] \tag{4.4}$$

$$u_3(x,t) = u_0^3 \left\{ F\left[x, \left(\frac{Y_1}{Y_2}\right)^2, \frac{Y_2}{Y_0}\right]\cos\omega t + G\left[x, \left(\frac{Y_1}{Y_0}\right)^2, \frac{Y_2}{Y_0}\right]\cos 3\omega t \right\} \tag{4.5}$$

其中, $A(x)$ 和 $B(x)$ 为坐标函数; $F\left[x, \left(\frac{Y_1}{Y_2}\right)^2, \frac{Y_2}{Y_0}\right]$ 和 $G\left[x, \left(\frac{Y_1}{Y_2}\right)^2, \frac{Y_2}{Y_0}\right]$ 是空间函数以及三阶和四阶弹性常数。共偏移波数变化为

$$k = k_0 + \Delta k \tag{4.6}$$

$$\Delta k = -\frac{k^3 u_0^2}{64}\left[21\left(\frac{Y_1}{Y_0}\right)^2 - 18\left(\frac{Y_2}{Y_0}\right)\right] \tag{4.7}$$

其中, k 为非线性波数; k_0 为小振幅情况下的波数。值得注意的是: 在这种非线性应力应变情况下, 三次谐波的大小与基波振幅的三次方成正比。共振频率的偏移与基波振幅的平方成正比。

4.2　裂纹的非经典非线性效应

4.2.1　裂纹的弹性滞后效应

首先, 我们分析弹性滞后效应及其本构方程, 定性地讲, 弹性之后类似于错位的 Granato-Lucke 滞后效应 [10]:

$$\sigma = (\varepsilon, \mathrm{sgn}\dot{\varepsilon}, \dot{\varepsilon}) = E[\varepsilon - f(\varepsilon, \mathrm{sgn}\dot{\varepsilon})] + \alpha\rho\dot{\varepsilon} \tag{4.8}$$

$$f(\varepsilon, \mathrm{sgn}\dot{\varepsilon}) = \frac{1}{n}\begin{cases} \gamma_1\varepsilon^n, & \varepsilon > 0, \dot{\varepsilon} > 0 \\ (\gamma_1 + \gamma_2)\varepsilon_m^{n-1}\varepsilon - \gamma_2\varepsilon^n, & \varepsilon > 0, \dot{\varepsilon} < 0 \\ -\gamma_3\varepsilon^n, & \varepsilon < 0, \dot{\varepsilon} < 0 \\ (-1)^n(\gamma_3 + \gamma_4)\varepsilon_m^{n-1}\varepsilon + \gamma_4\varepsilon^n, & \varepsilon < 0, \dot{\varepsilon} > 0 \end{cases} \tag{4.9}$$

其中, σ, ε 和 $\dot{\varepsilon}$ 分别为纵波的应力、应变, 以及应变率; E 为杨氏模量; $f = f(\varepsilon, \mathrm{sgn}\dot{\varepsilon})$ 为滞后函数, 且 $|f_\varepsilon(\varepsilon, \mathrm{sgn}\dot{\varepsilon})| \ll 1$; $\gamma_1 \sim \gamma_4$ 是非线性滞后参数; $\varepsilon_m = \varepsilon_m(x)$, 为 x 处的应变幅度, 且 $\varepsilon_m < |\varepsilon_{\mathrm{th}}|$; $\varepsilon_{\mathrm{th}}$ 为屈服强度的极限 (超过此极限后, 将会产生不可逆的塑性形变), 对于大多数材料来说, $|\varepsilon_{\mathrm{th}}| > (10^{-4} - 10^{-3})$; $\alpha = C_0^2/(\omega_p Q_p)$ 为黏滞系数; Q_p 为品质因子; ρ 为密度, ω_p 为共振角频率。在准静态条件下, 当 $\alpha\rho_0|\dot{\varepsilon}| \ll E|f(\varepsilon, \mathrm{sgn}\dot{\varepsilon})|$ 时, 我们有: 当 $\varepsilon = 0$ 时, $\sigma(\varepsilon, \mathrm{sgn}\dot{\varepsilon}, \dot{\varepsilon}) = 0$, 因此, 这类滞后效应被称作弹性滞后效应, 在 I 范围 $(\varepsilon < \varepsilon^*)$ $n = 3$, 在 II 范围 $(\varepsilon > \varepsilon^*)$ $n = 2$, 如图 4.1 所示。

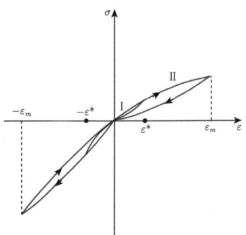

图 4.1　准静态弹性滞后应力应变关系图 [10]

4.2.2 裂纹的非弹性滞后效应

非线性振幅依赖内摩擦效应不仅可以描述成弹性滞后效应，还可以描述非弹性滞后效应。其非线性滞后函数可以表示为 [10]

$$f(\varepsilon, \mathrm{sgn}\dot\varepsilon) = \beta\varepsilon(3\varepsilon_m^2 + \varepsilon^2) + 3\beta\varepsilon_m \left\{ \begin{array}{ll} \varepsilon^2 - \varepsilon_m^2, & \dot\varepsilon > 0 \\ -\varepsilon^2 + \varepsilon_m^2, & \dot\varepsilon < 0 \end{array} \right. \tag{4.10}$$

其定性的准静态非弹性图像如图 4.2 所示。从图中可以明显看出，当 $\varepsilon = 0$ 时，$\sigma(\varepsilon, \mathrm{sgn}\dot\varepsilon, \dot\varepsilon) \neq 0$，$\beta$ 为非线性参数。

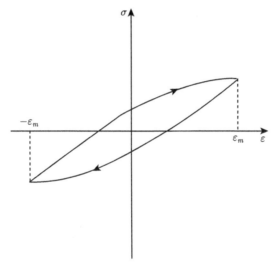

图 4.2 准静态非弹性滞后应力应变关系图 [10]

此类非线性效应与经典非线性效应有一个显著的区别：由滞后效应所引起的各个高次谐波的大小与基波的幅度呈平方关系，而经典非线性效应中，第 n 次谐波与基波呈 n 次方的关系。由此，可以很容易地判断裂纹所表现出的非线性关系是经典的还是非经典的。

4.3 裂纹的其他非线性模型

其他的裂纹非线性应力应变关系还包括双线性应力应变关系 [11]。如图 4.3 所示，纵波在存在裂纹的长条形材料中传播，一端固定，另一端用正弦信号激发，在裂纹处的双线性应力应变关系如图 4.4 所示。通常情况下，当材料被拉紧时，其应变 ε 为正，当材料被压缩时，其应变 ε 为负。因此，数学上要求，当 $\varepsilon|_{x_c} > 0$ 时，裂纹张开，当 $\varepsilon|_{x_c} < 0$ 时，裂纹闭合。如果材料的密度均匀，且均为 ρ_0，则在材料

中的波动方程可以表示为

$$\rho_0 \frac{\partial^2 u}{\partial t^2} = \frac{\partial}{\partial x}\left(E\frac{\partial u}{\partial x}\right) \tag{4.11}$$

其中，裂纹处的杨氏模量满足双线性关系；其他地方的则满足普通线性关系。

$$E = \begin{cases} E_2, & \text{当 } x = x_c \text{ 和 } \varepsilon|_{x=x_c} = \left.\frac{\partial u}{\partial x}\right|_{x=x_c} > 0 \text{ 时} \\ E_1, & \text{其他} \end{cases} \tag{4.12}$$

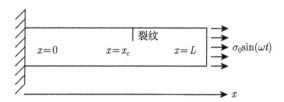

图 4.3   有裂纹的正弦信号激发图 [11]

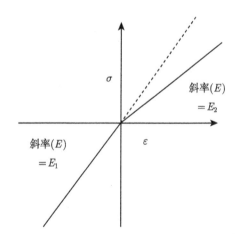

图 4.4   在裂纹处的双线性应力应变关系 [11]

这是由于，裂纹张开时，认为其相互作用比较小，即杨氏模量较小；裂纹闭合时，与不存在裂纹的情况相同。在此非线性应力应变关系下，其谐波特征为只存在偶次谐波而不存在奇次谐波，如图 4.5 所示。且其二次谐波振幅与归一化激发振幅呈线性关系，如图 4.6 所示。目前，对此类非线性应力应变关系有很广泛的研究，但缺点是，其传统理论预言不会产生奇次谐波，而实验中却发现三次谐波的存在。

总之，固体的非线性分为经典非线性和非经典非线性，传统的固体中的非线性就是经典非线性，是由应力和应变关系的高阶项引起的。非经典非线性是指固体材料的非经典非线性性质方面，无论是理论还是实验，都还不成熟。固体中非经典非线

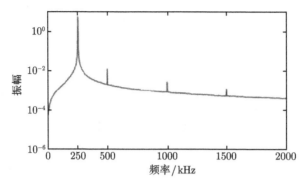

图 4.5 有裂纹情况下的振动频谱 [11]

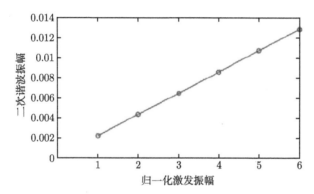

图 4.6 二次谐波振幅关于归一化激发振幅的线性变化关系 [11]

性主要表现在 [11,12]：① 非线性固体材料加卸载过程中应力和应变关系存在滞后曲线；② 在共振响应实验中共振频率的偏移与施加的应变呈正比关系；③ 在应变很小 (10^{-6}) 时，就能产生非线性现象，其非线性参数比传统的气体、液体或固体要大得多，也就是非线性效应非常明显；④ 声衰减和声速随应变的变化而变化，弹性模量对激发的振幅、温度、湿度及孔流体具有依赖性；⑤ 当所加声波激发停止后，弹性模量要经过很长的时间才能恢复，称为慢动力学现象；⑥ 透射波的奇次谐波与基波呈二次关系等。

现在普遍认为，产生这种非经典非线性声学现象是由于固体材料的微观特性 (例如裂纹、裂缝、微粒等) 对力学特性的影响，在宏观上则表现为滞后现象。早期 Preisach 和 Mayergoyz 研究了这种现象，并提出了一种模型用以解释 [13,14]。后来 McCall 和 Guyer 在此基础上进行了大量的理论和实验研究，进一步发展和完善了这个模型，现在称之为 Preisach-Mayergoyz (PM) 模型 [15,16]。van den Abeele[17] 利用 PM 模型，从理论上阐释了非经典非线性在一维方向上的详细的解析解，同时给出了一维和二维数值模拟 [18,19]，其二维结果是基于爆炸波激励研究其暂态解，在解之中也不包含衰减的影响。

4.4　Preisach-Mayergoyz 模型

通过建立迟滞模型可以对材料中微裂纹产生的非经典非线性进行模拟。从数学上来说，迟滞非线性是一标量非线性函数，它的输入与输出之间具有非局部记忆特性，是一种多对多的映射关系。通过主迟滞环内某点的次迟滞环不是唯一的，而是有无数条，并且均在主迟滞环以内：具体选择哪一条作为该点的下一时刻的运动轨迹不仅取决于当前输入，还取决于历史输入，尤其是与历史输入的极值有关。

根据 PM 迟滞模型理论，非经典非线性在微观上表现为质点的应力、应变的阶跃响应，微观单元集合后在介观上体现为固体材料的滞后曲线，介观单元组成宏观非经典非线性固体材料，即通常意义上所说的受损材料。通过对材料微观单元的统计性分析，可以将非经典非线性的影响归咎于介观单元尺度上应力对于模量的作用。原始 PM 模型中基本的滞后单元应力应变关系如图 4.7 所示，当应力增大且应力小于 P_c 时，滞后单元应变为 0，而当应力减小且应力小于 P_o 时，滞后单元应变也变为 0。

在应力从 P_o 增加到 P_c 时，滞后单元应变为 0，而在应力小于 P_o 或大于 P_c 时，滞后单元应变也为 0。

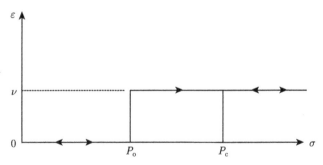

图 4.7　PM 模型中应力和应变的阶跃响应

根据 PM 模型理论，非经典非线性在微观上表现为质点的应力、应变的阶跃响应，微观单元集合后在介观上体现为固体材料的滞后曲线，介观单元组成宏观非经典非线性固体材料，即通常意义上所说的受损材料。通过对材料微观单元的统计性分析，可以将非经典非线性的影响归咎于介观单元尺度上应力对于模量的作用。公式 (4.13) 给出了具体的介观单元的模量–应力关系[19]：

$$K^{-1} = \lim_{\Delta\sigma \to 0} \left(\frac{\Delta\varepsilon}{\Delta\sigma} \right) = \frac{1}{K_c(\sigma)} + \hat{r}\frac{\mathrm{d}f_c}{\mathrm{d}\sigma}(-\sigma) \tag{4.13}$$

这里，K_c 代表经典情况下材料的模量；$\hat{r}$ 表征材料非经典非线性强度大小；σ 是介观单元受到的应力；f_c 指在应力 σ 作用下，PM 模型微观单元中闭合单元数占总单元数的比例。

原始 PM 模型只能生成奇次谐波而不能生成偶次谐波，故采用改进 PM 模型，图 4.8 给出了缺陷区域中的应力–应变非线性迟滞关系。假设迟滞单元最初均处于开放状态，当从 P_o 开始增加的应力仍然小于 P_c 时，迟滞单元保持线性性质，其模量为 K_{M1}；当应力超过 P_c 时，应变发生跳变，其跳变量为 r_2，此时迟滞单元进入关闭状态；再增加应力，迟滞单元保持线性，其弹性模量为 K_{M2}，即使最初大于 P_c 的应力开始减小，本身关闭的迟滞单元仍会保持线性性质，其弹性模量为 K_{M2}，直到应力小于 P_o；相应地，当应力跳过 P_o 时，应变会发生一个值为 r_1 的跳变而且迟滞单元会变为开启状态；当继续减小应力时，迟滞单元保持线性弹性性质，其弹性模量为 K_{M1}。

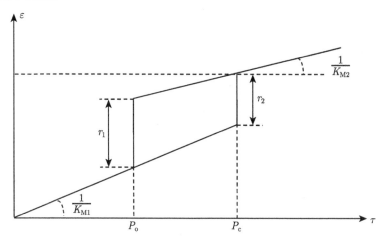

图 4.8　改进 PM 模型的基本迟滞单元

根据上文所述的 PM 模型基本迟滞单元的开闭模式，当孔压增大时 $(\partial P/\partial t > 0)$，每个迟滞单元发生的应变 ε_M 可以表示为

$$\frac{\partial \varepsilon_M}{\partial P} = -\frac{1}{K_{M1}}, \quad \text{当迟滞单元处于开放状态时}$$
$$\frac{\partial \varepsilon_M}{\partial P} = -\frac{1}{K_{M2}}, \quad \text{当迟滞单元处于关闭状态时}$$

(4.14)

缺陷区域中应力–应变的非线性迟滞关系正是通过这些基本迟滞单元的加权叠加得到的。定义 $f(P_o, P_c)$ 为 PM 空间的密度分布函数，所有迟滞单元的应变 ε_H 可以表示为

$$\frac{\partial \varepsilon_{\mathrm{H}}}{\partial P} = -\int_{O_2}^{P} \mathrm{d}P_{\mathrm{o}} r_2 f(P_{\mathrm{o}}, P) - \frac{1}{K_{\mathrm{M2}}} \int_{-\infty}^{P_{\mathrm{c}}} \mathrm{d}P_{\mathrm{o}} \int_{P_{\mathrm{o}}}^{+\infty} \mathrm{d}P_{\mathrm{c}} f(P_{\mathrm{o}}, P_{\mathrm{c}})$$
$$- \left(\frac{1}{K_{\mathrm{M1}}} - \frac{1}{K_{\mathrm{M2}}}\right) \int_{O_2}^{P_{\mathrm{c}}} \mathrm{d}P_{\mathrm{o}} \int_{P}^{+\infty} \mathrm{d}P_{\mathrm{c}} f(P_{\mathrm{o}}, P_{\mathrm{c}}) \tag{4.15}$$

其中, O_2 为 PM 空间内迟滞单元的 P_{o} 值。当所有迟滞单元均处于开放状态时, 通过式 (4.15) 等式右边中第一个二重积分项对体模量的逆进行修正; 当所有迟滞单元均处于关闭状态时, 通过式 (4.15) 等式右边中第二个二重积分项对体模量的逆进行修正; 而等式右边的第一个积分项则是对在孔压 P 下所有处于开放状态的迟滞单元体模量的逆的修正项。

类似地, 当孔压减小时 $(\partial P/\partial t < 0)$, 也可以求得每个迟滞单元发生的应变, 并推导出关于所有迟滞单元的应变 ε_{H} 的方程如下:

$$\frac{\partial \varepsilon_{\mathrm{H}}}{\partial P} = -\int_{P}^{C_2} \mathrm{d}P_{\mathrm{c}} r_1 f(P, P_{\mathrm{c}}) - \frac{1}{K_{\mathrm{M1}}} \int_{-\infty}^{P_{\mathrm{c}}} \mathrm{d}P_{\mathrm{o}} \int_{P_{\mathrm{o}}}^{+\infty} \mathrm{d}P_{\mathrm{c}} f(P_{\mathrm{o}}, P_{\mathrm{c}})$$
$$- \left(\frac{1}{K_{\mathrm{M2}}} - \frac{1}{K_{\mathrm{M1}}}\right) \int_{-\infty}^{P_{\mathrm{c}}} \mathrm{d}P_{\mathrm{o}} \int_{P_{\mathrm{o}}}^{C_2} \mathrm{d}P_{\mathrm{c}} f(P_{\mathrm{o}}, P_{\mathrm{c}}) \tag{4.16}$$

其中, C_2 为 PM 空间内迟滞单元的 P_{c} 值。

4.5　非线性共振声谱法

4.5.1　两端自由

假设一维均匀金属棒的两端自由 (密度为 ρ_0, 长度区间为 $[0, L]$), 内部存在缺陷时 (图 4.9), 应力 σ 和应变 ε 的关系为

$$\sigma = K(1 + \beta\varepsilon + \delta\varepsilon^2 + \cdots)\varepsilon + K\frac{\alpha}{2}[\mathrm{sgn}(\partial_t\varepsilon)((\Delta\varepsilon)^2 - \varepsilon^2) - 2(\Delta\varepsilon)\varepsilon] \tag{4.17}$$

其中, $\varepsilon = \partial_x u$; $\Delta\varepsilon$ 是应变的幅度; K 是线性弹性常数; α 表示滞后非线性的强度; β 和 δ 分别为三阶和四阶弹性常数的组合, 代表经典非线性。

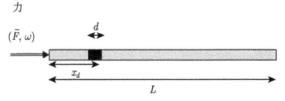

图 4.9　带有单裂纹的一维金属棒几何模型图

用 $u(x, t)$ 代表波与横轴坐标、时间的关系, 代入方程 (4.17), 将 u 分解为变量 x 和时间 t 的函数的乘积。$\psi_i(x)$ 表示相位, $z_i(t)$ 表示幅度 (同时 $\psi_i(x)$ 满足 $[0, L]$

的正交条件和导数正交条件，$i \neq j$)，则

$$u(x,t) = \sum_i z_i(t)\psi_i(x) \tag{4.18}$$

$$\psi_i(x) = \cos\left(\frac{i\pi x}{L}\right) \tag{4.19}$$

代入式 (4.17) 得到 $z_n(t)$ 所满足的方程：

$$\partial_{tt}^2 z_n + \frac{\Omega}{Q}\partial_t z_n + \omega_n^2 z_n = F\cos(\omega t) - \sum_{j,k} B_{njk} z_j z_k - \sum_{j,k,l} D_{njkl} z_j z_k z_l$$
$$\times H_{mm}[\mathrm{sgn}(\partial_t z_m)(A_m^2 - z_m^2) - 2A_m z_m] \tag{4.20}$$

其中，

$$F = 2\tilde{F}^*/(\rho L) \tag{4.21a}$$

$$H_{mm} = \frac{K}{\rho L}\int_0^L \mathrm{d}x\,\alpha(x)\partial_x\Psi_m\,|\partial_x\Psi_m|\partial_x\Psi_m \tag{4.21b}$$

$$B_{njk} = \frac{2K}{\rho L}\int_0^L \mathrm{d}x\,\beta(x)\partial_x\Psi_n\partial_x\Psi_j\partial_x\Psi_k \tag{4.21c}$$

$$D_{njkl} = \frac{2K}{\rho L}\int_0^L \mathrm{d}x\,\delta(x)\partial_x\Psi_n\partial_x\Psi_j\partial_x\Psi_k\partial_x\Psi_l \tag{4.21d}$$

Q 为品质因子；H，B，D 系数取决于高次的张量。因此，一旦认为介质内存在非线性特征，那么所有已存在的线性模式和它们的扰动就会在非线性的程度上相互作用，所以非线性特征存在之处就会有非零的应变存在。

如果一维物体是线性的，那么 B, D, H 均为 0，式 (4.20) 可以化为

$$\partial_{tt}^2 z_n + \frac{\omega}{Q}\partial_t z_n + \omega_n^2 z_n = F\cos(\omega t) \tag{4.22}$$

1. 一维系统为线性的解

求解偏微分方程 (4.22) 就可以得到当 A_m 取得最大值时 (发生共振时)，外力 F 的频率为

$$\Omega_{\mathrm{res}} = \omega_m/\sqrt{1 + 1/Q^2} \quad \left(\text{比如 } \omega_m = m\frac{\pi c}{L}\right) \tag{4.23}$$

这只是线性条件下的解，可以想象如果物体存在非线性的缺陷，那么共振频率公式就会有一定程度的改变。下面来分析两种非线性情况：① 经典的立方非线性；② 非线性的滞后非线性。

2. 经典立方非线性的解

正弦激励下在模式 m 处的频率偏移 (只含 δ)。

式 (4.20) 变为

$$\partial_{tt}^2 z_m + \frac{\omega}{Q}\partial_t z_m + \omega_m^2 z_m = F\cos(\omega t) - D_{mmmm}z_m^3$$

$$D_{mmmm} = \frac{2}{\rho L}\int_0^L \mathrm{d}x K\delta(x)(\partial_x\psi_m)^4 \tag{4.24}$$

解得共振频率为

$$\omega_{\mathrm{res}}(\varepsilon_m) \approx \omega(0)\left[1 + \frac{3}{4l}\varepsilon_m^2\int_0^l \mathrm{d}x\delta(x)\sin^4\left(\frac{m\pi x}{l}\right)\right] \tag{4.25}$$

$$\omega_{\mathrm{res,local}}(\varepsilon_m) \approx \omega_{\mathrm{res}}(0)[1 + C_{1,m}\varepsilon_m^2]$$

对于 $\delta(x)$，我们给出如下定义：$\delta(x) = \bar{\delta}G_{\mathrm{local}}(x; x_d, d)$。其中 $\bar{\delta} = \hat{\delta}\dfrac{d}{L}$ 和 $G_{\mathrm{local}} = 0$，如果 $x \notin [x_d - d/2, x_d + d/2]$；否则，$G_{\mathrm{local}} = L/d$，那么可以导出

$$C_{1,m} = \frac{3}{4}\bar{\delta}\sin^4\left(m\frac{\pi}{L}x_d\right) \tag{4.26}$$

那么对中心频率的偏移就是 $\Delta\omega/\omega_m = C_{1,m}\varepsilon_m^2$，与应变是平方关系。

$C_{1,m}, C_{3,m}$ 和 $C_{5,m}$ 随 x_d/L 的变化如图 4.10 所示。

对于不同的位置，偏移对应变都有不同的反应，但从总体上来看，系数 C 是关于 $x_d = L/2$ 处对称的。

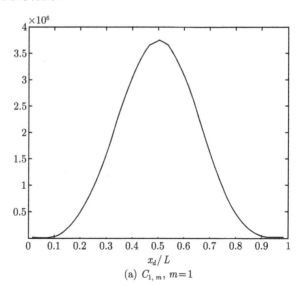

(a) $C_{1,m}$, $m=1$

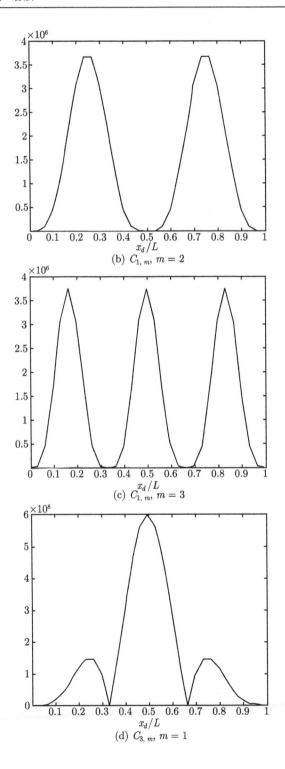

(b) $C_{1,\,m}$, $m=2$

(c) $C_{1,\,m}$, $m=3$

(d) $C_{3,\,m}$, $m=1$

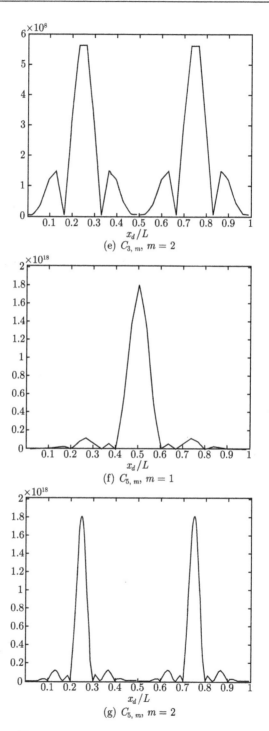

(e) $C_{3,m}$, $m = 2$

(f) $C_{5,m}$, $m = 1$

(g) $C_{5,m}$, $m = 2$

图 4.10　$C_{1,m}$, $C_{3,m}$, $C_{5,m}$ 随 x_d/L 的变化

现在假设 z_m 是基波 $(m=1)$, 由式 (4.24) 可知, 二次 $(m=2)$, 三次 $(m=3)$ 谐波可由以下微分方程解出:

$$\partial_{tt}^2 z_{2m} + \frac{\omega}{Q}\partial_t z_{2m} + \omega_{2m}^2 z_{2m} = -D_{2mmmm}z_m^3 \quad \text{(二次谐波)} \tag{4.27}$$

$$\partial_{tt}^2 z_{3m} + \frac{\omega}{Q}\partial_t z_{3m} + \omega_{3m}^2 z_{3m} = -D_{3mmmm}z_m^3 \quad \text{(三次谐波)} \tag{4.28}$$

假设 z_m 的频率是 ω, 对于二次谐波所列的微分方程的右端是 z_m 三次方的形式, 也就是说只可能产生三次谐波, 二次谐波为 0。求解三次谐波微分方程, 按照式 (4.25) 的形式, 求出 $C_{3,m}$:

$$C_{3,m} = \frac{3}{2}Q\left|\bar{\delta}\sin\left(\frac{3m\pi}{L}x_d\right)\sin^3\left(\frac{m\pi}{L}x_d\right)\right| \tag{4.29}$$

$$\varepsilon_{3,m} = \frac{3}{2}Q\left|\bar{\delta}\sin\left(\frac{3m\pi}{L}x_d\right)\sin^3\left(\frac{m\pi}{L}x_d\right)\right|\varepsilon_m^3 \tag{4.30}$$

三次谐波的频率偏移与应力呈现 3 次方的关系, 并且系数 $C(3,m)$ 仍然关于 $x_d = L/2$ 对称。

既然不存在二次谐波, 那么也不存在四次谐波, 五次谐波关系由以下式子给出:

$$\partial_{tt}^2 z_{5m} + \frac{\omega}{Q}\partial_t z_{5m} + \omega_{5m}^2 z_{5m} = -D_{5m3mmm}z_m^3 - D_{5mm3mm}z_m^3 - D_{5mmm3m}z_m^3 \tag{4.31}$$

解得

$$C_{5,m} = \frac{45}{4}Q^2\left|\bar{\delta}^2\sin\left(\frac{5m\pi}{L}x_d\right)\sin^2\left(\frac{3m\pi}{L}x_d\right)\sin^5\left(\frac{m\pi}{L}x_d\right)\right| \tag{4.32}$$

$$\varepsilon_{5,m} = \frac{45}{4}Q^2\left|\bar{\delta}^2\sin\left(\frac{5m\pi}{L}x_d\right)\sin^2\left(\frac{3m\pi}{L}x_d\right)\sin^5\left(\frac{m\pi}{L}x_d\right)\right|\varepsilon_m^5 \tag{4.33}$$

总结: 对于经典非线性缺陷而言, 共振频率 (高次谐波) 均与其中心频率有偏移, 而且频移与应变 ε_m 的平方、三次方、五次方 (分别对于基波、三次、五次谐波而言) 呈正比关系, 系数 C 在 $[0,L]$ 的区间上关于 $L/2$ 对称, 这给下面缺陷位置的判断带来了麻烦, 原因在于关于 $L/2$ 对称的两个点, 其频移形式和数值完全相同。

3. 非经典非线性的解

正弦激励下在模式 m 处的频率偏移。

在此条件下, 令所有的经典非线性变量为 $0(\beta=0, \delta=0)$, 只考虑非经典非线性系数 α, 正弦激励在 $n=m$ 模式时, 公式 (4.20) 可化为

$$\partial_{tt}^2 z_m + \frac{\omega}{Q}\partial_t z_m + \omega_m^2 z_m$$

$$= F\cos(\Omega t) - H_{mm}\left[-\frac{8}{3\pi}A_m^2\sin(\Omega t + \phi_m) - 2A_m^2\cos(\Omega t + \phi_m) + \cdots\right] \tag{4.34}$$

解得

$$\omega_{\mathrm{res,local}}(\varepsilon_m) \approx \omega_{\mathrm{res}}(0)\left[1 - \bar{\alpha}\left(1 + \frac{4}{3\pi Q}\right)\left|\sin^3\left(m\frac{\pi}{L}x_d\right)\right|\varepsilon_m\right]$$

$$= \omega_{\mathrm{res}}(0)[1 - X_{1,m}\varepsilon_m]$$

$$(4.35)$$

可以看到, 非经典非线性的基波的频率偏移与应变的一次方呈正比关系, 并且系数 $X(1,m)$ 仍然关于 $L/2$ 对称。同样可以对 $X(3,m)$ 和 $X(5,m)$ 作图 4.11。

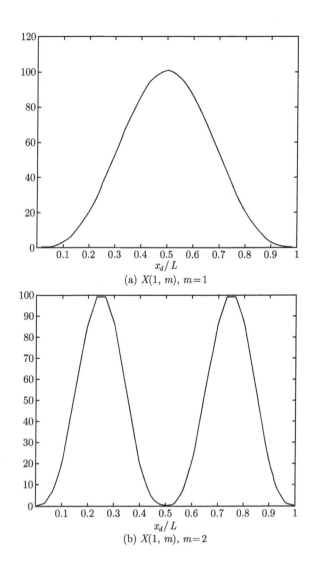

(a) $X(1, m)$, $m=1$

(b) $X(1, m)$, $m=2$

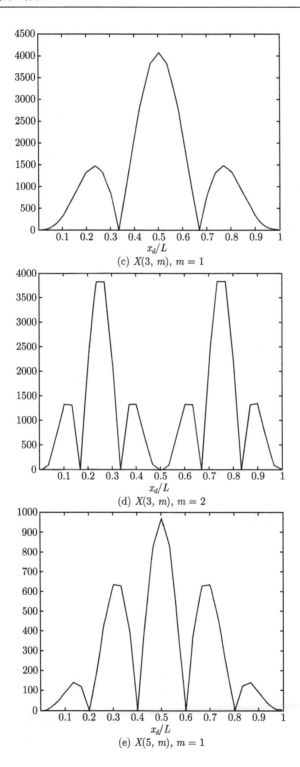

(c) $X(3, m)$, $m = 1$

(d) $X(3, m)$, $m = 2$

(e) $X(5, m)$, $m = 1$

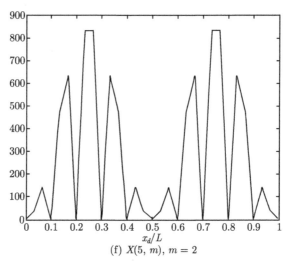

(f) $X(5,m)$, $m=2$

图 4.11　$X(1,m)$, $X(3,m)$, $X(5,m)$ 随 x_d/L 的变化

4. 逆建模

全局多模式 NRUS 方法。

如果物体内含有多种类型的缺陷, 那么共振频率可以按照经典非线性和非经典非线性的形式写成如下形式:

$$\omega_{\text{res,local}}(\varepsilon_m) \approx \omega_{\text{res}}(0)[1 - \Upsilon_m \varepsilon_m - \Theta_m \varepsilon_m^2] \tag{4.36}$$

强度函数可以表示为

$$S_M(x) = \frac{2}{M} \sum_{m=1}^{M} \left[|\Upsilon_m| + \sqrt{|\Theta_m|} \right] \sin^2 \left(\frac{m\pi}{L} x \right) \tag{4.37}$$

M 表示模数, 根据上文推导可知

$$\Upsilon_m = \bar{\alpha} \left(1 + \frac{4}{3\pi Q} \right) \left| \sin^3 \left(m\frac{\pi}{L} x_d \right) \right| \tag{4.38}$$

$$\Theta_m = \frac{3}{4} \bar{\delta} \sin^4 \left(m\frac{\pi}{L} x_d \right) \tag{4.39}$$

由图 4.12 可见, 因此模数越大, 缺陷看得越清楚, 并且可以看到, 缺陷的位置关于中点对称, 对于缺陷我们人为设定了两个位置: 非经典非线性缺陷在 $x_d/L = 72/250$ 处, 经典非线性在 $50/250$ 处, 很显然, 不管是哪种缺陷, 即使只存在唯一的缺陷位置, 因为边界条件的自由对称关系, 仍然会给出两个位置, 这两个位置就是关于中心对称的位置, 很难从肉眼去分辨缺陷到底在左边还是右边, 这就给定位带来了麻烦。下面我们讨论非对称边界条件下的缺陷定位方法, 这种定位方法就没有这种麻烦。

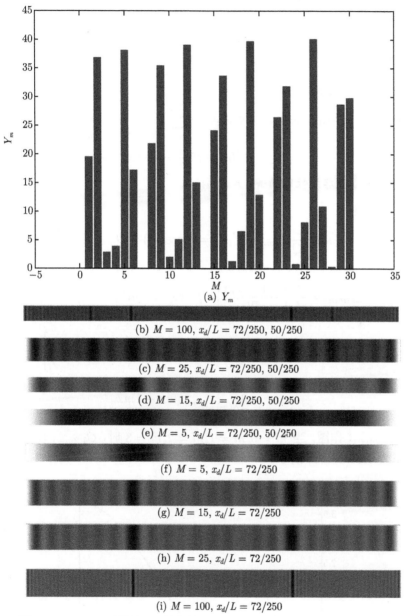

图 4.12 (a) Y_m 随模数 M 的变化；(b)∼(i) S_m 随棒中位置的空间分布

4.5.2 一端自由，一端固定

此处修改边界条件：一端自由，一端固定，数学上可以表示为

$$u_x(0,t) = u(l,t) = 0 \tag{4.40}$$

那么本征值：

$$\lambda = (2n+1)^2\pi^2/4l^2 \quad (n=0,1,2,3,\cdots) \tag{4.41}$$

$$\Psi_m = C_2\cos\frac{(2m+1)\pi x}{2l} \quad (m=0,1,2,\cdots) \tag{4.42}$$

得到 $z_n(t)$ 所满足的方程：

$$\partial_{tt}^2 z_n + \frac{\omega}{Q}\partial_t z_n + \omega_n^2 z_n = F\cos(\omega t) - \sum_{j,k} B_{njk}z_j z_k - \sum_{j,k,l} D_{njkl}z_j z_k z_l$$
$$\times H_{mm}[\mathrm{sgn}(\partial_t z_m)(A_m^2 - z_m^2) - 2A_m z_m] \tag{4.43}$$

1. 含经典立方非线性时的解 (只含 δ)

式 (4.43) 变为

$$\partial_{tt}^2 z_m + \frac{\omega}{Q}\partial_t z_m + \omega_m^2 z_m = F\cos(\omega t) - D_{mmmm}z_m^3 \tag{4.44}$$

此时，

$$D_{mmmm} = \frac{2k}{\rho L}\left[\frac{(2m+1)\pi}{2l}\right]^4 \int_0^L \mathrm{d}x\delta(x)\sin^4\left[\frac{(2m+1)\pi}{2l}x\right] \tag{4.45}$$

且

$$\omega_{\mathrm{res}}(\varepsilon_m) \approx \omega(0)\left[1 + \frac{3}{4l}\varepsilon_m^2\int_0^l \mathrm{d}x\delta(x)\sin^4\left(\frac{(2m+1)\pi x}{2l}\right)\right] \tag{4.46}$$

可以得出

$$C_{1,2m+1} = \frac{3}{4}\bar{\delta}(x)\sin^4\left[\frac{(2m+1)\pi x_d}{2l}\right] \tag{4.47}$$

对 $|C_{1,2m+1}|$ 作图，当 $m=0, m=1, m=2, m=3$ 时，$C_{1,2m+1}$ 随 x_d/L 的变化分别如图 4.13(a)~(d) 所示。

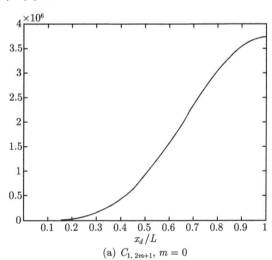

(a) $C_{1,\,2m+1}$, $m=0$

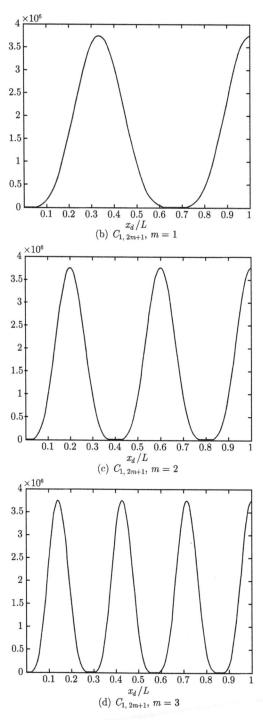

(b) $C_{1,\,2m+1}$, $m=1$

(c) $C_{1,\,2m+1}$, $m=2$

(d) $C_{1,\,2m+1}$, $m=3$

图 4.13 $C_{1,2m+1}$ 随 x_d/L 的变化

可以算出，当缺陷扩展到整个一维坐标 $[0, L]$ 时，有

$$\Omega_{\mathrm{res,globle}}(\varepsilon_m) \approx \Omega_{\mathrm{res}}(0)[1 + 0.2814\bar{\delta}\varepsilon_m^2] \tag{4.48}$$

三次谐波满足的方程为

$$\partial_{tt}^2 z_{3,m} + \frac{\omega}{Q}\partial_t z_{3,m} + \omega_{3,m}^2 z_{3,m} = F\cos(\omega t) - D_{3mmmm}z_m^3 \tag{4.49}$$

解得

$$A_{3,m} = \frac{|D_{3mmmm}|}{4}\frac{A_m^3}{\sqrt{((3\Omega)^2 - \omega_{3,m}^2)^2 + \Omega^2(3\Omega)^2/Q^2}} \tag{4.50}$$

其中，

$$\varepsilon_m = A_{m,\max}\left[\frac{(2m+1)\pi}{2l}\right] \tag{4.51}$$

$$\omega_{3,m} = 3\frac{(2m+1)\pi c}{2l} \tag{4.52}$$

同样，我们可以求出

$$C_{3,2m+1} = \frac{3}{2}Q\left|\bar{\delta}\sin\left[\frac{3(2m+1)\pi}{2L}x_d\right]\sin^3\left[\frac{(2m+1)\pi}{2L}x_d\right]\right| \tag{4.53}$$

$$\varepsilon_{3,2m+1} = \frac{3}{2}Q\left|\bar{\delta}\sin\left[\frac{3(2m+1)\pi}{2L}x_d\right]\sin^3\left[\frac{(2m+1)\pi}{2L}x_d\right]\right|\varepsilon_m^3 \tag{4.54}$$

同样可以得到

$$C_{5,2m+1} = \frac{45}{4}Q^2\left|\bar{\delta}^2\sin\left[\frac{5(2m+1)\pi}{2L}x_d\right]\sin^2\left[\frac{3(2m+1)\pi}{2L}x_d\right]\sin^5\left[\frac{(2m+1)\pi}{2L}x_d\right]\right| \tag{4.55}$$

$$\varepsilon_{5,2m+1} = C_{5,2m+1}\varepsilon_m^5 \tag{4.56}$$

$C_{3,2m+1}$ 和 $C_{5,2m+1}$ 随 x_d/L 的变化如图 4.14 所示。

2. 只含非经典非线性

正弦激励在 $n = m$ 模式时共振频率偏移如下。

公式 (4.20) 可化为

$$\partial_{tt}^2 z_m + \frac{\omega}{Q}\partial_t z_m + \omega_m^2 z_m$$
$$= F\cos(\omega t) - H_{mm}\left[-\frac{8}{3\pi}A_m^2\sin(\omega t + \phi_m) - 2A_m^2\cos(\omega t + \phi_m) + \cdots\right] \tag{4.57}$$

对于此时的边界条件：

$$u_x(0,t) = u(l,t) = 0 \tag{4.58}$$

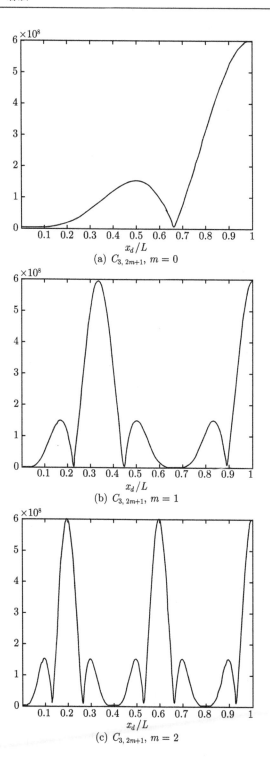

(a) $C_{3,\,2m+1}$, $m = 0$

(b) $C_{3,\,2m+1}$, $m = 1$

(c) $C_{3,\,2m+1}$, $m = 2$

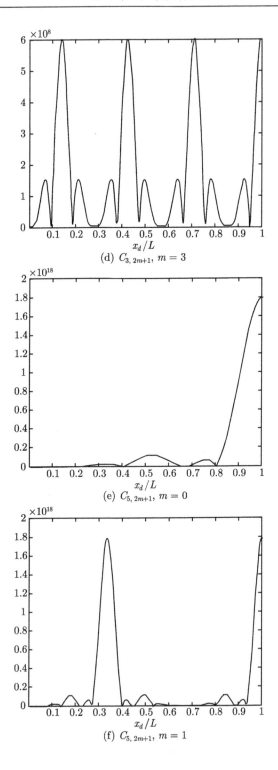

(d) $C_{3, 2m+1}$, $m = 3$

(e) $C_{5, 2m+1}$, $m = 0$

(f) $C_{5, 2m+1}$, $m = 1$

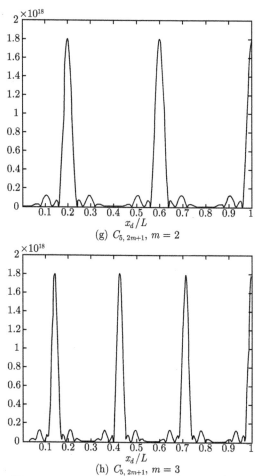

(g) $C_{5,2m+1}$, $m=2$

(h) $C_{5,2m+1}$, $m=3$

图 4.14 $C_{3,2m+1}$ 和 $C_{5,2m+1}$ 随 x_d/L 的变化

$$H_{mm} = \frac{K}{\rho L} \int_0^L \mathrm{d}x \alpha(x) \partial_x \Psi_m \left| \partial_x \Psi_m \right| \partial_x \Psi_m \tag{4.59}$$

解得频率偏移:

$$
\begin{aligned}
\omega_{\mathrm{res,local}}(\varepsilon_m) &\approx \omega_{\mathrm{res}}(0)\left[1 - \left(1 + \frac{4}{3\pi Q}\right)\frac{cH_{mm}\varepsilon_m}{\omega_m^3}\right]\\
&= \Omega_{\mathrm{res}}(0)\left\{1 - \overline{\alpha}\left(1 + \frac{4}{3\pi Q}\right)\left|\sin^3\left[\frac{(2m+1)\pi x_d}{2L}\right]\right|\varepsilon_m\right\}\\
&= \Omega_{\mathrm{res}}(0)[1 - X_{1,2m+1}\varepsilon_m]
\end{aligned} \tag{4.60}
$$

同样可以计算得

$$X_{3,2m+1} = \frac{8Q}{5\pi}\frac{\hat{\alpha}d}{L}\left|\sin\left[\frac{3(2m+1)\pi}{2L}x_d\right]\right|\sin^2\left[\frac{(2m+1)\pi}{2L}x_d\right] \tag{4.61}$$

$$X_{5,2m+1} = \frac{8Q}{21\pi}\frac{\hat{\alpha}d}{L}\left|\sin\left[\frac{5(2m+1)\pi}{2L}x_d\right]\right|\sin^2\left[\frac{(2m+1)\pi}{2L}x_d\right] \qquad (4.62)$$

频率漂移和应变呈平方关系。

$X_{1,2m+1}, X_{3,2m+1}$ 和 $X_{5,2m+1}$ 随 x_d/L 的变化如图 4.15 所示。

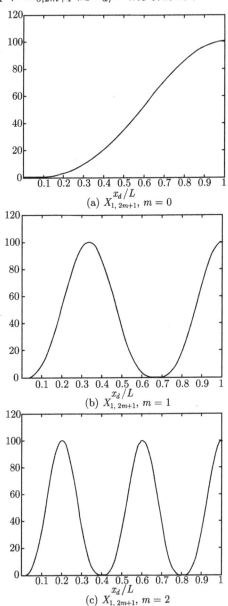

(a) $X_{1,\,2m+1}$, $m = 0$

(b) $X_{1,\,2m+1}$, $m = 1$

(c) $X_{1,\,2m+1}$, $m = 2$

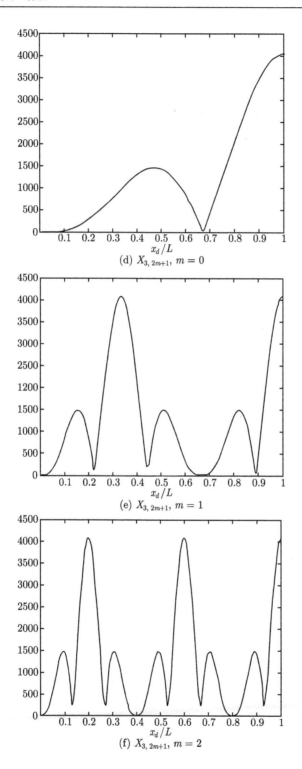

(d) $X_{3,\,2m+1}$, $m = 0$

(e) $X_{3,\,2m+1}$, $m = 1$

(f) $X_{3,\,2m+1}$, $m = 2$

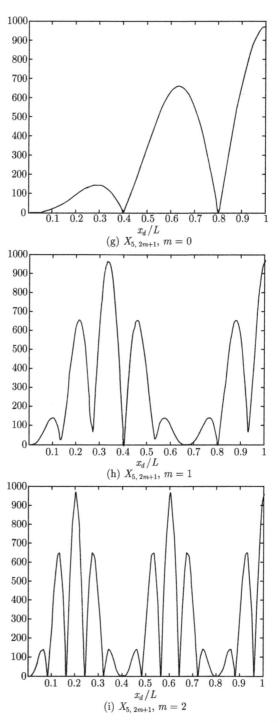

(g) $X_{5,2m+1}$, $m = 0$

(h) $X_{5,2m+1}$, $m = 1$

(i) $X_{5,2m+1}$, $m = 2$

图 4.15　$X_{1,2m+1}, X_{3,2m+1}$ 和 $X_{5,2m+1}$ 随 x_d/L 的变化

在这种边界条件下, 不同模式下的频率漂移, 不管是经典非线性还是非经典非线性, 其对应变的系数都是不对称的, 也就是说, 任取两个频移关系就可以确定缺陷的位置, 且缺陷的位置是唯一的, 不会呈现对称关系。下面的逆建模中就可以体现出来。

3. 逆建模

1) x_d 位置的确定

(1) 经典立方非线性的推导。

令 $\alpha = \dfrac{\pi x_d}{2L}$, 则

$$\frac{\sin 3\alpha}{\sin \alpha} = \sqrt[4]{C_{1,3}/C_{1,1}}$$

$$\cos \alpha = \frac{\sqrt{\sqrt[4]{\dfrac{C_{1,3}}{C_{1,1}}} + 1}}{2}$$

$$\frac{\pi x_d}{2L} = \arccos \frac{\sqrt{\sqrt[4]{\dfrac{C_{1,3}}{C_{1,1}}} + 1}}{2} \tag{4.63}$$

$$\frac{x_d}{L} = \frac{2}{\pi} \arccos \frac{\sqrt{\sqrt[4]{\dfrac{C_{1,3}}{C_{1,1}}} + 1}}{2}$$

同样,

$$\frac{\sin 5\alpha}{\sin \alpha} = \sqrt[4]{C_{1,5}/C_{1,1}}$$

$$16\cos^4 \alpha - 12\cos^2 \alpha + 1 = \sqrt[4]{C_{1,5}/C_{1,1}}$$

令 $K = 1 - \sqrt[4]{C_{1,5}/C_{1,1}}$, 则

$$\cos^2 \alpha = \frac{3 + \sqrt{5 + 4K}}{8}$$

$$\cos \alpha = \sqrt{\frac{3 + \sqrt{5 + 4K}}{8}}$$

$$\alpha = \frac{\pi x_d}{2L} = \arccos \sqrt{\frac{3 + \sqrt{5 + 4K}}{8}}$$

$$\frac{x_d}{L} = \frac{2}{\pi} \arccos \sqrt{\frac{3 + \sqrt{5 + 4K}}{8}} \tag{4.64}$$

$$\frac{x_d}{L} = \frac{2}{\pi} \arccos \sqrt{\frac{3 + \sqrt{5 + 4(1 - \sqrt[4]{C_{1,5}/C_{1,1}})}}{8}}$$

$$\frac{x_d}{L} = \frac{2}{\pi} \arccos \sqrt{\frac{3 + \sqrt{5 + 4(1 - \sqrt[4]{C_{1,5}/C_{1,1}})}}{8}}$$

对于高次的推导如下：

$$\cos \alpha = \frac{\sqrt{\frac{C_{3,1}}{2QC_{1,1}} + 1}}{2}$$

$$\alpha = \frac{\pi x_d}{2L} = \arccos \frac{\sqrt{\frac{C_{3,1}}{2QC_{1,1}} + 1}}{2} \tag{4.65}$$

$$\frac{x_d}{L} = \frac{2}{\pi} \arccos \frac{\sqrt{\frac{C_{3,1}}{2QC_{1,1}} + 1}}{2}$$

(2) 非经典非线性的推导。

因为

$$X_{1,2m+1} = \overline{\alpha} \left(1 + \frac{4}{3\pi Q}\right) \left| \sin^3 \left[\frac{(2m+1)\pi x_d}{2L}\right] \right|$$

所以

$$\sqrt[3]{\frac{X_{1,3}}{X_{1,1}}} = 4\cos^2 \left(\frac{\pi x_d}{2L}\right) - 1$$

$$\cos \left(\frac{\pi x_d}{2L}\right) = \frac{\sqrt{\sqrt[3]{\frac{X_{1,3}}{X_{1,1}}} + 1}}{2}$$

$$\frac{\pi x_d}{2L} = \arccos \frac{\sqrt{\sqrt[3]{\frac{X_{1,3}}{X_{1,1}}} + 1}}{2} \tag{4.66}$$

$$\frac{x_d}{L} = \frac{2}{\pi} \arccos \frac{\sqrt{\sqrt[3]{\frac{X_{1,3}}{X_{1,1}}} + 1}}{2}$$

对于高次的推导：

$$\frac{X_{3,1} \times 5\pi[1 + 4/(3\pi Q)]}{X_{1,1} \times 8Q} = \frac{\sin 3\alpha}{\sin \alpha}$$

$$\frac{X_{3,1} \times 5\pi[1 + 4/(3\pi Q)]}{X_{1,1} \times 8Q} = 4\cos^2 \alpha - 1$$

$$\cos \alpha = \frac{\sqrt{\dfrac{X_{3,1} \times 5\pi[1 + 4/(3\pi Q)]}{X_{1,1} \times 8Q} + 1}}{2} \tag{4.67}$$

$$\alpha = \frac{\pi x_d}{2l} = \arccos \frac{\sqrt{\dfrac{X_{3,1} \times 5\pi[1 + 4/(3\pi Q)]}{X_{1,1} \times 8Q} + 1}}{2}$$

$$\frac{x_d}{l} = \frac{2}{\pi} \arccos \frac{\sqrt{\dfrac{X_{3,1} \times 5\pi[1 + 4/(3\pi Q)]}{X_{1,1} \times 8Q} + 1}}{2}$$

4. 整体多模式 NRUS 方法探测缺陷位置

$$\omega_{\text{res,local}}(\varepsilon_m) \approx \omega_{\text{res}}(0)[1 - \Upsilon_m \varepsilon_m - \Theta_m \varepsilon_m^2] \tag{4.68}$$

强度函数可以表示为

$$S_M(x) = \frac{2}{M} \sum_{m=1}^{M} \left[|\Upsilon_m| + \sqrt{|\Theta_m|} \right] \sin^2 \left[\frac{(2m+1)\pi}{2L} x \right] \tag{4.69}$$

$$\Upsilon_m = \bar{\alpha} \left(1 + \frac{4}{3\pi Q} \right) \left| \sin^3 \left[(2m+1)\frac{\pi}{2L} x_d \right] \right| \tag{4.70}$$

$$\Theta_m = \frac{3}{4} \bar{\delta} \sin^4 \left[(2m+1)\frac{\pi}{2L} x_d \right] \tag{4.71}$$

由图 4.16 可见，这种模式可以明确确定缺陷的位置，不会带来混淆，并且考虑模数越大，就越能清晰地反映缺陷的位置。

本节以整体多模式的方法去研究非线性缺陷，并且分析出当存在此缺陷时，共振频率相对于原来存在线性共振频率的偏移的关系，并且推导出经典非线性与非经典非线性缺陷存在下，基波、高次谐波的偏移系数与应变的关系，通过实验测出这些关系，就可以推导出缺陷的位置。逆建模采用强度函数的办法，实现了缺陷的观察与定位，由于开始采用的建模是两端对称自由的边界条件，造成了缺陷位置存在对称问题的麻烦。通过修改边界条件为一端自由、一端固定，导出了更精准的定位方法，这种定位方法不会产生对称问题，原因在于初始边界调节为不对称，这种解决办法具有很强的实验价值和现实意义。

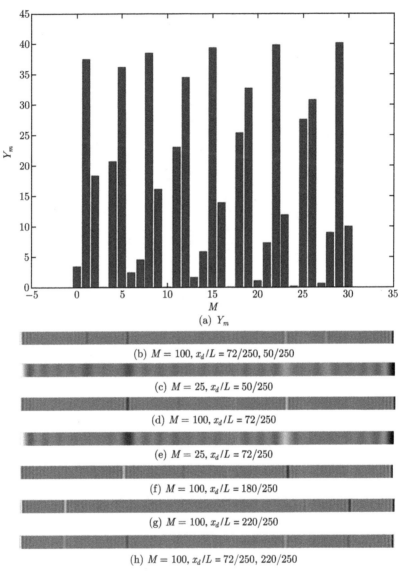

(a) Y_m

(b) $M = 100$, $x_d/L = 72/250, 50/250$

(c) $M = 25$, $x_d/L = 50/250$

(d) $M = 100$, $x_d/L = 72/250$

(e) $M = 25$, $x_d/L = 72/250$

(f) $M = 100$, $x_d/L = 180/250$

(g) $M = 100$, $x_d/L = 220/250$

(h) $M = 100$, $x_d/L = 72/250, 220/250$

图 4.16　(a) Y_m 随模数 M 的变化；(b)~(h) S_m 随棒中位置的空间分布

4.6　一维非经典非线性的高次谐波分析

4.6.1　一维有裂金属棒非线性应力应变关系及其波动方程

在本节中，我们将考虑由多裂纹引起的非线性应力应变关系及其微分方程。在有裂情况下有两种非线性效应，经典非线性效应是由幂级数高阶效应引起的，非经典非线性效应则对应于滞后效应。在微裂纹中，滞后效应是主要的非线性效应，所以，这里我们将考虑微裂纹所引起的非经典非线性效应，并提出在一维模型中的微分方程。

如图 4.17 所示，长为 L，密度为 ρ 的金属棒，其总质量为 M，横截面积为 S，杨氏模量为 E，一端自由，一段有质量负载 m，用角频率为 ω 的声源激励，棒中共有 n 条微裂纹，裂纹的中点分别处于 $x = x_1, x_2, \cdots, x_n$ 处，裂纹有效长度分别为 $d_1, d_2, \cdots, d_n$，且满足 $d_i \ll L(i = 1, 2, \cdots, n)$。

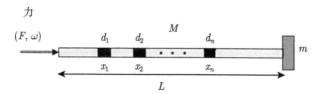

图 4.17 带有多裂纹的一维金属棒几何模型图

根据 PM 理论，金属中的非经典应力应变关系为 [17]

$$\sigma = E\varepsilon + E\frac{\alpha(x)}{2}\{\text{sgn}(\partial_t\varepsilon)[(\Delta\varepsilon)^2 - \varepsilon^2] - 2(\Delta\varepsilon)\varepsilon\} \tag{4.72}$$

其中，$\varepsilon = \partial_x\xi$ 为金属棒中的应变；$\Delta\varepsilon$ 为应变的幅度；参数 $\alpha(x)$ 表明了滞后效应的大小，以及应力应变关系中滞回环开口大小，并且满足

$$\alpha(x) = \begin{cases} \alpha, & x_i - d_i/2 < x < x_i + d_i/2 \quad (i = 1, 2, \cdots, n) \\ 0, & \text{其他位置} \end{cases} \tag{4.73}$$

上式假定了非线性应力应变关系仅发生在有裂纹存在的地方，而对于无裂纹的位置，仍然满足线性应力应变关系。我们得到一维棒模型中考虑阻尼效应后的存在多裂纹的微分方程

$$\rho\partial_{tt}^2\xi = \partial_x\left(E\varepsilon + E\frac{\alpha(x)}{2}\{\text{sgn}(\partial_t\varepsilon)[(\Delta\varepsilon)^2 - \varepsilon^2] - 2(\Delta\varepsilon)\varepsilon\}\right) - \rho\frac{\omega}{Q}\partial_t\xi \tag{4.74}$$

其中，Q 为品质因子，代表材料阻尼的强度。

4.6.2 波动方程及其线性近似解

波动方程 (4.74) 是一个非线性方程，我们令 $\xi = \xi_1 + \xi_2$，这里 ξ_1 为一级近似解，ξ_2 为二级近似解。在线性近似的情况下，可以得到其一阶近似的振动方程：

$$\rho\partial_{tt}^2\xi_1 = E\partial_{xx}^2\xi_1 - \rho\frac{\omega}{Q}\partial_t\xi_1 \tag{4.75}$$

模型一端由一正弦声源激发，其振幅为 F，角频率为 ω，另一端为一质量为 m 的负载，其边界条件可以写为

$$\begin{cases} SE\dfrac{\partial \xi_1}{\partial x}\bigg|_{x=0} = Fe^{j\omega t} \\[2mm] SE\ \dfrac{\partial \xi_1}{\partial x}\bigg|_{x=L} = -m\ \dfrac{\partial^2 \xi_1}{\partial t^2}\bigg|_{x=L} \end{cases} \tag{4.76}$$

设其解为

$$\xi_1 = (A\cos k'x + B\sin k'x)e^{j(\omega t + \phi)} \tag{4.77}$$

其中，k' 为棒中的复波数；A 和 B 分别代表其正弦分量的振幅与余弦分量的振幅；ϕ 代表其相对于激发声源的相位。将式 (4.77) 代入边界条件 (4.76) 可得

$$B = \frac{Fe^{-j\phi}}{SEk'} \tag{4.78}$$

将式 (4.77) 和式 (4.78) 代入式 (4.75) 可得

$$\frac{1}{kQ}e^{j\omega t}[Ek'^2 Q - (Q-j)\rho\omega^2](Ak'e^{j\phi}\cos k'x + F\sin k'x) = 0 \tag{4.79}$$

由于上式对任意 x 成立，故要求

$$Ek'^2 Q - (Q-j)\rho\omega^2 = 0 \tag{4.80}$$

我们令 $c = \sqrt{\dfrac{E}{\rho}}$，$k = \dfrac{\omega}{c}$，$k' = a + bj$（这里，$a$ 与 b 分别代表复波数的实部与虚部），将其代入式 (4.80) 并要求实部、虚部均为零可得

$$\begin{cases} a^2 = b^2 + k^2 \\[2mm] ab = -\dfrac{k^2}{2Q} \end{cases} \tag{4.81}$$

在一般固体中，衰减较小而品质因子 Q 较大，所以复波数的实部与虚部满足 $a \gg b$，于是我们可以得到式 (4.81) 的近似解以及 k' 的表达式：

$$\begin{cases} a = k \\[2mm] b = -\dfrac{k}{2Q} \end{cases} \tag{4.82}$$

$$k' = k\left(1 - \frac{j}{2Q}\right) \tag{4.83}$$

为了得到振幅 A 的表达式，我们将式 (4.77)，式 (4.78) 代入式 (4.76) 后可得

$$A = \frac{F(SEk' - m\omega^2 \tan k'L)}{SEk(m\omega^2 + SEk' \tan k'L)}e^{-j\phi} \tag{4.84}$$

于是我们便得到一阶近似下的质点位移 ξ 的表达式：

$$\xi_1 = \frac{F[SEk'\cos k'(L-x) - m\omega^2 \sin k'(L-x)]}{SEk'(m\omega^2 \cos k'L + SEk'\sin k'L)}e^{j\omega t} \tag{4.85}$$

我们使用共振频率激发，并假设共振时，驱动力 F 非常小，即式 (4.78) 中的 $B = 0$，且 $k' \approx k = \dfrac{\omega}{c}$，将式 (4.77) 代入式 (4.76) 可得

$$\tan kl = -\frac{\omega mc}{SE} \tag{4.86}$$

而棒的总质量 $M = SL\rho$，化简式 (4.86) 可得其本征频率方程：

$$\frac{\tan kL}{kL} = -\frac{m}{M} \tag{4.87}$$

由实际质点位移的表达式 $\xi_1 = \mathrm{Re}(\xi_1)$，利用式 (4.87) 以及品质因数 Q 很大的近似，便可以得到近似解：

$$\xi_1 = \frac{2QF(M\cos kL - mkL\sin kL)}{SL\rho\omega^2[m(kL\sin kL - \cos kL) - M(2 + \cos kL)]}\cos kx \sin \omega t \tag{4.88}$$

后节中的数值模拟，均使用以下数据：$\dfrac{m}{M} = 0.5$，可以得到第一本征频率 $k_1 L = 2.289$，第二本征频率 $k_2 L = 5.087$。在第一本征频率下，取 $L = 0.2\mathrm{m}$，则 $k_1 = 11.44\mathrm{m}^{-1}$。在第二本征频率下，取 $L = 0.2\mathrm{m}$，则 $k_2 = 25.43\mathrm{m}^{-1}$，品质因子 $Q = 80$，横截面积 $S = 2.5 \times 10^{-3}\mathrm{m}^2$，棒中声速 $c = 6.0 \times 10^3\mathrm{m/s}$，棒的密度 $\rho = 7.8 \times 10^3\mathrm{kg/m}^3$，作用力振幅 $F = 10^5\mathrm{N}$，非线性参数 $\alpha = 2000$，棒中的基波振幅分布如图 4.18 所示。可见，由于质量负载边界条件的影响，在 $x = L$ 处，其振幅既不是最大值也不是最小值。

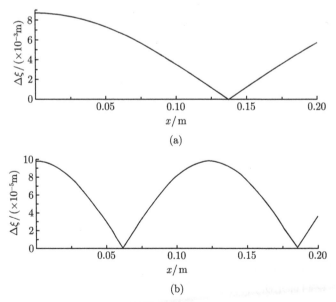

图 4.18 第一本征频率下 (a) 和第二本征频率下 (b) 的基波质点振幅分布图

4.6.3　滞后效应引起的谐波成分

1. 微扰近似下的高次谐波解析解

在第一或第二类边界条件下,各本征频率之间呈正比关系,非线性效应所产生的高次谐波正好等于其更高的本征频率,故能够满足边界条件。然而,对于质量负载边界条件,其本征频率之间并不成正比,由此产生的高次谐波并不等于其本征频率,此时高次谐波的行为将会怎样?下面我们将详细讨论这种情况下的振动分布。

令 $H = \dfrac{2QF(M\cos kL - mkL\sin kL)}{SL\rho\omega^2[m(kL\sin kL - \cos kL) - M(2 + \cos kL)]}$,于是式 (4.88) 变为

$$\xi_1 = H\cos kx\sin\omega t \tag{4.89}$$

这里,H 是基波的质点振幅。式 (4.89) 对 x 求偏导后得到

$$\varepsilon_1 = \partial_x\xi_1 = -kH\sin kx\sin\omega t \tag{4.90}$$

ε_1 为应变,其振幅 $\Delta\varepsilon_1$ 满足

$$\Delta\varepsilon_1 = \Delta(\partial_x\xi_1) = |kH\sin kx| \tag{4.91}$$

在二阶近似的情况下,式 (4.74) 可化为

$$\rho\partial_{tt}^2\xi_2 - E\partial_{xx}^2\xi_2 + \rho\frac{\omega}{Q}\partial_t\xi_2 = \partial_x\left(E\frac{\alpha(x)}{2}\left\{\mathrm{sgn}(\partial_t\varepsilon_1)[(\Delta\varepsilon_1)^2 - \varepsilon_1^2] - 2(\Delta\varepsilon_1)\varepsilon_1\right\}\right) \tag{4.92}$$

上式右边为微裂纹所引起的高次谐波的力源项,我们将 $\mathrm{sgn}(\partial_t\varepsilon_1)$ 进行傅里叶变换后可以得到

$$\mathrm{sgn}(\partial_t\varepsilon_1) = \mathrm{sgn}(H\sin kx)\sum_{n=0}^{\infty}(-1)^{n+1}\frac{4}{(2n+1)\pi}\sin[(2n+1)\omega t] \tag{4.93}$$

代入式 (4.92) 化简后得到

$$\rho\partial_{tt}^2\xi_2 - E\partial_{xx}^2\xi_2 + \rho\frac{\omega}{Q}\partial_t\xi_2$$

$$= Ek^3H^2\frac{\alpha(x)}{2}\mathrm{sgn}(H\sin kx)\sin 2kx \tag{4.94}$$

$$\times\left[\left(2 - \frac{2}{3\pi}\right)\sin\omega t - \frac{8}{15\pi}\sin 3\omega t + \frac{8}{105\pi}\sin 5\omega t - \frac{8}{315\pi}\sin 7\omega t + \cdots\right]$$

可见,由于滞后效应的影响,波动方程中出现了谐波项。然而明显可见,波动方程中只有奇次谐波成分而没有偶次谐波成分,故在滞后效应的影响下,棒中只会激发出奇次谐波。我们首先研究三次谐波与裂纹之间的关系,式 (4.94) 便可以简化为

$$\rho\partial_{tt}^2\xi_2 - E\partial_{xx}^2\xi_2 + \rho\frac{\omega}{Q}\partial_t\xi_2 = -\frac{8}{15\pi}Ek^3H^2\frac{\alpha(x)}{2}\mathrm{sgn}(H\sin kx)\sin 2kx\sin 3\omega t \tag{4.95}$$

由于系统的本征频率之间不呈正比关系,但三次谐波需要满足边界条件,所以,其质点振动分布将与一般情况不同。但在那些没有裂纹的位置,振动依然满足线性微分方程,所以在裂纹中间或裂纹与边界之间的振动分布应当满足三角函数分布。同样,我们可以设此波动方程的解为

$$
\begin{cases}
\xi_{231} = (A_{31}\cos 3kx + B_{31}\sin 3kx)\sin 3\omega t \\
\xi_{232} = (A_{32}\cos 3kx + B_{32}\sin 3kx)\sin 3\omega t \\
\quad\vdots \\
\xi_{23(n+1)} = (A_{3(n+1)}\cos 3kx + B_{3(n+1)}\sin 3kx)\sin 3\omega t
\end{cases}
\tag{4.96}
$$

其中,ξ_{ijk} 表示 i 阶近似下 j 次谐波在第 $k-1$ 与第 k 个裂纹之间的棒中质点振动位移,并要求其满足棒的边界条件:

$$
\begin{cases}
\left.\dfrac{\partial \xi_{231}}{\partial x}\right|_{x=0} = 0 \\
SE\left.\dfrac{\partial \xi_{233}}{\partial x}\right|_{x=L} = -m\left.\dfrac{\partial^2 \xi_{233}}{\partial t^2}\right|_{x=L}
\end{cases}
\tag{4.97}
$$

由于材料刚开始疲劳时所产生的裂纹属于微裂纹,故要求在裂纹处,棒的质点振动位移连续 [20],即

$$
\begin{cases}
\xi_{231}|_{x=x_1} = \xi_{232}|_{x=x_1} \\
\xi_{232}|_{x=x_2} = \xi_{233}|_{x=x_2} \\
\quad\vdots \\
\xi_{23n}|_{x=x_n} = \xi_{23(n+1)}|_{x=x_n}
\end{cases}
\tag{4.98}
$$

方程 (4.95) 的右端相当于一个力源,由于裂纹宽度很小,我们可以将式 (4.95) 在第 i 条裂纹处用导数定义写成

$$
\left[\rho\partial_{tt}^2\xi_2 - E\frac{\partial_x\xi_{23(i+1)} - \partial_x\xi_{23i}}{d_i} + \rho\frac{\omega}{Q}\partial_t\xi_2\right]\bigg|_{x=x_i}
$$
$$
= \left[-\frac{8}{15\pi}Ek^3H^2\frac{\alpha(x)}{2}\mathrm{sgn}(H\sin kx)\sin 2kx\sin 3\omega t\right]\bigg|_{x=x_i}
\tag{4.99}
$$

将式 (4.99) 两边同乘上 d_i,由于 $d_i \ll L$,我们忽略 $\rho\partial_{tt}^2\xi_2 + \rho\dfrac{\omega}{Q}\partial_t\xi_2$ 的影响,便可以得到式 (4.99) 的近似表达式:

$$
\partial_x\xi_{23(i+1)} - \partial_x\xi_{23i} = \frac{8}{15\pi}d_ik^3H^2\frac{\alpha(x)}{2}\mathrm{sgn}(H\sin kx_i)\sin 2kx_i\sin 3\omega t
\tag{4.100}
$$

式 (4.100) 的物理意义即裂纹处的应变关系。裂纹两端的应力差异是由非线性源引

起的, 根据式 (4.97), 我们可以写出所有的应力连续方程:

$$
\begin{cases}
\partial_x \xi_{232}|_{x=x_1} - \partial_x \xi_{231}|_{x=x_1} = \dfrac{8}{15\pi} d_1 k^3 H^2 \dfrac{\alpha(x)}{2} \mathrm{sgn}(H \sin kx_1) \sin 2kx_1 \sin 3\omega t \\[3mm]
\partial_x \xi_{233}|_{x=x_2} - \partial_x \xi_{232}|_{x=x_2} = \dfrac{8}{15\pi} d_2 k^3 H^2 \dfrac{\alpha(x)}{2} \mathrm{sgn}(H \sin kx_2) \sin 2kx_2 \sin 3\omega t \\[3mm]
\qquad\qquad\qquad\qquad\qquad\qquad\vdots \\[3mm]
\partial_x \xi_{23(n+1)}\big|_{x=x_n} - \partial_x \xi_{23n}|_{x=x_n} = \dfrac{8}{15\pi} d_n k^3 H^2 \dfrac{\alpha(x)}{2} \mathrm{sgn}(H \sin kx_n) \sin 2kx_n \sin 3\omega t
\end{cases}
$$
$$(4.101)$$

对于确定的裂纹位置 x_i 以及裂纹的大小 d_i, 式 (4.96) 共有 $2(n+1)$ 个未知数, 而式 (4.97)~式 (4.99) 共有 $2(n+1)$ 个方程, 故方程 A_i, B_i 的解是能够唯一确定的。

2. 利用三次谐波的裂纹定位方法

为简单起见, 下面讨论以及数值模拟的裂纹数为 2。我们将波动方程 (4.95) 以及其解 (4.96), 边界条件 (4.97), 微裂纹质点位移连续条件 (4.98) 以及裂纹左右两边应力连续条件 (4.101) 重写如下:

$$
\rho \partial_{tt}^2 \xi_{23i} - E \partial_{xx}^2 \xi_{23i} + \rho \frac{\omega}{Q} \partial_t \xi_{23i} = 0 \quad (i = 1, 2, 3) \tag{4.102}
$$

$$
\begin{cases}
\xi_{231} = (A_{31} \cos 3kx + B_{31} \sin 3kx) \sin 3\omega t \\
\xi_{232} = (A_{32} \cos 3kx + B_{32} \sin 3kx) \sin 3\omega t \\
\xi_{233} = (A_{33} \cos 3kx + B_{33} \sin 3kx) \sin 3\omega t
\end{cases} \tag{4.103}
$$

$$
\begin{cases}
\dfrac{\partial \xi_{231}}{\partial x}\bigg|_{x=0} = 0 \\[3mm]
SE \dfrac{\partial \xi_{233}}{\partial x}\bigg|_{x=L} = -m \dfrac{\partial^2 \xi_{233}}{\partial t^2}\bigg|_{x=L}
\end{cases} \tag{4.104}
$$

$$
\begin{cases}
\xi_{231}|_{x=x_1} = \xi_{232}|_{x=x_1} \\
\xi_{232}|_{x=x_2} = \xi_{233}|_{x=x_2}
\end{cases} \tag{4.105}
$$

$$
\begin{cases}
\partial_x \xi_{232}|_{x=x_1} - \partial_x \xi_{231}|_{x=x_1} = \dfrac{8}{15\pi} d_1 k^3 H^2 \dfrac{\alpha(x)}{2} \mathrm{sgn}(H \sin kx_1) \sin 2kx_1 \sin 3\omega t \\[3mm]
\partial_x \xi_{233}|_{x=x_2} - \partial_x \xi_{232}|_{x=x_2} = \dfrac{8}{15\pi} d_2 k^3 H^2 \dfrac{\alpha(x)}{2} \mathrm{sgn}(H \sin kx_2) \sin 2kx_2 \sin 3\omega t
\end{cases}
$$
$$(4.106)$$

令

$$
D_{31} = \frac{8}{30\pi} d_1 k^3 H^2 \alpha \, \mathrm{sgn}(H \sin kx_1) \sin 2kx_1
$$

$$D_{32} = \frac{8}{30\pi} d_2 k^3 H^2 \alpha \mathrm{sgn}(H \sin kx_2) \sin 2kx_2$$

则式 (4.106) 可以化简为

$$\begin{cases} \partial_x \xi_{232}|_{x=x_1} - \partial_x \xi_{231}|_{x=x_1} = D_{31} \sin 3\omega t \\ \partial_x \xi_{233}|_{x=x_2} - \partial_x \xi_{232}|_{x=x_2} = D_{32} \sin 3\omega t \end{cases} \tag{4.107}$$

由式 (4.97) 可以得到 $B_{31} = 0$, 即

$$\xi_{231} = A_{31} \cos 3kx \sin 3\omega t \tag{4.108}$$

由频率方程 (4.87) 可以得到

$$\tan 3kL = \frac{(kLm)^3 - 3kLM^2}{M^3 - 3(kL)^2 M} = \frac{1 - 3\beta^2}{\beta^3 - 3\beta} \tag{4.109}$$

其中, $\beta = \dfrac{M}{kLm}$。由边界条件 (4.104) 可以得到

$$\frac{M}{3mkL}(B_{33} - A_{33}\tan 3kL) = A_{33} + B_{33}\tan 3kL \tag{4.110}$$

将式 (4.109) 代入式 (4.110) 便可以得到

$$B_{33} = \frac{8\beta}{3 - 6\beta^2 - \beta^4} A_{33} = \chi_3 A_{33} \tag{4.111}$$

其中, $\chi_3 = \dfrac{8\beta}{3 - 6\beta^2 - \beta^4}$。由式 (4.103), 式 (4.105), 式 (4.109)~式 (4.111) 可以得到正余弦分量的振幅应当满足如下关系式:

$$\begin{cases} A_{31} \cos 3kx_1 = A_{32} \cos 3kx_1 + B_{32} \sin 3kx_1 \\ A_{32} \cos 3kx_2 + B_{32} \sin 3kx_2 = A_{33} \cos 3kx_2 + \chi_3 A_{33} \sin 3kx_2 \\ B_{32} \cos 3kx_1 + (A_{31} - A_{32}) \sin 3kx_1 = \dfrac{D_{31}}{3k} \\ (\chi_3 A_{33} - B_{32}) \cos 3kx_2 + (A_{32} - A_{33}) \sin 3kx_2 = \dfrac{D_{32}}{3k} \end{cases} \tag{4.112}$$

解以上方程组我们可以得到波动系数与裂纹大小以及位置的关系式:

$$\begin{cases} A_{31} = \dfrac{D_{31} \cos 3kx_1 + D_{32} \cos 3kx_2 + D_{31}\chi_3 \sin 3kx_1 + D_{32}\chi_3 \sin 3kx_2}{3k\chi_3} \\ A_{32} = \dfrac{D_{31} \cos 3kx_1 + D_{32}(\cos 3kx_2 + \chi_3 \sin 3kx_2)}{3k\chi_3} \\ B_{32} = \dfrac{D_{31} \cos 3kx_1}{3k} \\ A_{33} = \dfrac{D_{31} \cos 3kx_1 + D_{32} \cos 3kx_2}{3k\chi_3} \\ B_{33} = \dfrac{D_{31} \cos 3kx_1 + D_{32} \cos 3kx_2}{3k} \end{cases} \tag{4.113}$$

3. 利用五次谐波的裂纹定位方法

同样，我们可以研究棒中五次谐波的大小与裂纹位置和裂纹大小之间的关系，其波动方程为

$$\rho\partial_{tt}^2\xi_2 - E\partial_{xx}^2\xi_2 + \rho\frac{\omega}{Q}\partial_t\xi_2 = \frac{8}{105\pi}Ek^3H^2\frac{\alpha(x)}{2}\mathrm{sgn}(H\sin kx)\sin 2kx\sin 5\omega t \quad (4.114)$$

设其解为

$$\begin{cases} \xi_{251} = (A_{51}\cos 5kx + B_{51}\sin 5kx)\sin 5\omega t \\ \xi_{252} = (A_{52}\cos 5kx + B_{52}\sin 5kx)\sin 5\omega t \\ \xi_{253} = (A_{53}\cos 5kx + B_{53}\sin 5kx)\sin 5\omega t \end{cases} \quad (4.115)$$

满足边界条件

$$\begin{cases} \left.\dfrac{\partial\xi_{251}}{\partial x}\right|_{x=0} = 0 \\ SE\left.\dfrac{\partial\xi_{253}}{\partial x}\right|_{x=L} = -m\left.\dfrac{\partial^2\xi_{253}}{\partial t^2}\right|_{x=L} \end{cases} \quad (4.116)$$

位移连续条件

$$\begin{cases} \xi_{251}|_{x=x_1} = \xi_{252}|_{x=x_1} \\ \xi_{252}|_{x=x_2} = \xi_{253}|_{x=x_2} \end{cases} \quad (4.117)$$

应变关系条件

$$\begin{cases} \partial_x\xi_{252}|_{x=x_1} - \partial_x\xi_{251}|_{x=x_1} = D_{51}\sin 5\omega t \\ \partial_x\xi_{253}|_{x=x_2} - \partial_x\xi_{252}|_{x=x_2} = D_{52}\sin 5\omega t \end{cases} \quad (4.118)$$

其中，

$$D_{51} = -\frac{8}{210\pi}d_1k^3H^2\alpha\mathrm{sgn}(H\sin kx_1)\sin 2kx_1$$

$$D_{52} = -\frac{8}{210\pi}d_2k^3H^2\alpha\mathrm{sgn}(H\sin kx_2)\sin 2kx_2$$

由边界条件可以确定：$B_{51} = 0$，$B_{53} = \chi_5 A_{53}$，其中 $\chi_5 = \dfrac{8\beta(3-5\beta^2)}{5-45\beta^2+15\beta^4+\beta^6}$，于是便可以得到裂纹位置、大小以及系数的关系：

$$\begin{cases} A_{51}\cos 5kx_1 = A_{52}\cos 5kx_1 + B_{52}\sin 5kx_1 \\ A_{52}\cos 5kx_2 + B_{52}\sin 5kx_2 = A_{53}\cos 5kx_2 + \chi_5 A_{53}\sin 5kx_2 \\ B_{52}\cos 5kx_1 + (A_{51} - A_{52})\sin 5kx_1 = \dfrac{D_{51}}{5k} \\ (\chi_5 A_{53} - B_{52})\cos 5kx_2 + (A_{52} - A_{53})\sin 5kx_2 = \dfrac{D_{52}}{5k} \end{cases} \quad (4.119)$$

很容易，我们可以得到以上方程的解，即系数关于裂纹位置和大小的表达式：

$$\begin{cases} A_{51} = \dfrac{D_{51}\cos 5kx_1 + D_{52}\cos 5kx_2 + D_{51}\chi_5\sin 5kx_1 + D_{52}\chi_5\sin 5kx_2}{3k\chi_3} \\[2mm] A_{52} = \dfrac{D_{51}\cos 5kx_1 + D_{52}(\cos 5kx_2 + \chi_5\sin 5kx_2)}{5k\chi_5} \\[2mm] B_{52} = \dfrac{D_{51}\cos 5kx_1}{5k} \\[2mm] A_{53} = \dfrac{D_{51}\cos 5kx_1 + D_{52}\cos 5kx_2}{5k\chi_5} \\[2mm] B_{53} = \dfrac{D_{51}\cos 5kx_1 + D_{52}\cos 5kx_2}{5k} \end{cases} \tag{4.120}$$

4.6.4　多裂纹的反演与定位

1. 裂纹反演问题

通常进行检测时，我们可以利用加速度计沿着棒的方向进行扫描，来确定棒中振幅和相位随位置 x 变化的关系，由此可以得到各段波动系数 A_{ij}，B_{ij} 的大小。

利用三次谐波进行检测时，由式 (4.112) 我们可以得到裂纹位置与三次谐波波动系数的关系式：

$$\begin{cases} x_1 = \dfrac{1}{3k}\arctan\dfrac{A_{31} - A_{32}}{B_{32}} \\[2mm] x_2 = \dfrac{1}{3k}\arctan\dfrac{A_{32} - A_{33}}{\chi_3 A_{33} - B_{32}} \end{cases} \tag{4.121}$$

在获得裂纹位置之后，利用式 (4.112) 后两式我们便可以得到裂纹的大小：

$$\begin{cases} d_1 = \left| \dfrac{90\pi[B_{32}\cos 3kx_1 + (A_{31} - A_{32})\sin 3kx_1]}{8k^2 H^2 \alpha \sin 2kx_1} \right| \\[3mm] d_2 = \left| \dfrac{90\pi[(\chi_3 A_{33} - B_{32})\cos 3kx_2 + (A_{32} - A_{33})\sin 3kx_2]}{8k^2 H^2 \alpha \sin 2kx_2} \right| \end{cases} \tag{4.122}$$

利用五次谐波进行检测时，由式 (4.119) 我们可以得到裂纹位置与五次谐波波动系数的关系式：

$$\begin{cases} x_1 = \dfrac{1}{5k}\arctan\dfrac{A_{51} - A_{52}}{B_{52}} \\[2mm] x_2 = \dfrac{1}{5k}\arctan\dfrac{A_{52} - A_{53}}{\chi_5 A_{53} - B_{52}} \end{cases} \tag{4.123}$$

以及裂纹大小：

$$\begin{cases} d_1 = \left| \dfrac{1050\pi[B_{52}\cos 5kx_1 + (A_{51} - A_{52})\sin 5kx_1]}{8k^2 H^2 \alpha \sin 2kx_1} \right| \\[3mm] d_2 = \left| \dfrac{1050\pi[(\chi_5 A_{53} - B_{52})\cos 5kx_2 + (A_{52} - A_{53})\sin 5kx_2]}{8k^2 H^2 \alpha \sin 2kx_2} \right| \end{cases} \tag{4.124}$$

2. 裂纹反演的数值计算

在下面的数值模拟中，主要解决及验证两个问题：① 能否通过上文中所讨论的方法来唯一确定多裂纹的位置以及大小；② 在只有 1 条裂纹的情况下，能否通过多裂纹的检测方法来唯一确定这条裂纹的位置和大小。

1) 多裂纹定位的数值模拟

我们使用第一本征频率激发，$k_1 = 11.44 \mathrm{m}^{-1}$，$\omega_1 = 6.867 \times 10^4 \mathrm{rad/s}$，$f_1 = 10.93 \mathrm{kHz}$，并且假定两个裂纹处于 $x_1 = 6\mathrm{cm}$，$x_2 = 11\mathrm{cm}$，裂纹的大小分别为 $d_1 = 0.5\mathrm{mm}$，$d_2 = 1.8\mathrm{mm}$。我们将以上参数代入式 (4.113) 和式 (4.120)，可以计算出波动解中的系数：基波振幅 $H = 8.75 \times 10^{-3}\mathrm{m}$；三次谐波各裂纹两边系数 $A_{31} = 8.07 \times 10^{-5}\mathrm{m}$，$A_{32} = -1.65 \times 10^{-4}\mathrm{m}$，$B_{32} = -1.31 \times 10^{-4}\mathrm{m}$，$A_{33} = 1.89 \times 10^{-4}\mathrm{m}$，$B_{33} = -6.10 \times 10^{-4}\mathrm{m}$；五次谐波裂纹两边系数 $A_{51} = -9.35 \times 10^{-5}\mathrm{m}$，$A_{52} = -1.00 \times 10^{-4}\mathrm{m}$，$B_{52} = 2.28 \times 10^{-5}\mathrm{m}$，$A_{53} = -9.98 \times 10^{-5}\mathrm{m}$，$B_{53} = -2.83 \times 10^{-5}\mathrm{m}$。可见基波振幅 H 比 A_{ij}，B_{ij} 的值大两个数量级左右，用微扰法能够满足精度要求。以上数值模拟中各系数的正负号可以通过扫描测量时的相位判定。

接下来我们验证是否可以通过波动解的系数来反推出裂纹位置及其大小。将以上系数代入式 (4.121)、式 (4.123)，可以解得到第一条裂纹的三次谐波定位：$x_{131} = 6.00\mathrm{cm}$，$x_{132} = 15.15\mathrm{cm}$，五次谐波定位：$x_{151} = 0.51\mathrm{cm}$，$x_{152} = 6.00\mathrm{cm}$，$x_{153} = 11.49\mathrm{cm}$，$x_{154} = 16.98\mathrm{cm}$，其中 x_{ijk} 表示第 i 条裂纹通过第 j 次谐波所计算出的第 k 个可能解。由于实际情况中的第一个裂纹的位置是唯一的，对比以上数据可以很明显发现第一条微裂纹的实际位置为 $x_1 = 6.00\mathrm{cm}$。图 4.19(a) 就是第一条裂纹的可能位置分布图，其中，上图是通过三次谐波得出的，下图是通过五次谐波得出的，通过对比很容易发现只有在 $x_1 = 6.00\mathrm{cm}$ 处裂纹的可能位置是完全重合的。同样，我们可以计算得到第二条裂纹的三次谐波定位：$x_{231} = 1.85\mathrm{cm}$，$x_{232} = 11.00\mathrm{cm}$，五次谐波定位：$x_{251} = 0.02\mathrm{cm}$，$x_{252} = 5.51\mathrm{cm}$，$x_{253} = 11.00\mathrm{cm}$，$x_{254} = 16.49\mathrm{cm}$。由于实际的第二条裂纹位置也是唯一的，且应在第一条裂纹之后，对比以上数据很容易发现 $x_2 = 11.00\mathrm{cm}$，如图 4.19(b) 所示。将图 4.19(a) 与图 4.19(b) 重合起来便得到了图 4.19(c)。从中可看出两条裂纹的位置只有在 $x_1 = 6.00\mathrm{cm}$ 以及 $x_2 = 11.00\mathrm{cm}$ 处重合。通过对比处理，我们最后便可得到实际裂纹的分布图，如图 4.20 所示。

在确定了裂纹位置之后，我们将其代入式 (4.113) 以及式 (4.115)，都可计算出裂纹的大小：$d_1 = 0.5\mathrm{mm}$，$d_2 = 1.8\mathrm{mm}$。计算值与预期相符，说明此方法可以有效地确定裂纹的位置和大小。图 4.21 是金属棒中质点振动位移以及应变分布图。从图 4.21(a) 和图 4.21(c) 中可以看出，在 $x_1 = 6.00\mathrm{cm}$ 和 $x_2 = 11.00\mathrm{cm}$ 处位移仍然连续，图 4.21(b) 以及图 4.21(d) 中可以看出，在 $x_1 = 6.00\mathrm{cm}$ 和 $x_2 = 11.00\mathrm{cm}$ 处的应力不连续，这就是波动方程中出现非线性源的缘故。显然可以看出在 $x_2 = 11.00\mathrm{cm}$

处出现的跳变明显要比 $x_1 = 6.00\text{cm}$ 处大, 这是由于在 $x_2 = 11.00\text{cm}$ 处的裂纹长度要比在 $x_1 = 6.00\text{cm}$ 处大。

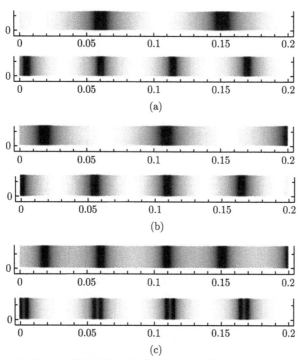

图 4.19 通过三次谐波 (上图) 以及五次谐波 (下图) 得出的第一条裂纹 (a) 和第二条裂纹(b) 可能位置分布对比图以及裂纹对比合成图 (c)

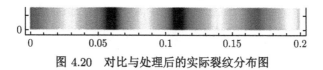

图 4.20 对比与处理后的实际裂纹分布图

2) 单一裂纹定位的数值模拟

上文中阐述了对于多个裂纹的检测方法的有效性, 下面我们将讨论使用多裂纹检测方法将其反推并应用于单一裂纹检测的有效性问题。我们同样使用第一本征频率激发, 但假定金属棒中只有一条裂纹, 裂纹位于 $x_1 = 6.00\text{cm}$ 处, 其有效长度为 $d_1 = 0.5\text{mm}$。由于没有第二条裂纹的存在, 相当于 $d_2 = 0$, 即 $D_{32} = 0$, $D_{52} = 0$。将其代入式 (4.103)、式 (4.110), 可以得到三次谐波的系数: $A_{31} = 2.86 \times 10^{-4}\text{m}$, $A_{32} = A_{33} = 4.04 \times 10^{-5}\text{m}$, $B_{32} = B_{33} = -1.31 \times 10^{-4}\text{m}$, 以及五次谐波的系数: $A_{51} = 8.74 \times 10^{-5}\text{m}$, $A_{52} = A_{53} = 8.05 \times 10^{-5}\text{m}$, $B_{52} = B_{53} = 2.28 \times 10^{-5}\text{m}$。可见, 由于第二条裂纹的不存在, 使得 $\xi_2 = \xi_3$。

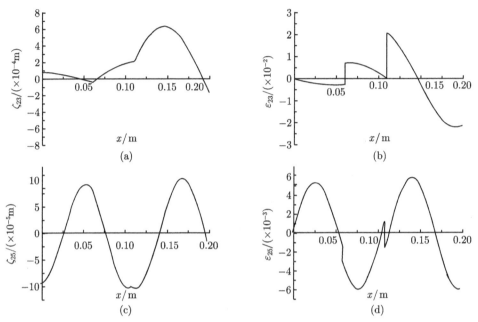

图 4.21　金属棒中三次谐波质点振动位移 (a) 和应变分布 (b) 图以及五次谐波质点振动位移 (c) 和应变分布 (d) 图

反过来，我们验证：如果实验中测得以上值，能否来确定裂纹的位置以及大小。将以上系数代入式 (4.121)、式 (4.123)，可以解得第一条裂纹的三次谐波定位：$x_{131} = 6.00\text{cm}$，$x_{132} = 15.15\text{cm}$，五次谐波定位：$x_{151} = 0.51\text{cm}$，$x_{152} = 6.00\text{cm}$，$x_{153} = 11.49\text{cm}$，$x_{154} = 16.98\text{cm}$。通过对比可以得出 $x_1 = 6.00\text{cm}$，如图 4.22 所示。然而当我们将数值代入式 (4.121)、式 (4.123) 中计算第二条裂纹的三次谐波定位的时候，却发现 $x_2 = \dfrac{1}{3k}\arctan\dfrac{A_{32} - A_{33}}{\chi_3 A_{33} - B_{32}}$ 中的 $\dfrac{A_{32} - A_{33}}{\chi_3 A_{33} - B_{32}} = \dfrac{0}{0}$，是不定值，即得不到 x_2 的解，同样的问题也出现在五次谐波定位的时候。于是我们可以断定 x_2 是不存在的，也就是不存在第二条裂纹，然而在实际情况下，通过测量得到的比值为确定数，但通过三次与五次谐波得到的定位对比是没有重合解的，也能说明裂纹的不存在性。通过对比以及处理之后，我们便得到实际裂纹分布 (图 4.23)，容易看出棒中只有 1 条裂纹的存在。

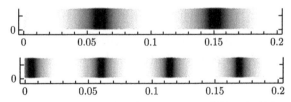

图 4.22　通过三次谐波 (上图) 以及五次谐波 (下图) 得出的第一条裂纹可能位置分布对比图

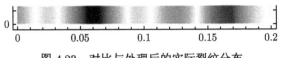

图 4.23 对比与处理后的实际裂纹分布

在确定了裂纹位置之后，我们将其代入式 (4.122) 以及式 (4.124)，都可计算出裂纹的大小：$d_1 = 0.5\text{mm}$，$d_2 = 0.00\text{mm}$。从 $d_2 = 0.00\text{mm}$ 中也可以说明第二条裂纹的不存在。棒中各次谐波质点振动位移和应变分布图如图 4.24 所示。图中，只有 $x_1 = 6.00\text{mm}$ 处产生了应力不连续的情况，而其他位置均连续。

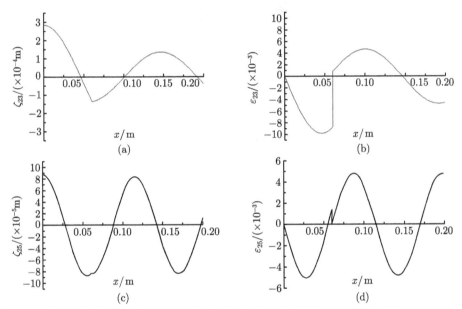

图 4.24 金属棒中三次谐波质点振动位移 (a) 和应变分布 (b) 图以及金属棒中五次谐波质点振动位移 (c) 和应变分布 (d) 图

4.6.5 对于裂纹定位有效性的讨论

1. 关于裂纹定位精度及其方法的讨论

在灰度图中，颜色越深的位置表明裂纹处于该位置的可能性越大，深色位置宽度越大，则表示裂纹位置的不确定度越大，精确度也就越低。为了改善裂纹定位的精度，在确定了裂纹位置之后，可以利用更高的本征频率激发材料，并运用所产生的高次谐波来改善精度，这对于实际应用是具有重要意义的，因为更高的本征频率使得声波在棒中的振幅随棒的位置变化得更快。提高激发本征频率虽然改善了横向的不确定性，但是增加了裂纹的可能位置。图 4.25 与图 4.26 是分别运用上两小节中的模拟数据，使用不同本征频率进行裂纹推断的对比图，从中可以明显看出，更高的本征激发频率产生了更多的裂纹可能位置。不过这个问题可以如此解决：首先使用第一本征频率激发材料，在确定了裂纹的大致位置之后，再运用更高的本征频率激发，来提高横向精度，对于高次本征频率所引起的"虚假"位置，使用第一本征频率进行对比筛选，滤除"虚假"裂纹信息。比如在图 4.25(a) 中可以推断裂纹处于 $x_1 = 6.00\text{cm}$，$x_2 = 11.00\text{cm}$ 附近，对于图 4.25(b)~(e) 中所产生的裂纹位置推断，只需考虑最接近 $x_1 = 6.00\text{cm}$，$x_2 = 11.00\text{cm}$ 的值，达到改善精度而又不引入新的"虚假"裂纹。

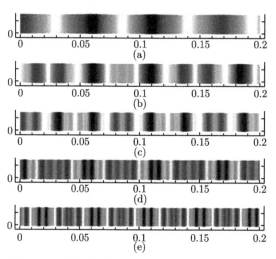

图 4.25　两条裂纹的裂纹位置与激发频率对比图

(a) 第一本征频率；(b) 第二本征频率；(c) 第三本征频率；(d) 第四本征频率；(e) 第五本征频率

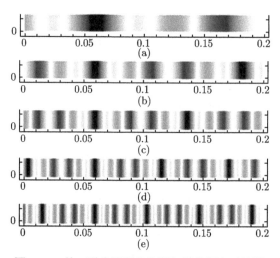

图 4.26　单一裂纹的裂纹位置与激发频率对比图

(a) 第一本征频率；(b) 第二本征频率；(c) 第三本征频率；(d) 第四本征频率；(e) 第五本征频率

2. 解析解中关于品质因子及其精度的讨论

在式 (4.81) 和式 (4.82) 中利用了大品质因子 Q 的近似，并认为复波数的虚部相对于实部是一阶小量。在此，我们将对大 Q 近似方法的有效性以及本书提出的裂纹定位方法的适用范围进行讨论。式 (4.82) 的精确解为

$$\begin{cases} a = \dfrac{k^2}{\sqrt{2}Q\sqrt{-k^2 + \dfrac{\sqrt{k^4(Q^2+Q^4)}}{Q^2}}} \\[4ex] b = -\dfrac{\sqrt{-k^2 + \dfrac{\sqrt{k^4(Q^2+Q^4)}}{Q^2}}}{\sqrt{2}} \end{cases} \tag{4.125}$$

图 4.27(a) 为 $k = 11.44\mathrm{m}^{-1}$ 与 $k = 25.43\mathrm{m}^{-1}$ 情况下的复波数实部的精确值 (4.125) 与近似值 (4.82) 关于不同 Q 值的对比图。图 4.27(b) 为复波数虚部的精确

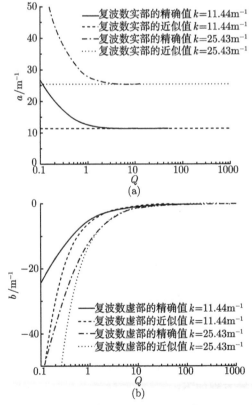

图 4.27 $k = 11.44\mathrm{m}^{-1}$ 与 $k = 25.43\mathrm{m}^{-1}$ 情况下的复波数实部 (a) 和虚部 (b) 的精确值与近似值关于不同 Q 值的对比图

值 (4.125) 与近似值 (4.82) 关于不同 Q 值的对比图。从以上两图中我们可以看出，当品质因子逐渐变大时，近似值越来越靠近精确值，计算得出，当品质因子 $Q > 5$ 时，复波数的实部与虚部的相对误差均不超过 0.5%，当 $Q > 80$ 时 (文中数值计算的取值)，其实部与虚部的相对误差不超过 0.002%。所以本节中所使用的大 Q 近似处理是有效的，并且此裂纹定位方法可以应用于一切低损耗的材料。

4.7　二维非经典非线性信号模拟

对于二维下声波传播，考虑固体的衰减，并进行正弦波激励下的声波传播，声波传播方程为 [18−20]

$$\dot{v}_x = \frac{1}{\rho}\left(\frac{\partial \sigma_{xx}}{\partial x} + \frac{\partial \sigma_{xy}}{\partial y}\right) + F_x \tag{4.126a}$$

$$\dot{v}_y = \frac{1}{\rho}\left(\frac{\partial \sigma_{xy}}{\partial x} + \frac{\partial \sigma_{yy}}{\partial y}\right) + F_y \tag{4.126b}$$

$$\dot{\sigma}_{xx} = K_1\dot{\varepsilon}_{xx} + K_2\dot{\varepsilon}_{yy} = K_1\frac{\partial v_x}{\partial x} + K_2\frac{\partial v_y}{\partial y} \tag{4.126c}$$

$$\dot{\sigma}_{yy} = K_1\dot{\varepsilon}_{yy} + K_2\dot{\varepsilon}_{xx} = K_1\frac{\partial v_y}{\partial y} + K_2\frac{\partial v_x}{\partial x} \tag{4.126d}$$

$$\dot{\sigma}_{xy} = \mu(\dot{\varepsilon}_{xy} + \dot{\varepsilon}_{yx}) = \mu\left(\frac{\partial v_y}{\partial x} + \frac{\partial v_x}{\partial y}\right) \tag{4.126e}$$

式中，$\sigma_{xx}, \sigma_{yy}, \sigma_{xy}$ 是质点所受应力分量；$\varepsilon_{xx}, \varepsilon_{yy}, \varepsilon_{xy}$ 是与之对应的应变分量；v_x, v_y 为质点的速度分量；F_x, F_y 分别为 x 和 y 方向上所受的应力；K_1, K_2 是固体的线性弹性模量，它们与拉梅常量 (λ, μ) 的关系如下：

$$K_1 = \lambda + 2\mu, \quad K_2 = \lambda \tag{4.127}$$

对于衰减造成的影响，采用一简化模型 [21]，在应力和应变每次计算更新后，乘以一衰减因子 α：

$$\alpha = \exp[-\pi f \Delta t/(2Q)] \tag{4.128}$$

式中，f 为声源频率；Δt 为离散时间间隔。

利用动态弹性有限积分技术离散公式 (4.128)，采用 Fellinger 建议的离散方式 [22] 将固体介质划分为介观单元 (图 4.28)。在每个单元的中心计算应力分量 σ_{xx}, σ_{yy}，四边上求速度分量 v_x, v_y，四个角点上计算 σ_{xy}。忽略外源，图 4.28 离散单元应力和速度的递推方程如下：

$$\dot{v}_x^{(n,m)}(t) = \frac{1}{\Delta}\frac{2}{(\rho^{(n,m)} + \rho^{(n+1,m)})}\left[\sigma_{xx}^{(n+1,m)}(t) - \sigma_{xx}^{(n,m)}(t) + \sigma_{xy}^{(n,m)}(t) - \sigma_{xy}^{(n,m-1)}(t)\right]$$

$$\dot{v}_y^{(n,m)}(t) = \frac{1}{\Delta} \frac{2}{(\rho^{(n,m)} + \rho^{(n,m+1)})} \left[\sigma_{yy}^{(n,m+1)}(t) - \sigma_{yy}^{(n,m)}(t) + \sigma_{xy}^{(n,m)}(t) - \sigma_{xy}^{(n-1,m)}(t) \right]$$

$$\dot{\sigma}_{xx}^{(n,m)}(t) = \frac{1}{\Delta} K_1^{(n,m)} \left[v_x^{(n,m)}(t) - v_x^{(n-1,m)}(t) \right] + \frac{1}{\Delta} K_2^{(n,m)} \left[v_y^{(n,m)}(t) - v_y^{(n,m-1)}(t) \right]$$

$$\dot{\sigma}_{yy}^{(n,m)}(t) = \frac{1}{\Delta} K_1^{(n,m)} \left[v_y^{(n,m)}(t) - v_y^{(n,m-1)}(t) \right] + \frac{1}{\Delta} K_2^{(n,m)} \left[v_x^{(n,m)}(t) - v_x^{(n-1,m)}(t) \right]$$

$$\dot{\sigma}_{xy}^{(n,m)}(t) = \frac{1}{\Delta} \frac{4}{\frac{1}{\mu^{(n,m)}} + \frac{1}{\mu^{(n+1,m)}} \frac{1}{\mu^{(n,m+1)}} \frac{1}{\mu^{(n+1,m+1)}}}$$

$$\times \left[v_x^{(n,m+1)}(t) - v_x^{(n,m)}(t) + v_y^{(n+1,m)}(t) - v_y^{(n,m)}(t) \right] \tag{4.129}$$

根据 PM 模型理论 [19]，非经典非线性在微观上表现为质点的应力、应变的阶跃响应，微观单元集合后在介观上体现为固体材料的滞后曲线，介观单元组成宏观非经典非线性固体材料，即通常意义上所说的受损材料。通过对材料微观单元的统计性分析，可以将非经典非线性的影响归咎于介观单元尺度上应力对于模量的作用。公式 (4.130) 给出了具体的介观单元的模量–应力关系 [19]：

$$K^{-1} = \lim_{\Delta\sigma\to 0} \left(\frac{\Delta\varepsilon}{\Delta\sigma} \right) = \frac{1}{K_c(\sigma)} + \hat{r} \frac{\mathrm{d}f_c}{\mathrm{d}\sigma}(-\sigma) \tag{4.130}$$

这里，K_c 代表经典情况下材料的模量；$\hat{r}$ 表征材料非经典非线性强度大小；σ 是介观单元受到的应力；f_c 指在应力 σ 作用下，PM 模型中微观单元中闭合单元数占总单元数的比例。

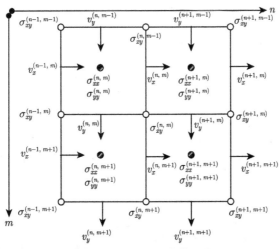

图 4.28　固体介质离散方式

在二维情况下，质点受力情况较复杂，采用弹性张量的特征系统 [23] 描述非经典非线性影响。将应力投影到弹性张量的三个特征向量空间上，由于各个特征向量空间相互正交, 可以用对应的三个 PM 空间, 描述沿着这三个压力方向外加的压力造成的非经典非线性影响。

数值模拟时为简化情况, 样品取长方形 (图 4.29), 几何尺寸为 250mm×150mm, 受损区域中心坐标为 (125mm,75mm), 大小为 50mm×130mm, 材料参数取铁的参数, $K_1 = 1.412 \times 10^{11}$Pa, $K_2 = 5.2202 \times 10^{10}$Pa, $\mu = 4.45 \times 10^{10}$Pa[7], Q 值取 2[21], PM 空间只取三个空间中的一个, 密度为 5×10^{-13}Pa^{-2}。离散网格大小为 2mm× 2mm, 离散时间间隔为 2×10^{-7}s。声源为正弦波, 作用在样品宽度的一侧, 作用范围为 50mm 的区域, 其余各边取自由边界条件[24]。非经典非线性作用只考虑一个特征向量空间, PM 空间密度分布均匀。

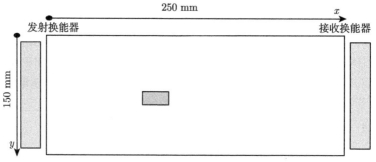

图 4.29　样品几何尺寸 (中间灰色区域为破损区域)

分析输出信号时, 取输出信号的 $4Q$ 个循环后数据作为稳定值。输入信号只在 x 方向有分量, 其余方向为 0。应力取 $F_x = A\sin(2\pi f t), F_y = 0$, $A = 1 \times 10^8$, $f = 8.5$kHz (非线性参数 $\hat{r} = 10^{-9}$)。如果样品不存在破损区域, 即只有经典非线性存在, 那么为简化情况, 只考虑 K_c 在经典非线性情况下的变化, 并用一简化公式表示 K_c 与应力的关系:

$$K_c = K_0(1 + \beta\sigma), \quad \beta = 1 \times 10^{-10} \tag{4.131}$$

其中, K_0 为线性情况下 K_c 的值; β 为经典非线性参数。当发射信号为连续正弦波时, 样品中只考虑经典非线性, 未加衰减时, 接收到的信号时域上为一调制信号, 接收信号及相应的频谱见图 4.30(a), (b); 样品存在经典非线性和衰减时, 接收到的信号时域上为一稳态信号, 接收信号及频谱见图 4.30(c), (d)。没有衰减时, 本征频率谐波增加了频率分析的复杂度, 干扰了特征信号的提取和研究; 加入衰减后, 样品本征频率的谐波基本上被衰减了, 主要剩下发射信号频率引起的谐波, 图 4.30(c), (d) 明显比图 4.30(a), (b) 容易辨别谐波特征, 也与实际情况相吻合。

考虑样品的衰减, 当样品产生裂纹时, 只考虑非经典非线性, 输出信号的功率频谱图如图 4.31(a) 所示。

同时给出经典非线性和非经典非线性共存时, 接收到的信号功率谱, 见图 4.31(b)。

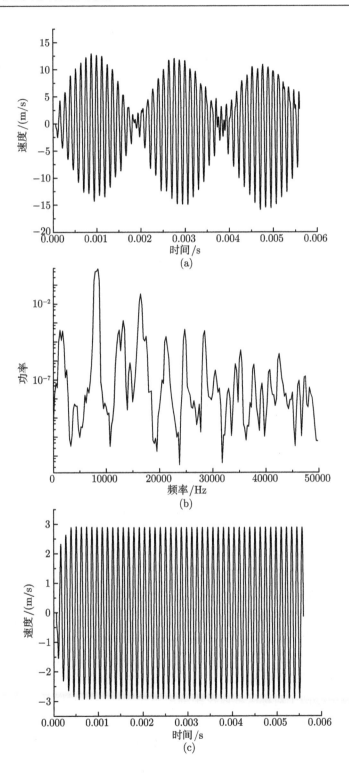

(a)

(b)

(c)

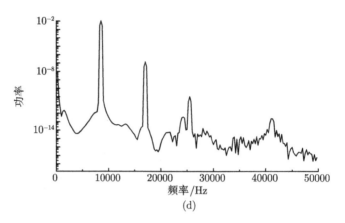

图 4.30　只考虑经典非线性时 (a), (b) 以及经典非线性和衰减同时考虑时 (c), (d) 的接收信号和其相应的功率谱

在数值模拟时, 如果不考虑经典非线性, 根据 PM 理论, 非经典非线性只产生奇次谐波, 因此理论上不会有偶次谐波成分, 在图 4.31(a) 中, 基波为 8.5kHz, 而谐波成分只出现在 25.5kHz, 42.5kHz 处, 即三次和五次谐波, 这个结果也符合 PM 理论。而图 4.30(c), (d) 中, 只存在经典非线性时, 奇次谐波和偶次谐波都存在, 但高次谐波衰减得相当快。图 4.31(b) 表明非经典非线性存在时, 奇次谐波得到有力的加强, 实际无损检测时, 可以考虑利用高次奇次谐波提高测量的准确性。图 4.31(b) 中不仅产生了三次谐波、五次谐波, 同时产生了四次谐波, 这是由于非经典非线性所产生的奇次谐波和经典非线性所产生的谐波之间的相互作用, 从而产生了别的谐波, 四次谐波的增强就是这种作用的结果。只考虑非经典非线性时, 发射声压的应力振幅从 1×10^8Pa 逐渐增加, 每步增加的应力为 1×10^6Pa, 图 4.32 是接收信号的奇次谐波振幅与基波振幅关系的拟合曲线。图 4.32(a) 中三次谐波拟合直线斜率为 2.0015, 图 4.32(b) 中五次谐波拟合直线斜率为 2.0010, 三次谐波和五次谐波振幅均与基波振幅基本呈平方关系, 这一方面说明了与经典非线性的不同之处, 另一方面也是与 PM 理论一致的另一表现。

令非线性声参数 $\alpha_f = A_3/A_1^2$, A_3 为三次谐波振幅, A_1 为基波振幅。改变破损区域在样品中的位置和破损区域的大小, 可以计算 α_f 随位置和范围变化的关系。取与图 4.31 相同的输入信号, 破损区域如图 4.29 所示, 为一矩形区域, 长度为 130mm, 宽度为 2mm, PM 空间密度不变。将破损区域位置沿样品长度方向改变, 得到 α_f 与位置的关系图 4.33(a)。图中 α_f 的函数关系较为复杂, 但还是能看出, 在靠近棒中心两个对称区域以及距离声源较近点, α_f 对样品的破损较为敏感; 而在棒中央和距声源最远端敏感性较低。图 4.33(b) 是 α_f 与破损区域宽度的关系, 破损中心位于棒样品中心, 长度为 130mm, 初始宽度为 2mm, 每次增加的宽度为

4mm。随着宽度的扩大，α_f 也开始变大，但在破损区域蔓延到棒边缘之前，α_f 有下降的趋势。图 4.33(a) 和 (b) 均是在频率为 8.5kHz 时计算的结果，更好地研究 α_f 与位置和宽度的关系，可以进一步提高频率和加细网格。

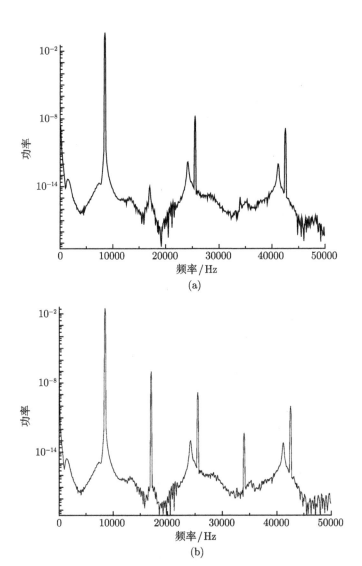

图 4.31 只考虑非经典非线性时 (a) 以及经典非线性和非经典非线性同时存在时 (b) 的信号功率谱

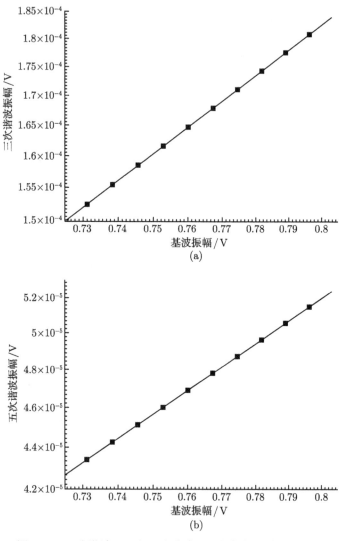

图 4.32　三次谐波 (a) 和五次谐波 (b) 振幅与基波振幅关系

　　二维的数值模拟结果表明了经典非线性与非经典非线性对谐波的影响，并得到在非经典非线性下，非线性声参数 α_f 随破损区域的位置和大小发生变化的规律。可进一步研究谐波大小与破损区域位置和大小的关系，并根据这一关系来反演破损位置和大小。

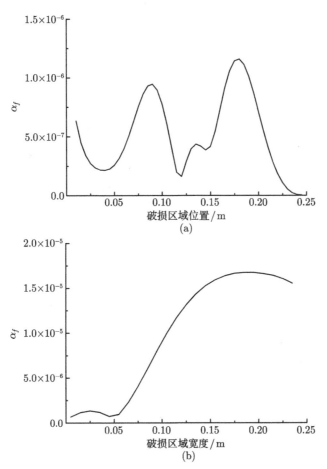

图 4.33 参数 α_f 与破损区域位置 (a) 和宽度 (b) 的关系

4.8 二维非经典非线性信号反转成像

4.8.1 时间反转理论

在工业探伤时，需要一种有效的方式确定缺陷在金属内的位置，以便进行有效的处理。时延技术一开始被用于定位，虽然它在某些情况下能够显示目标的特征信息，但是它隐含一个假设：要求性质不均匀的目标对波阵面产生的效应累积结果仅仅是一个时间上的延迟。实际上这种情况只在不均匀的目标非常薄，并且很贴近接收发射阵列时才成立。在大多数情况下，这种假设并不成立。因此 Fink[25] 提出时间反转 (TR) 成像理论，能够克服时延技术的缺陷，从而更好地成像。

考虑一种无损流体介质，它的可压缩性 $\kappa(r)$ 与密度 $\rho(r)$ 随空间改变，定义局

部声速 $c(r) = (\kappa(r)\rho(r))^{-1/2}$，可以获得瞬态情况下的声压传播方程：

$$\nabla \cdot \left(\frac{\nabla p}{\rho} \right) - \frac{1}{\rho c^2} \frac{\partial^2 p}{\partial t^2} = 0 \tag{4.132}$$

观察这个方程，可以发现，它仅仅对时间实行了二阶导。这意味着如果 $p(r,t)$ 是方程的一个解，那么 $p(r,-t)$ 就是方程的另一个解，这个性质导致了时间反转操作中的不变性。同时必须注意到，以上假设都是基于无损耗介质，如果传播介质有一个依赖于频率的衰减，声传播方程中就会含有对时间的奇次求导项，时间反转操作中的不变性就会丢失。但是在实际操作中，如果衰减足够小，时间反转依然有效。

基于以上理论，对于一个体积为 v 的介质，如图 4.34 所示，介质中黑点为声源，初始条件 (声源以及边界条件) 决定了波动方程唯一的解 $p(r,t)$。现在的目标是在实验中修改初始条件，以得到另一种解 $p(r,-t)$。由于因果性的限制，$p(r,-t)$ 不可能在实际中得到，所以，可以采用另一种方式，即求解 $p(r,T-t)$，其中 T 必须足够长以致 $t > T$ 时声波已经减弱至 0。

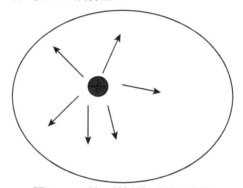

图 4.34　时间反转封闭曲线示意图

在求解 $p(r,T-t)$ 时，一个新的问题出现：我们必须在整个介质的体积里测量 $p(r,t)$，然后在整个体积里反转 $p(r,T-t)$，这在实际应用中是不可能实现的。一个比较现实的方法是利用 Huygens 理论：某个体积内任意点的声场，可以通过环绕这个体积的一个封闭曲面上的声场及其法向导数预测。从这点出发，在不均匀介质中聚焦于某目标的时间反转可以描述如下：不均匀介质中某点状声源产生球形波阵面，声波在介质中传播时由介质的不均匀产生扭曲。考虑一个包含整个介质的封闭曲面，假设我们能够测量封闭曲面上任意点的声场及其法向导数，然后我们能够在封闭曲面上制造一个声源，能够产生接收信号的时间反转信号，这些信号将被反向传输回介质内，然后与介质相互作用产生扭曲，可以证明反转的信号声场最终将会聚焦于初始声源上。

时间反转采用的封闭曲面从概念上来说是一个完美的实施方案，但实际操作过程中，接发阵列不可能实现真正的封闭曲面，大多数情况下可能只位于待探测介

质的一边。因此，反转曲面一般会被反转镜替代。在这种情况下，时间反转依然会
形成有效的聚焦。多种实验结果也证明了时间反转方法的有效性 [26-28]。

同时，与传统的时延技术相比，时间反转不需要不均匀介质必须位于接发阵列
附近区域，即无须假设不均匀介质仅仅对传输信号产生一个简单的延迟效应，具有
传统时延技术无可比拟的优点。

根据互易性原理，在线性弹性材料中，对于 A，B 两个换能器，换能器 B 从
发射换能器 A 接收到的信号，与信号源在 B 换能器处时 A 换能器所接收到的信
号相同。时间反转法正是基于声波方程的这种时间反转不变性，其主要过程如下：
首先向不均匀介质 (即含有缺陷的固体材料样本) 发射一个声信号；声信号在介质
内遇到待测目标 (即缺陷) 后，目标对声波进行散射并产生在介质内传播的散射信
号；用接收阵列对该散射信号进行接收；将接收到的信号进行时间反转后，再传输
回介质内，最终信号将重新聚焦于目标，从而实现了对缺陷的定位。

以上时间反转法是基于声波的线性传播情况，当应用于非线性的谐波聚焦特
性分析时，在介质整体保持线性弹性，而在非线性效应较小或高度局域化的情况
下，可以不破坏时间反转的不变性，时间反转法的聚焦仍然有效 [29]。

4.8.2 时间反转的数值模拟

1. 谐波信号的时间反转模拟

现在我们考虑非经典非线性效应下时间反转成像的数值模拟，如图 4.29 所示，
材料参数取铁的参数：$K_1 = 1.412 \times 10^{11}$Pa, $K_2 = 5.2202 \times 10^{10}$Pa, $\mu = 4.45 \times 10^{10}$Pa。
声波传播依然采用有限差分法，离散网格大小为 0.5mm×0.5mm，离散时间间隔
为 5×10^{-8}s。样品中灰色区域为破损的非经典非线性区域。同时在样品中加入衰
减，衰减参数 $Q = 10$。文献 [30] 中，已经对无损介质中单个非线性区域的短持
续时间信号的反转成像做了深入的研究。因此我们此次数值模拟声源采用连续正
弦激励信号，观测在有损介质中，连续稳态信号能否在时间反转成像中反映一个
或多个缺陷部分的存在。发射换能器覆盖样品左侧 5 ~ 145mm，接收换能器覆
盖样品右侧 1 ~ 149mm。取输入信号只在 x 方向有分量，其余方向为 0。应力
$F_x = A \sin(2\pi f t), F_y = 0, A = 1 \times 10^8, f = 250$kHz，非线性参数 $r_1 = 2 \times 10^{-3}, r_2 = 1 \times 10^{-3}$。当样品不存在缺陷，即整个样品呈线性弹性时，在样品右侧接收端中央
接收到的信号时域波形如图 4.35(a) 所示。对时域信号进行傅里叶变换，得到其频
域波形，如图 4.35(b) 所示。可以发现，没有缺陷时，信号穿过整个样品没有任何
其他谐波产生，波形不产生畸变。

现在我们考虑加入单个缺陷后，接收到的波形在频谱上的变化。缺陷大小为
10mm×10mm，中心位于 (95mm, 95mm) 处，图 4.36(a) 为接收到的信号时域波形，
图 4.36(b) 为对应的频谱图，跟采用的原始 PM 模型比较，采用了改进的 PM 模型

后，声波穿过整个样品后，不仅产生了奇次谐波，同时也有偶次谐波产生。

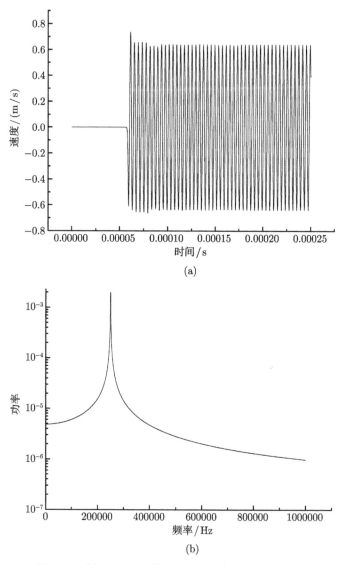

(a)

(b)

图 4.35　样品无缺陷时接收到的信号 (a) 及频谱 (b)

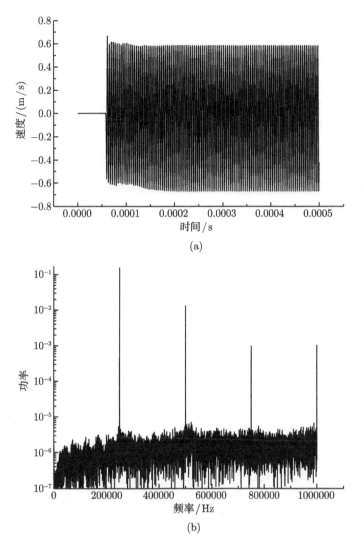

图 4.36 样品有一个缺陷时接收到的信号 (a) 及频谱 (b) (缺陷中心位于 (95mm, 95mm))

在得到接收信号后,滤出其中非线性成分,就可以进行时间反转成像。与无损样品中声波信号频谱比较,可以发现,高次谐波均是由非线性效应产生。因此可以任意滤出一高次谐波成分进行反转。首先滤出 500kHz 谐波,观测其时间反转成像图。为了成像更清晰,我们采用文献 [31] 提出的方法,反转后用信号的能量 E 成像,坐标为 (x, y) 的信号能量 $E(x, y)$ 在 t_k 时刻与信号幅值 $U(x, y)$ 的关系如下:

$$E(x, y, t_k) = \int_{t_k}^{t_k + \Delta t} U^2(x, y, t_k) \mathrm{d}\tau \tag{4.133}$$

图 4.37(a) 为 $t = 1.205 \times 10^{-5}$s 时刻二次谐波的时间反转图, 图中红色方框为实际缺陷大小 (下文中所有时间反转图像中红框均表示实际缺陷大小), 可以发现, 反转图像深色区域沿着实际缺陷区域延伸较多, 这可能是由非线性效应累积产生的。在非线性的缺陷区域, 高次谐波逐渐增加, 在非线性区域边缘达到最大, 然后随着离开缺陷区域, 非线性产生的谐波会慢慢衍射减小, 在减小的过程中, 就会造成成像时深色区域的延伸。

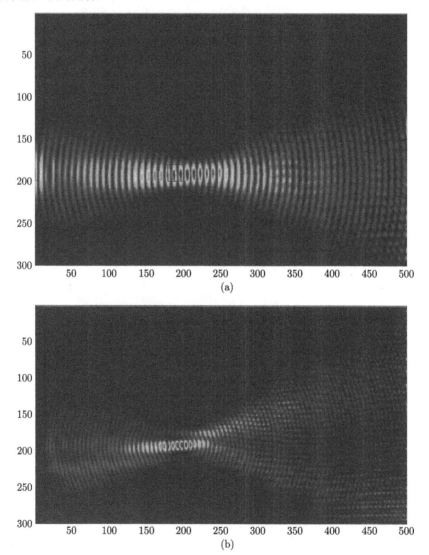

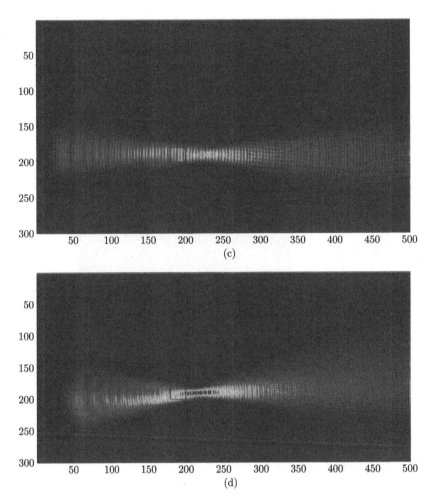

图 4.37 二次谐波 (a)、三次谐波 (b)、四次谐波 (c) 和五次谐波 (d) 的时间反转成像图
(缺陷中心位于 (95mm，95mm)) (彩图见封底二维码)

同时我们也滤出其他高频成分成像进行比较。图 4.37(b)~(d) 分别是 750kHz，
1000kHz，1250kHz 谐波成分在相同时刻的反转成像。这些图像均能大致反映缺陷
位置的存在，说明在有损介质中，如果损耗参数适当，连续稳态波的时间反转成像
是可行的。同时我们观测到，随着谐波频率的升高，反转时谐波的能量更多地集中
于波阵面的中央，两侧的能量逐渐衰减。反转成像的缺陷区域与实际区域相比较，
随着频率升高，开始整体后移。与低频成像相比较，高频成像中干扰较小，但缺陷
在水平方向上的直接定位没有低频准确。如果考虑取反转成像时幅值最大点作为
缺陷在水平方向上的边界点，然后接发换能器互换位置，二次成像，找出缺陷的另
一个边界点，则高频成像在水平方向上的定位可能会更精确。

　　观察了单个缺陷成像后, 现在考虑两个缺陷的成像, 取第二个缺陷中心 (65mm, 65mm), 大小依旧为 10mm×10mm。首先我们分析在样品右侧接收端中央接收到的信号, 图 4.38(a) 和 (b) 分别为接收到的信号及其频谱分析。增加了缺陷以后, 信号频率成分未受到影响, 但大小会发生改变。

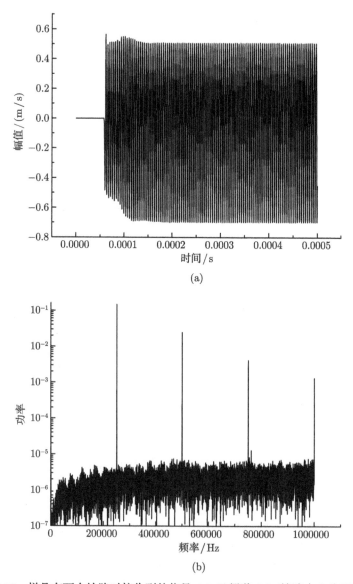

(a)

(b)

图 4.38　样品有两个缺陷时接收到的信号 (a) 及频谱 (b) (缺陷中心分别位于 (95mm, 95mm) 和 (65mm,65mm))

然后我们取非线性谐波成分进行反转成像,首先取 500kHz 谐波,图 4.39(a) 为 $t = 1.205 \times 10^{-5}$s 时刻二次谐波时间反转图,从图中可以看到,虽然与单个缺陷成像比较,两个缺陷散射的声波对成像有一定的干扰,但是缺陷区域还是可以从成像图中分辨出来。为了更好地说明只有两个缺陷的存在,我们尝试用更高频率的谐波成像进行比较。图 4.39(b)~(d) 分别为 750kHz,1000kHz,1250kHz 谐波信号在 $t = 1.205 \times 10^{-5}$s 时刻的时间反转成像。在这三个成像图中,缺陷间的干扰确实随着频率升高有一定减小,但是随着频率升高,两个缺陷亮度开始产生分化。1000kHz 成分的时间反转成像基本不能判断中心位于 (95mm,95mm) 处缺陷的存在,1250kHz 成分的时间反转成像只能模糊判断中心位于 (65mm,65mm) 处缺陷的存在。因此,可以尝试用多个高频成像相互比较,判断缺陷的个数,然后综合各个频率的成像图对缺陷进行定位。

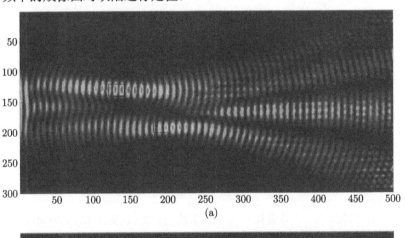

(a)

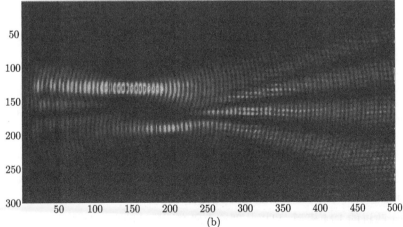

(b)

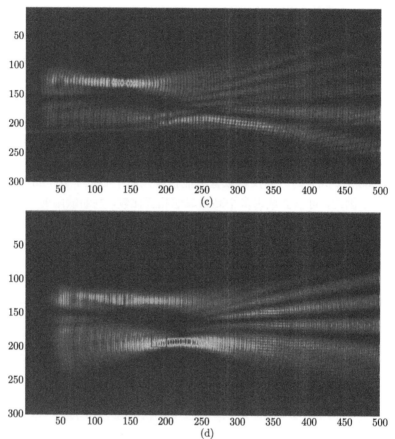

图 4.39　二次谐波 (a)、三次谐波 (b)、四次谐波 (c) 和五次谐波 (d) 的时间反转成像图
(缺陷中心分别位于 (95mm, 95mm) 和 (65mm,65mm)) (彩图见封底二维码)

　　以上数值仿真说明，在有损介质中，采用连续稳态波的时间反转成像，对于判断及定位一个或多个缺陷在理论上是可行的。

2. 调频波信号的时间反转模拟

　　Cassereau 等 [26] 做了关于调频波的时间反转实验。他们对破损样品同时输入高频波 f_h 与低频波 f_l，在接收端接收到了调频波 $f_h \pm f_l$；然后滤出调频信号，对信号进行时间反转，再传输回样品内，用一振动扫描系统测量样品在某个时刻的各个点的振动幅度；最后计算各个点的振动能量，用能量进行时间反转的成像；结果证明，破损样品产生的调频波能够反映缺陷的存在。

　　基于改进的 PM 模型，可以从理论上研究调频波的产生及其时间反转成像。取图 4.28 中数值模拟的样品，在样品的上侧加一组发射阵列发射低频波，如图 4.40 所示，发射阵列覆盖于上侧 50~100mm 处。左侧的发射阵列输入信号只在 x 方向有分量, 其余方向为 0, 应力 $F_x = A\sin(2\pi ft)$, $F_y = 0$, $A = 1 \times 10^8$, $f = 250\text{kHz}$; 上侧的发射阵列输入信号只在 y 方向有分量, 其余方向为 0, 应力 $F_x = 0$, $F_y = A\sin(2\pi ft)$, $A = 1 \times 10^8$, $f = 4\text{kHz}$。

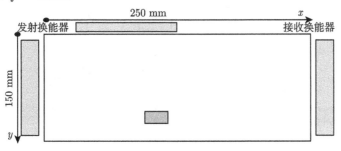

图 4.40 调制波时间反转成像示意图

首先研究单个缺陷存在的情况, 取缺陷中心位于 $(90\text{mm}, 90\text{mm})$, 大小为 $10\text{mm} \times 10\text{mm}$, 在右侧接收端中央接收到的信号时域波形如图 4.41(a) 所示, 对应的频谱分析如图 4.41(b) 所示。加入低频波以后, 得到的信号在基波及各个谐波频率附近都会产生调频波成分, 这与文献 [31] 在实验中得到的结果一致, 说明改进的 PM 模型可以解释调频波的产生。图 4.42(a)~(e) 分别是滤出频率为 246kHz, 500kHz, 496kHz, 750kHz, 746kHz 的信号, 进行时间反转, 在 $t = 1.205 \times 10^{-5}\text{s}$ 时的成像图。文献 [31] 在实验中采用的是基波附近的调频波, 得到的结果只能大致判断缺陷的存在, 并不能确定缺陷的大小以及对缺陷进行精确定位。而数值模拟成像图中, 在只存在单个缺陷的情况下, 基波附近的调频波成像图 (图 4.42(a)) 与实验结果比较, 仿真结果还是比较令人满意的。

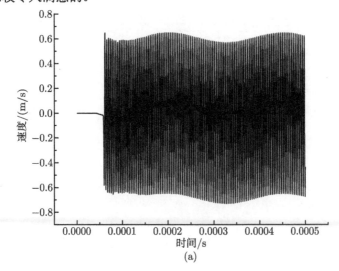

(a)

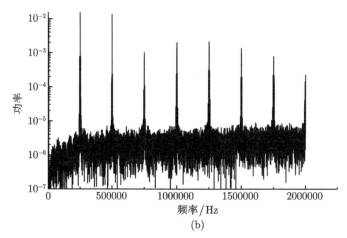

(b)

图 4.41　样品有一个缺陷时接收到的信号 (a) 及频谱 (b) (缺陷中心位于 (90mm,90mm))

图 4.42(b) 是二次谐波 500kHz 信号的反转成像, 图 4.42(c) 是二次谐波附近的调频波 496kHz 信号的反转成像, 两者均能反映缺陷的存在。两幅图像相互比较, 可以看出调频波在传播方向上有一定的扭曲, 这可能是由于产生的调频波在水平和垂直方向上均有分量, 波矢量相互叠加。同理, 750kHz 附近的调频波 746kHz 成像图 4.42(e) 也是如此, 传播方向明显不再如图 4.42(d) 所示为水平方向。观察谐波与调频波成像发现, 在单个缺陷情况下, 基波附近的调频波成像能较好地判断缺陷的大小及其位置。

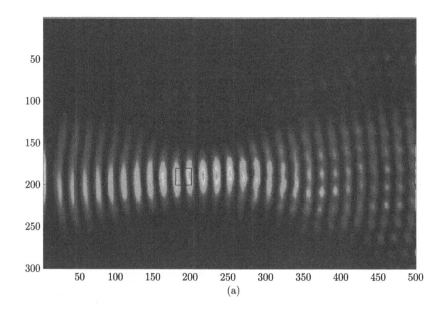

(a)

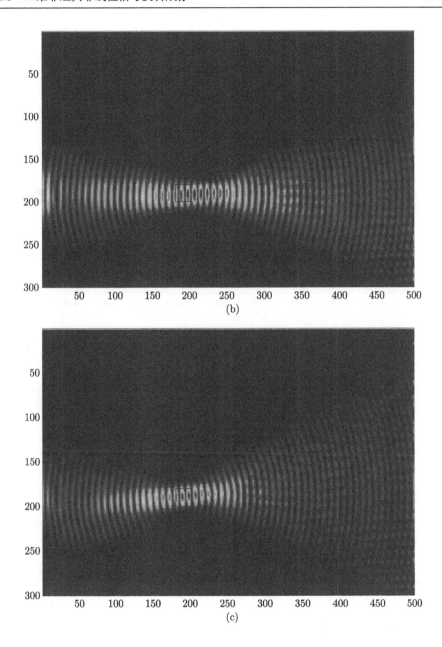

(b)

(c)

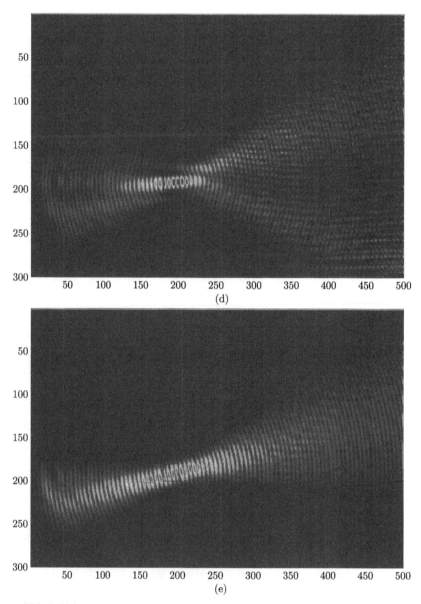

图 4.42　频率分别为 246kHz (a)、500kHz (b)、496kHz (c)、750kHz (d) 和 746kHz (e) 时的
时间反转成像图 (缺陷中心位于 (90mm,90mm)) (彩图见封底二维码)

　　加入第二个缺陷，新加入的缺陷中心位于 (65mm, 65mm)，大小为 10mm×
10mm，对在右侧接收端中央接收到的信号时域波形进行频谱分析，发现与单个缺
陷时的谐波成分一样，仅大小不一致。将接收到的信号滤波，时间反转成像，比较
不同频率成分的成像效果。图 4.43(a) 是 246kHz 频率成分的时间反转成像图，在

此次数值模拟中, 存在两个缺陷的情况下, 基波附近的调频波反转成像效果同样不是很好, 只能大致看出调频波会聚于两个方向, 可能存在位于深色区域的破损点。

现在采用不同的高频谐波成分成像, 比较结果的差异。图 4.43(b)~(g) 分别是 500kHz, 496kHz, 750kHz, 746kHz, 1500kHz, 1496kHz 频率成分的时间反转成像, 与基波附近的调频波成像相比, 高次谐波附近的调频波成像所显示的缺陷区域, 跟实际区域更接近, 即高次调频波成像精度优于基波附近的调频波。随着频率升高, 成像时的干扰变小, 但两个缺陷处信号能量并不一致, 这会造成一个缺陷偏强, 一个缺陷偏弱, 最严重的如图 4.43(e) 所示, 下方的缺陷几乎不可分辨。但是综合多个频率成分的反转成像图, 基本可以对缺陷个数作出准确判断。至于对缺陷区域大小的确定, 由于频率越高, 能量会从波阵面两侧向中央集中, 所以必须多个图像比较, 以选择适当的高频成分。

3. 最大值成像法

在数值计算的时间反转过程中, 本书采用最大值成像法 (the maximum value imaging procedure) 对裂纹进行成像 [32]。根据最大值成像法, 对于坐标为 (x, y) 的质点在 t 时刻的速度分量 $v_x(x, y; t)$, 定义函数 $M(x, y) = \max[v_x(x, y; t)]$ 来表征在一段时间内指定质点在 x 方向速度 v_x 的最大值。可以预见, 在反转声波会聚区域, M 达到最大值; 并且当 N 个接收换能器发出的反转声波相关干涉时, 其会达到次大值。由最终所成图像可以看出, 这些次大值区域形成多条路径, 其指向会聚区域。将矩阵 M 用于成像, 即为所谓的最大值成像方法。从最大值成像法所成图像中, 我们不仅能观察到会聚点, 而且能观测到声波的会聚路径。

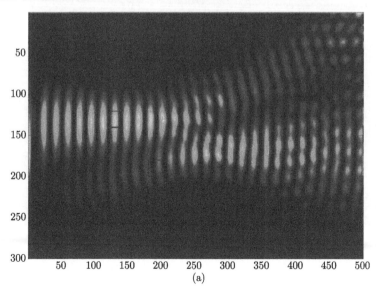

(a)

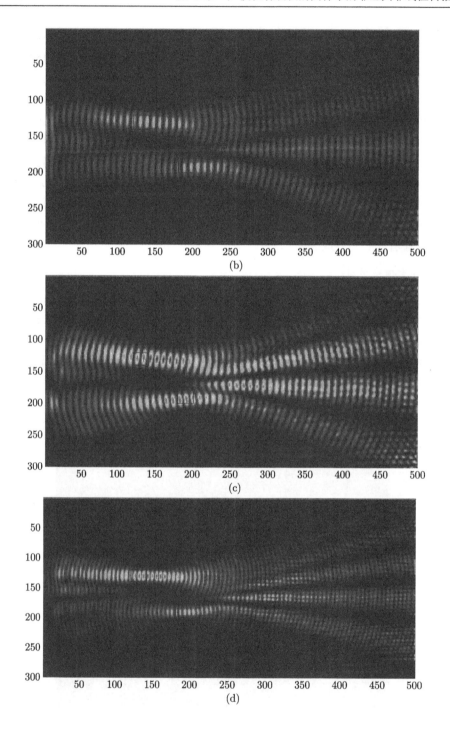

(b)

(c)

(d)

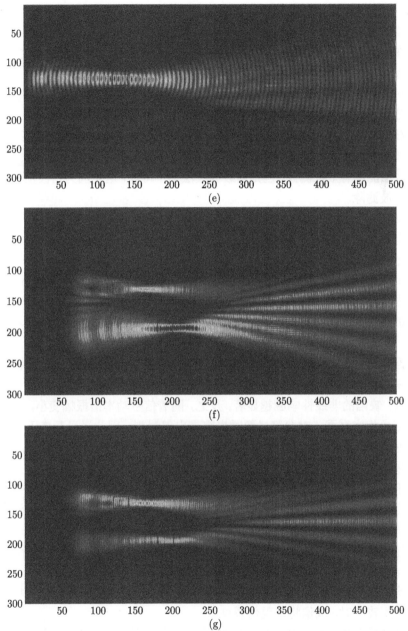

图 4.43　频率分别为 246kHz (a)、500kHz (b)、496kHz (c)、750kHz (d)、746kHz (e)、1500kHz (f) 和 1496kHz (g) 时的时间反转成像图 (两缺陷中心分别位于 (90mm,90mm) 和 (65mm,65mm)) (彩图见封底二维码)

　　此外, 本书还运用带窗函数的最大值成像法, 来研究一段特定时间的声场, 即只对谐波信号实施时间反转处理, 将其重新发射到被测介质中。重新发射的声波信号就会在有裂纹的区域形成干涉, 从而使声波的能量更准确地聚焦在裂纹区域, 也就是引起谐波的位置。

　　同时, 通过非线性谱分析并通过软件滤波可以对声信号进行提取, 保证只有非线性成分在散射处实现聚焦, 而不出现线性成分。在本书的数值计算中, 采用脉冲反转滤波法来提取接收信号中的非线性成分 [33]。与传统的谐波滤波法相比, 脉冲反转滤波的方法能够更加稳定地获得缺陷图像。比如, 对于靠近边界的缺陷, 脉冲反转滤波法能够有效探测到, 但是谐波滤波法则不可以, 这是因为谐波滤波法无法完全将基波滤除。

　　1) 基于最大值成像法的裂纹成像

　　含有单个裂纹的固体样品几何尺寸如图 4.29 所示, 其密度为 $\rho = 7700 \mathrm{kg/m^3}$, 弹性模量 $K_1 = 1.412 \times 10^{11} \mathrm{Pa}$, $K_2 = 5.2202 \times 10^{10} \mathrm{Pa}$, $\mu = 4.45 \times 10^{10} \mathrm{Pa}$, 品质因数 $Q = 10$。本书采用频率为 f 的连续声源对含有裂纹的样本进行激励, 并在二维平面内对其施加外力 $F_x = A\sin(2\pi f t)$, $F_y = 0$, 其中 $A = 1 \times 10^8$。在对波动方程的离散过程中, 正方形网格边长为 0.5mm, 时间步长为 5×10^{-8}s, 采样频率为 20MHz, 采样数为 5000。

　　根据计算分析, 当激励频率增加时信号功率谱的响应振幅随之减小。由于不同激励频率下信号功率谱的响应振幅代表了缺陷的非线性响应大小, 即信号功率谱振幅越大, 缺陷的非线性响应越显著; 反之, 随着信号功率谱振幅变小, 缺陷的非线性响应也相应减弱, 对缺陷成像时也容易出现漏判。因此激励频率不宜选择过大。然而当频率变小时, 波长增加, 超声检测的分辨率减小, 为权衡起见, 本节选用中心频率为 $f = 250 \mathrm{kHz}$ 的超声换能器进行对固体材料中裂纹的检测。

　　对于尺寸如图 4.29 所示的固体材料样本, 当其中含有一个裂纹, 且裂纹的中心坐标为 (157.5, 64) 时, 对裂纹的成像如图 4.44 所示, 根据最大值成像法能够清晰地辨别出裂纹 (图中黑色实线内区域为缺陷的实际位置)。

　　当样本中有两个裂纹时, 需要对其中心坐标的分布情况进行具体分析。当中心频率为 $f = 250 \mathrm{kHz}$, 两个裂纹中心的横坐标相同、纵坐标相距超过 25mm 时, 两个缺陷均可在所成图像中清晰辨认, 如图 4.45 所示。当裂纹中心的横坐标相同而纵坐标相距较小时, 成像将出现伪裂纹。

　　计算结果表明, 当声源频率增大时, 伪裂纹将会消失。例如, 使用中心频率为 700kHz 的正弦信号激励时, 即使两个裂纹的中心纵坐标相距小于 5mm, 仍然能够在图像中清晰辨认出裂纹。然而, 当所选取激励源频率较高而远离系统共振频率时, 质点振动变小, 其不易被接收换能器探测到, 因此, 通过提高激励源频率来改善成像结果的方法有较大局限性, 有必要提出一个有效辨别伪裂纹的方法。

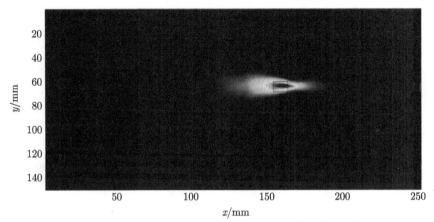

图 4.44 样本内中心坐标为 (157.5, 64) 的单个裂纹成像

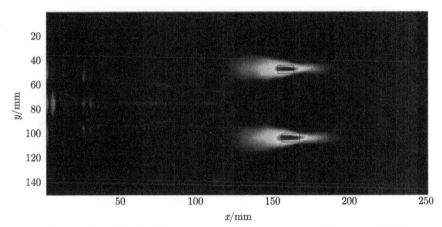

图 4.45 中心坐标分别为 (157.5, 103.5)、(157.5, 46.5) 的两个裂纹成像

当两个裂纹的中心位置较为接近时，首先考虑裂纹中心横坐标相同、纵坐标不同的情况。图 4.46 为对中心坐标分别为 (157.5, 64)、(157.5, 86) 的两个裂纹的成像结果，其最大速度分别位于 (157, 64) 和 (158, 86)，检测成像结果与实际裂纹分布情况之间的误差较小。因此，利用最大值成像法能够对两个较为接近的裂纹进行有效的成像。然而，在图 4.46 中，在两个裂纹的左侧出现了一个亮斑，容易被误认为另外一个缺陷区域，也就是所谓的微裂纹。以下将通过带有时间窗的最大值成像法对其形成机理进行分析。

2) 带时间窗的最大值成像法裂纹成像

这里，将对最大值成像法设置一个从 t_R 时刻开始、长度为 Δt 的时间窗。为了分析伪裂纹的形成，所选择的时间窗跨度较窄。当对图 4.46 的成像加上一个 $t_R = 0.2177\text{ms}$，$\Delta t = 6.25 \times 10^{-4}\text{ms}$ 的时间窗时，成像如图 4.47 所示。

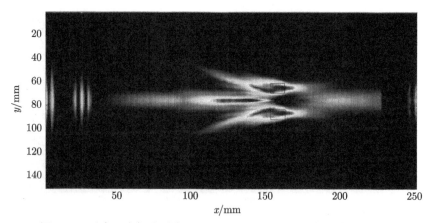

图 4.46　对中心坐标分别为 (157.5, 64)、(157.5, 86) 的两个裂纹成像

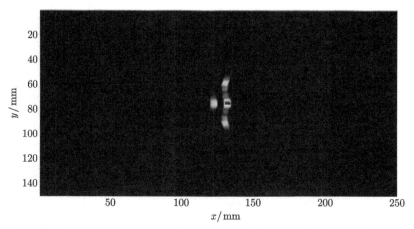

图 4.47　时间窗从 0.2177ms 开始时对中心坐标分别为 (157.5, 64)、(157.5, 86) 的两个裂纹
成像

　　根据图 4.47，一部分伪裂纹 (实际裂纹左侧的亮斑) 位于从不同接收换能器发出的高次谐波的波阵面交会的地方。声波在缺陷处会聚以后仍将继续传播，而其波阵面将会扩散开，因此，当两个裂纹位置接近时，不同声波的波阵面将会在特定点交会重叠。如果交会的声波的相位不是正好相反，则其振动将会在交会位置相互叠加、增强。也就是说，在这些位置上，相应的质点的振动速度将会变大，从而形成伪裂纹。

　　另外，在图 4.46 中，对应真实裂纹的亮斑形状也与裂纹的实际形状 (黑色实线内区域) 有较大的差别。为了避免裂纹间的相互影响，单独对中心坐标为 (157.5, 64) 的裂纹进行分析。将图 4.46 与图 4.44 进行对比，可以发现，对于实际位置和大小均相同的裂纹，其成像形状有明显差别。对两者分别加上一个 $\Delta t = 6.25 \times$

10^{-4}ms, $t_R = 0.2375$ms 的时间窗, 成像分别如图 4.48(a) 和图 4.48(b) 所示。

观察加上时间窗之后成像的波阵面, 在图 4.48(b) 中, 高次谐波的波阵面在位置为 (157.5, 64) 的裂纹处会聚后, 分裂成沿 y 轴方向传播和朝斜向传播的两个部分; 而在图 4.48(a) 中, 波阵面并未发生分裂。因此, 图 4.44 与图 4.46 间成像形状有差异是由于附近其他裂纹的存在的影响, 高次非线性谐波的传播和会聚均发生了变化。

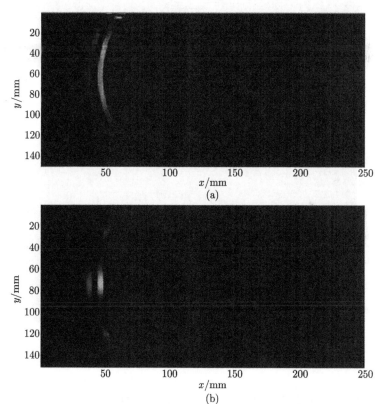

图 4.48 时间窗从 0.2375ms 开始时对中心坐标为 (157.5, 64) 的单个裂纹成像 (a) 以及对中心坐标分别为 (157.5, 64)、(157.5, 86) 的两个裂纹成像 (b)

图 4.49 为对中心坐标分别为 (117.5, 75)、(147.5, 75) 的两个裂纹的成像结果。可以看出, 虽然速度分布最大值位置和裂纹的中心位置间误差较小, 但是在实际裂纹位置以外, 还出现了两片亮斑, 引起这种亮斑出现的原因是, 在时间反转的过程中, 将要会聚到右侧裂纹的高次谐波与将要会聚到左侧裂纹的高次谐波相交并叠加。

另外, 如图 4.50 所示, 当存在两个裂纹时, 其中一个裂纹可能掩盖另一个裂纹的非线性, 因此成像中一个裂纹较亮, 而另一个较暗。而在判断裂纹的过程中, 成像较暗的裂纹就容易被漏判。

图 4.49　对中心坐标分别为 (117.5, 75)、(147.5, 75) 的两个裂纹成像

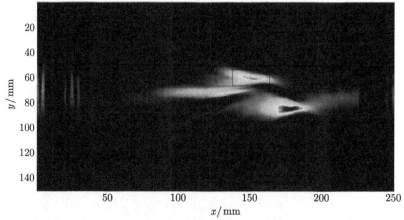

图 4.50　对中心坐标分别为 (147.5, 61.5)、(177.5, 83.5) 的两个裂纹成像

4. 非线性弹性波谱法–时间反转–非线性弹性波谱 (NEWS-TR-NEWS) 法

如前所述，根据最大值成像法能够提取固体样本中所含裂纹的中心位置，然而在检测真实存在的裂纹的同时，还存在以下两种可能：① 成像判断有裂纹的位置实际并不存在裂纹，即出现伪裂纹；② 在成像较暗的区域中真实存在的裂纹，在判断时容易被漏判。为了辨别伪裂纹，这里采用图 4.51 所示的 NEWS-TR-NEWS方法进行，即在原有的 NEWS-TR 过程之后再进行一次 NEWS 过程。

根据图 4.51 中的 NEWS-TR-NEWS 方法，在 NEWS-TR 过程中仍然首先确定所有裂纹 (包括伪裂纹) 的位置信息并进行记录，而在后加入的前向 NEWS 阶段，通过扫描记录位置上质点的速度 $v_x(x, y; t)$。为了实现这一过程，需要增加两次前向阶段，并使用冲击反转滤波法来获得相应位置的非线性信号。对于固体样本中特定的位置: $x = x_k$, $y = y_k$, 所获得的非线性信号为时间序列 $v_x(t)$, 提取其最大值即获得 $\max(v_x(t))$, 当横坐标相同、接收装置沿 y 轴方向扫描时, 得到相应位置的 $M = \max(v_x(t))$, 即可辨别该位置的裂纹是否为真实存在: 如果裂纹真实存在, 则非线性信号在裂纹处产生, 并在此后的传播过程中不断扩散, 因此当非线性声波在裂纹处被产生而未经扩散时, 非线性振动为最大值, 即上述一维阵列 $M = \max(v_x(t))$ 图像会产生一个峰值。类似地, 较为暗淡的裂纹也可以通过后加入的前向 NEWS 过程进行辨别, 避免漏判。下面将对样本中裂纹的最大值成像和伪裂纹辨别进行具体分析。

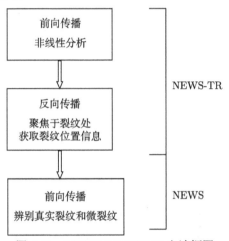

图 4.51   NEWS-TR-NEWS 方法框图

   根据上述分析, 当固体材料样本中含有两个裂纹时, 采用带时间窗的最大值成像法能够对中心位置横坐标相同的两个裂纹进行有效成像, 并辨别成像中的伪裂纹。然而, 对于多个裂纹纵坐标相同和裂纹成像较为暗淡的情况, 需要提出新的方法进行判别。

   对于图 4.49 中的两个裂纹分布, 在原有 NEWS-TR 过程之后, 新增的前向过程 NEWS 中在 $x = 120\mathrm{mm}$, $x = 135\mathrm{mm}$, $x = 150\mathrm{mm}$ 处分别沿 y 轴方向扫描, 速度分布如图 4.52 所示。根据裂纹的实际位置, 在 $x = 120\mathrm{mm}$ 和 $x = 150\mathrm{mm}$ 时均出现了峰值, 且 $x = 150\mathrm{mm}$ 时的速度峰值大于 $x = 135\mathrm{mm}$ 时的速度峰值, 因此可以判断, 图 4.49 中 $x = 150\mathrm{mm}$ 处的亮斑为真实裂纹的成像, 而不是由此前产生的高次谐波传播造成的。

   另一方面, 如果图 4.49 中在两个真实裂纹之间的两片亮斑为真实裂纹, 在 $x = 135\mathrm{mm}$ 处的速度分布应该存在双峰的波形, 然而, 在图 4.52 中, $x = 135\mathrm{mm}$ 处扫描的速度波形并未出现双峰, 其峰值是由 $x = 120\mathrm{mm}$ 处所产生的高次谐波传播造成的, 因此可以判断这两个亮斑为伪裂纹。

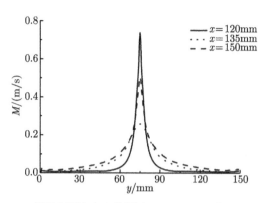

图 4.52　当两个裂纹中心位置为 (117.5, 75) 和 (147.5, 75)
时, $x = 120$mm, $x = 135$mm, $x = 150$mm 处沿 y 轴方向的最大速度分布

对于两个裂纹的横坐标相同的情况, 当中心坐标分布如图 4.46 所示时, 在新增的前向过程中分别对 $x = 148$mm 和 $x = 158$mm 处沿 y 轴方向进行扫描, 最大速度分布分别如图 4.53(a) 和 (b) 所示。在图 4.53(b) 中, 两个裂纹是真实存在的,

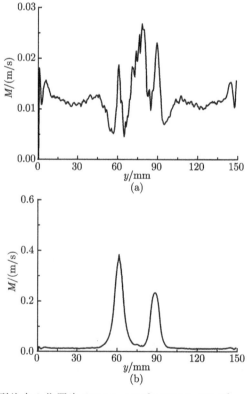

图 4.53　当两个裂纹中心位置为 (157.5, 64) 和 (157.5, 86) 时, $x = 148$mm (a) 和
$x = 158$mm (b) 处沿 y 轴方向的最大速度分布

因此波形为明显的双峰; 而在图 4.53(a) 中, 并没有出现明显的峰值, 且振动速度很小, 因此可以判断图 4.46 中对应位置的亮斑为伪裂纹。

此外, 在图 4.50 中, 中心位于 (147.5, 61.5) 处的裂纹成像结果明显较 (177.5, 83.5) 处的裂纹暗淡, 难以直接判断其真伪。根据 NEWS-TR-NEWS 法, 对 $x = 178$mm 及 $x = 150$mm 处分别沿 y 轴方向扫描, 结果如图 4.54 所示。由于两处均出现了明显的峰值, 因此可以判断两者皆为真实裂纹, 从而避免了对成像较暗处裂纹的漏判。

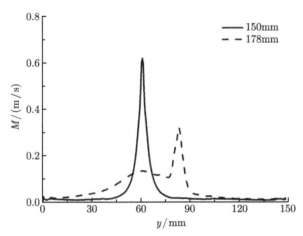

图 4.54   当两个裂纹中心位置为 (147.5, 61.5) 和 (177.5, 83.5) 时, $x = 178$mm 及
$x = 150$mm 处沿 y 轴方向的最大速度分布

需要注意的是, 在即使只有一个缺陷的情况下, 如果空间采样率不足, 时间反转声场会产生旁瓣, 也会导致假象的产生。正如超声线阵列中单个换能器单元的大小过大会在聚焦时产生旁瓣, 旁瓣的产生与所要成像的物品无关, 是所用的换能器阵列导致的, 这和本书讨论的伪裂纹是不同的情况。本书所讨论的伪裂纹产生原因是: 时间反转过程中, 将要聚焦到原多个缺陷的多个高次谐波波阵面, 在传播过程中相遇重叠, 并造成瞬时较大的振动, 再使用最大值成像法进行捕捉和成像所造成的。因此, 本书所考虑的伪裂纹主要是由多个裂纹距离较近对高次谐波聚焦产生影响而造成的。

参 考 文 献

[1] Shah A A, Ribakov Y, Hirose S. Nondestructive evaluation of damaged concrete using nonlinear ultrasonics [J]. Materials and Design, 2009, 30: 775-782.

[2] 周正干, 冯海伟. 超声导波检测技术的研究进展 [J]. 无损检测, 2006, 28(2): 57-63.

[3] 刘镇清. 超声无损检测中的导波技术 [J]. 无损检测, 1999, 21(8): 367-369, 375.

[4] 周正干, 魏东. 空气耦合式超声波无损检测技术的发展 [J]. 机械工程学报, 2008, 44(6): 10-14.

[5] 刘晓宙, 朱金林, 尹昌, 等. 岩石等非线性介观弹性固体材料的谐波特性的超声研究 [J]. 物理学进展, 2006, 26(3): 386-389.

[6] Solodov I, Wackerl J, Pfleider K, et al. Nonlinear self-modulation and subharmonic acoustic spectroscopy for damage detection and location[J]. Applied Physics Letters, 2004, 84(26): 5386-5388.

[7] 杜功焕, 朱哲民, 龚秀芬. 声学基础 [M]. 南京: 南京大学出版社, 2001.

[8] 李大勇, 高桂丽, 董静薇. 非线性声学和时间反转声学在材料缺陷识别中的应用现状评述 [J]. 机械工程学报, 2009, 45(1): 1-8.

[9] Campos-Pozuelo C, Vanhille C, Juan A, et al. Nonlinear elastic behavior and ultrasonic fatigue of metals[J].Universality of Nonclassical Nonlinearity, 2006, 3: 443-465.

[10] Nazarov V E, Kolpakov A B, Radostin A V. Amplitude dependent internal friction and generation of harmonics in granite resonator[J]. Acoustical Physics, 2009, 55(1): 100-107.

[11] Debaditya D D, Hoon S H, Kent A K, et al. A nonlinear acoustic technique for crack detection in metallic structures [J]. Structural Health Monitoring, 2009, 8(3): 251-262.

[12] Ostrovsky L, Johnson P A. Dynamic nonlinear elasticity in geomaterials[J]. La Rivista Del Nuovo Cimento, 2008, 24(7): 1-46.

[13] Preisach F. Uber die magnetische nachwirkung (About the magnetic after effect) [J]. Z. Phys, 1935, 94: 277-302.

[14] Mayergoyz I D. Hysteresis models from the mathematical and control theory points of view [J]. Journal of Applied Physics, 1985, 57: 3803-3805.

[15] McCall K R, Guyer R A. Equation of state and wave propagation in hysteretic nonlinear materials [J]. Journal of Geophysical Research, 1994, 99: 23887-23897.

[16] McCall K R, Guyer R A. A new theoretical paradigm to describe hysteresis, discrete memory and nonlinear elastic wave propagation in rock [J]. Nonlinear Processes in Geophysical, 1996: 89-101.

[17] van den Abeele K. Multi-mode nonlinear resonance ultrasound spectroscopy for defect imaging: An analytical approach for the one-dimensional case [J]. Journal of Acoustical Society of America, 2007, 122: 73-90.

[18] van den Abeele K. Resonant bar simulations in media with localized damage [J]. Ultrasonics, 2004, 42: 1017-1024.

[19] Vanaverbeke S, van den Abeele K. Two-dimensional modeling of wave propagation in materials with hysteretic nonlinearity [J]. Journal of Acoustical Society of America, 2007, 122: 58-72.

[20] Donskoy D, Sutin A, Ekimov A. Nonlinear acoustic interaction on contact interfaces and its use for nondestructive testing [J]. NDT & E International, 2001, 34: 231-238.

[21] Graves R W. Simulating seismic wave propagation in 3D elastic media using staggered-grid finite differences [J]. Bulletin of Seismological Society of America, 1996, 86(4): 1091-1106.

[22] Fellinger P, Marklein R, Langenberg K J, et al. Numerical modeling of elastic wave propagation and scattering with EFIT—elastodynamic finite integration technique [J]. Wave Motion, 1995, 21: 47-66.

[23] Helbig K, Rasolofosaon P N J. A new theoretical paradigm to describe hysteresis and nonlinear elasticity in arbitrary anisotropic rocks in anisotropy fractures [J]. Converted Waves and Case Studies, 2000: 383-398.

[24] Fuyuki M, Matsumoto Y. Finite difference analysis of Rayleigh wave scattering at a trench [J]. Bulletin of Seismological Society of America, 1980, 70(6): 2051-2069.

[25] Fink M. Time reversal of ultrasonic fields-part I : basic principles [J]. IEEE Transactions on Ultrasonics, Ferroelectrics, and Frequency Control, 1992, 39(5): 555-566.

[26] Cassereau D, Wu F M, Fink M. Limits of self-focusing using closed time-reversed cavities and mirrors—Theory and experiment [J]. Proceeding IEEE Ultrasonic Symposium, 1990: 1613-1618.

[27] Cassereau D, Fink M. Time-reversal of ultrasonic fields-Part III: Theory of the closed time-reversal cavity [J]. IEEE Transactions on Ultrasonics, Ferroelectrics and Frequency Control, 1992, 39(5): 579-592.

[28] Anderson B E, Griffa M, Larmat C, et al. Time reversal [J]. Acoust. Today, 2008, 4: 5-15.

[29] McCall K R, Guyer R A. Equation of state and wave propagation in hysteretic nonlinear elastic materials [J]. J. Geophys. Res., 1994, 99: 23887-23897.

[30] Goursolle T, Callé S, Santos S D. A two-dimensional pseudospectral model for time reversal and nonlinear elastic wave spectroscopy [J]. Journal of Acoustical Society of America, 2007, 122(6): 3220-3230.

[31] Ulrich T J, Johnson P A, Guyer R A. Interaction dynamics of elastic waves with a complex nonlinear scatterer through the use of a time reversal mirror [J]. Physical Review Letters, 2007, 98(10): 104301.

[32] Gliozzi A S, Griffa M, Scalerandi M. Efficiency of time-reversed acoustics for nonlinear damage detection in solids [J]. J. Acoust. Soc. Am., 2006, 120: 2506-2517.

[33] Simpson D H, Chin C T, Burns P N. Pulse inversion doppler: A new method for detecting nonlinear echoes from microbubble contrast agents [J]. IEEE Transactions on Ultrasonics, Ferroelectrics and Frequency Control, 1999, 46: 372-382.

第5章　声波在混凝土中的非线性理论和实验研究

众所周知，混凝土，尤其是高性能混凝土，是一种复杂的物质。由于混凝土的广泛应用，对混凝土的无损检测受到了广泛的关注。对混凝土的无损检测有很多方法，例如超声脉冲法、振动法、声发射技术法。超声技术是检测混凝土的一种重要方法。然而，迄今为止，这些方法都是基于超声线性特征。比如，Schubert 和 Marklein 对超声在混凝土中的传播做了数值模拟[1]；Popovics 和 Rose 总结了检测混凝土的方法[2]；Ohdaira 和 Masuzawa 研究了声速与混凝土含水量的关系[3]。另外，普遍认为强度是混凝土的重要特征。裂纹是影响混凝土强度的重要原因，混凝土的强度与其中的裂纹有关[4]，但传统的方法并不能提供一种可靠的检测混凝土的方法。所以，强烈需要提供一种更精确的方法来检测混凝土的强度。

研究结果表明，多孔介质，例如岩石和混凝土，是非线性很强的介质[5]。混凝土介于固态和液态之间，实验结果表明混凝土是一种非经典滞后弹性物质。Bentahar等[6]研究了混凝土中的快动力学和慢动力学特性。Lacouture等[7]采用线性和非线性的方法研究了混凝土的特性。水泥的干化对混凝土硬度的影响是一个很重要的研究课题[8]，然而，干化的混凝土的非线性特征在一定程度上受到了裂纹的影响[9]。

混凝土硫酸盐侵蚀机理可以分为物理侵蚀和化学侵蚀两类。物理侵蚀机理主要有三种观点，由 Thaulow 和 Sahu[10] 总结为：无水硫酸盐晶体转换成含水硫酸盐晶体过程中固相增长引起的压力增长理论，结晶水压力理论和盐结晶压力理论。化学侵蚀机理主要是，外部扩散进入混凝土的或者混凝土本身带有的硫酸根离子，与混凝土中主要成分水化硅酸钙、氢氧化钙、水化铝酸钙等发生反应，生成物主要有石膏、钙矾石等，这些物质产生足够大的应力使得混凝土破坏。

Cody 等[11] 比较了硫酸钠溶液中经历连续浸泡、干湿循环、冻融循环这三种条件下混凝土的膨胀量，结果表明，干湿循环中的最大，其次是冻融循环，连续浸泡中的最小。美国材料与试验协会提出的 5 种美国现行混凝土硫酸盐侵蚀破坏试验方法中，干湿循环交替法也是其中的一种[12]。Qiao 等[13] 在研究粉煤灰混凝土在硫酸盐环境中的动弹性模量时发现，在饮用水中进行干湿循环，循环结束后混凝土的动弹性模量都有下降，这说明干湿循环对混凝土有损伤，而且处于干湿循环环境中的混凝土受硫酸盐和盐结晶的侵蚀要比处于持久湿环境中的混凝土更加严重。

混凝土的配合比对结构混凝土的强度有很大影响，而混凝土的配合比包括很多方面，例如水灰比、骨料级配、粉煤灰或者聚丙烯纤维材料的添加比例等。水灰比是影响混凝土强度的一个非常重要的因素,水灰比的大小决定了浆体的流动性,决定了浆体能否均匀包裹集料而不流淌,从而影响强度。若水灰比太小,浆体流动性太低,无法包裹住集料;若水灰比太大,浆体流动性增加,水泥浆体开始往下滴,水泥包裹集料就会不均匀,形成试件下部密实且孔隙率较低,而上部只是骨料的堆积,缺少胶结,整体的强度很低。潘熙洋[14]对没有添加减水剂的普通混凝土在不同水灰比情况下的强度做了测试,得到了在水灰比为 0.4 的情况下,混凝土强度最高的结论。混凝土粗集料颗粒之间通过硬化的水泥浆体胶结而成,根据混凝土结构模型,可以分析得到混凝土强度主要有以下特点:第一,粗集料的强度决定了混凝土骨架的主体强度,粗集料是混凝土中占体积最多的材料,彼此通过水泥浆壳胶结形成混凝土的骨架,粗集料同时也是承受荷载的主要材料;第二,水泥浆壳的力学性能对混凝土强度的影响很大,混凝土在受力时,粗集料的颗粒间有沿界面滑动的趋势,而水泥浆壳在颗粒彼此接触的地方可以起到约束和限制的作用,因此粗集料-浆壳的界面微观形态对界面强度的影响很大,粗集料颗粒之间的胶结面积越大,胶结点越多,混凝土的整体强度也就越大。由上可知,优化混凝土配合比,增加粗集料颗粒间水泥浆胶结点数,是提高混凝土强度的关键。

本章研究声波在不同受损程度下混凝土、不同含水量混凝土、硫酸盐侵蚀下混凝土和不同配合比混凝土中的非线性传播。

5.1 声波在混凝土中传播的非线性理论模型

混凝土的泊松比在 0.14~0.17,比普通金属的泊松比要低很多。因此,混凝土棒在纵波激励下,可以忽略所引起的横向振动。纵波沿混凝土棒的长度方向上传播时,声波方程可以写成

$$\rho U_{tt} = \sigma_x(\varepsilon) \tag{5.1}$$

其中,U 是混凝土颗粒的振动位移;ρ 是混凝土的密度;σ 是应力;ε 是应变;t 是时间。

在非经典非线性理论中,应力应变存在着滞后关系,如图 5.1 所示。式 (5.2) 中采用最少的两个参数的方法来描述滞后关系时应力应变的基本规律。

$$\sigma(\varepsilon) = \begin{cases} E\left(\varepsilon - \dfrac{\gamma_1}{2}\varepsilon^2\right), & \varepsilon > 0, \quad \varepsilon_t > 0 \\ E\left(1 - \dfrac{\gamma_1}{2}\varepsilon_0\right), & \varepsilon > 0, \quad \varepsilon_t < 0 \\ E\left(\varepsilon + \dfrac{\gamma_2}{2}\varepsilon^2\right), & \varepsilon < 0, \quad \varepsilon_t < 0 \\ E\left(1 - \dfrac{\gamma_2}{2}\varepsilon_0\right), & \varepsilon < 0, \quad \varepsilon_t > 0 \end{cases} \tag{5.2}$$

其中，ε_0 是应变振幅；γ_1, γ_2 是非线性参数，$\gamma_1 \neq \gamma_2$ 反映了压缩波和扩展波的不对称。

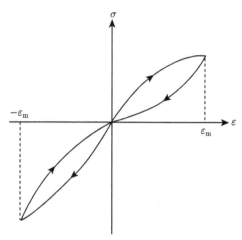

图 5.1　应力和应变关系的滞后现象

在外力激励下，混凝土棒中的纵波的波动方程 $\rho U_{tt} = \sigma_x(\varepsilon)$ 就成为

$$U_{tt} - c^2 U_{xx} + \mu U_{ttt} = c^2 F(U) \tag{5.3}$$

$$F(U) = \begin{cases} -\gamma_1 U_x U_{xx}, & U_x > 0, \quad U_{xt} > 0 \\ -\dfrac{\gamma_1}{2}(\varepsilon_0 U_{xx} + \varepsilon_{0x} U_x), & U_x > 0, \quad U_{xt} < 0 \\ \gamma_2 U_x U_{xx}, & U_x < 0, \quad U_{xt} < 0 \\ -\dfrac{\gamma_2}{2}(\varepsilon_0 U_{xx} + \varepsilon_{0x} U_x), & U_x < 0, \quad U_{xt} > 0 \end{cases} \tag{5.4}$$

其中，U 是颗粒的位移；c 是纵波的声速；μU_{ttt} 是线性黏滞引起的量。

实验过程中，混凝土棒的边界条件可看作一端受简谐外力的作用、一端自由的棒。边界条件可以写成

$$\begin{aligned} U(0,t) &= A_0 \cos \omega t \\ U(L,t) &= 0 \end{aligned} \tag{5.5}$$

为了分析方便，令

$$V(x,t) = U(x,t) - A_0 \cos \omega t (1 + \sin k_n x) \tag{5.6}$$

其中，$k_n = 2\pi f_n/c$ 为谐振棒在 n 次模式下谐振频率的波数。

此时，边界条件为

$$V(0,t) = V_x(L,t) = 0 \tag{5.7}$$

考虑在 n 次模式下，将式 (5.7) 代入式 (5.3)，得

$$V_{tt} - c^2 V_{xx} = c^2 F(V) - \mu V_{ttt} + A_0[\omega^2 + (\omega^2 + \omega_n^2)\sin k_n x]\cos \omega t \tag{5.8}$$

上式右侧包括非线性、衰减和外力作用三项，当这三项都很小时，上式的解可以写成

$$V^{(1)} = V_0 \cos[(\omega_n + \delta)t + \psi]\sin k_n x + W(x,t) \tag{5.9}$$

其中，V_0 和 ψ 都是未知量；$W(x,t)$ 是小量；$\omega_n = 2\pi f_n; \delta = \omega - \omega_n \ll \omega_n$。将式 (5.8) 代入式 (5.7)，得

$$\begin{aligned}
W_{tt} - c^2 W_{xx} = &\ c^2 F(V^{(1)}) + A_0[\omega^2 + (\omega^2 - \omega_n^2)\sin k_n x]\cos \omega t \\
&+ \mu_t \omega_n^3 V_0 \sin[(\omega_n + \delta)t + \psi]\sin k_n x \\
&+ 2\omega_n \delta V_0 \cos[(\omega_n + \delta)t + \psi]\sin k_n x
\end{aligned} \tag{5.10}$$

上式也满足边界条件 (5.7)，为了保证上式解的时域不变性，右侧对于特征函数的正交特性，左侧也应该满足。对于非线性项 $F(V^{(1)})$ 做傅里叶分析如下：

$$V^{(1)} = V_0 \cos[(\omega_n + \delta)t + \psi]\sin k_n x$$

$$\begin{aligned}
V^{(1)} &= V_0 \cos\Theta \sin k_n x \\
V_x^{(1)} &= V_0 k_n \cos\Theta \cos k_n x \\
V_{xx}^{(1)} &= -V_0 k_n^2 \cos\Theta \sin k_n x \qquad ((\omega_n + \delta)t + \psi = \Theta) \\
V_x^{(1)} V_{xx}^{(1)} &= -V_0^2 k_n^3 \cos^2\Theta \sin k_n x \cos k_n x
\end{aligned} \tag{5.11}$$

$$\begin{aligned}
\varepsilon &= \frac{\partial V}{\partial x} = V_0 k_n \cos\Theta \cos k_n x \\
\varepsilon_0 &= V_0 k_n \cos k_n x \\
\varepsilon_{0x} &= \frac{\partial \varepsilon_0}{\partial x} = -V_0 k_n^2 \sin k_n x
\end{aligned} \tag{5.12}$$

(1) 当 $\Theta \in \left(-\dfrac{\pi}{2}, 0\right)$ 时，

$$F = \gamma_1 V_0^2 k_n^3 \cos^2\Theta \sin k_n x \cos k_n x \tag{5.13}$$

(a)

$$\begin{aligned}
&\frac{1}{\pi L}\int_{-\frac{\pi}{2}}^{0}\int_0^L \gamma_1 V_0^2 k_n^3 \cos^3\Theta \sin^2 k_n x \cos k_n x \mathrm{d}\Theta \mathrm{d}x \\
&= V_0^2 k_n^3 \times \frac{1}{\pi}\int_{-\frac{\pi}{2}}^{0}\gamma_1 \cos^3\Theta \mathrm{d}\Theta \times \frac{1}{L}\int_0^L \sin^2 k_n x \cos k_n x \mathrm{d}x \\
&= V_0^2 k_n^3 \times \frac{2}{3\pi}\gamma_1 \times \frac{2}{3\pi}
\end{aligned} \tag{5.14}$$

其中

$$\frac{1}{\pi}\int_{-\frac{\pi}{2}}^{0}\gamma_1\cos^3\Theta\mathrm{d}\Theta=\frac{2}{3\pi}\gamma_1 \tag{5.15}$$

令 $k_nL'=\dfrac{\pi}{2}$，因为 $k_nL=\dfrac{\pi}{2}(2n-1)$，所以 $L=(2n-1)\times L'$

$$
\begin{aligned}
\frac{1}{L}\int_0^L\sin^2 k_nx\cos k_nx\mathrm{d}x&=\frac{1}{k_nL}\int_0^L\sin^2 k_nx\mathrm{d}\sin k_nx\\
&=\frac{2n-1}{k_nL}\int_0^{L'}\sin^2 k_nx\mathrm{d}\sin k_nx\\
&=\frac{2n-1}{k_nL}\times\frac{1}{3}\times\sin^3 k_nL'\\
&=\frac{1}{k_nL}\times\frac{1}{3}=\frac{2}{3\pi}
\end{aligned} \tag{5.16}
$$

(b)　　$\dfrac{1}{\pi L}\gamma_1 V_0^2 k_n^3\displaystyle\int_{-\frac{\pi}{2}}^{0}\cos^2\Theta\sin\Theta\mathrm{d}\Theta\int_0^L\sin^2 k_nx\cos k_nx\mathrm{d}x$

$$=V_0^2 k_n^3\times\gamma_1\times\frac{1}{\pi}\int_{-\frac{\pi}{2}}^{0}\cos^2\Theta\sin\Theta\mathrm{d}\Theta\times\frac{1}{L}\int_0^L\sin^2 k_nx\cos k_nx\mathrm{d}x \tag{5.17}$$

$$=V_0^2 k_n^3\gamma_1\times-\frac{1}{3\pi}\times\frac{2}{3\pi}$$

其中

$$\frac{1}{\pi}\int_{-\frac{\pi}{2}}^{0}\cos^2\Theta\sin\Theta\mathrm{d}\Theta=-\frac{1}{3\pi}$$

$$\frac{1}{L}\int_0^L\sin^2 k_nx\cos k_nx\mathrm{d}x=\frac{2}{3\pi} \tag{5.18}$$

(2) 当 $\Theta\in\left(0,\dfrac{\pi}{2}\right)$ 时，

$$F(V^{(1)})=\gamma_1 V_0^2 k_n^3\cos\Theta\sin k_nx\cos k_nx \tag{5.19}$$

(a)　　$\dfrac{1}{\pi L}\displaystyle\int_0^{\pi/2}\int_0^L\gamma_1 V_0^2 k_n^3\cos^2\Theta\sin^2 k_nx\cos k_nx\mathrm{d}\Theta\mathrm{d}x$

$$=V_0^2 k_n^3\times\frac{1}{\pi}\int_0^{\pi/2}\gamma_1\cos^2\Theta\mathrm{d}\Theta\times\frac{1}{L}\int_0^L\sin^2 k_nx\cos k_nx\mathrm{d}x \tag{5.20}$$

$$=V_0^2 k_n^3\times\frac{2}{3\pi}\times\frac{\gamma_1}{4}$$

其中

$$\frac{1}{L}\int_0^L \sin^2 k_n x \cos k_n x \mathrm{d}x = \frac{2}{3\pi}$$

$$\frac{1}{\pi}\int_0^{\pi/2} \gamma_1 \cos^2 \Theta \mathrm{d}\Theta = \frac{\gamma_1}{4}$$

(b)

$$\frac{1}{\pi L}\int_0^{\pi/2}\int_0^L \gamma_1 V_0^2 k_n^3 \cos\Theta \sin\Theta \sin^2 k_n x \cos k_n x \mathrm{d}\Theta \mathrm{d}x$$

$$= V_0^2 k_n^3 \times \frac{1}{\pi}\int_0^{\pi/2}\gamma_1\cos\Theta\sin\Theta\mathrm{d}\Theta \times \frac{1}{L}\int_0^L \sin^2 k_n x \cos k_n x \mathrm{d}x \qquad (5.21)$$

$$= V_0^2 k_n^3 \times \frac{2}{3\pi} \times \frac{\gamma_1}{2\pi}$$

其中

$$\frac{1}{\pi}\int_0^{\pi/2}\gamma_1\cos\Theta\sin\Theta\mathrm{d}\Theta = \frac{\gamma_1}{2\pi}$$

$$\frac{1}{L}\int_0^L \sin^2 k_n x \cos k_n x \mathrm{d}x = \frac{2}{3\pi} \qquad (5.22)$$

(3) 当 $\Theta \in \left(\frac{\pi}{2}, \pi\right)$ 时，

$$F(V^{(1)}) = \gamma_2 V_x^{(1)} V_{xx}^{(1)} = -\gamma_2 V_0^2 k_n^3 \cos^2\Theta \sin k_n x \cos k_n x \qquad (5.23)$$

(a)

$$-\frac{1}{\pi L}\gamma_2 V_0^2 k_n^3 \int_{\frac{\pi}{2}}^{\pi}\cos^3\Theta\mathrm{d}\Theta\int_0^L \sin^2 k_n x \cos k_n x \mathrm{d}x$$

$$= -V_0^2 k_n^3 \times \frac{1}{L}\int_0^L \sin^2 k_n x \cos k_n x \mathrm{d}x \times \frac{1}{\pi}\int_{\frac{\pi}{2}}^{\pi}\gamma_2\cos^3\Theta\mathrm{d}\Theta \qquad (5.24)$$

$$= V_0^2 k_n^3 \times \frac{2}{3\pi} \times \frac{2}{3\pi}\gamma_2$$

其中

$$\frac{1}{\pi}\int_{\frac{\pi}{2}}^{\pi}\gamma_2\cos^3\Theta\mathrm{d}\Theta = -\frac{2}{3\pi}\gamma_2$$

$$\frac{1}{L}\int_0^L \sin^2 k_n x \cos k_n x \mathrm{d}x = \frac{2}{3\pi} \qquad (5.25)$$

(b)

$$-\frac{1}{\pi L}\gamma_2 V_0^2 k_n^3 \int_{\frac{\pi}{2}}^{\pi}\cos^2\Theta\sin\Theta\mathrm{d}\Theta\int_0^L \sin^2 k_n x \cos k_n x \mathrm{d}x$$

$$= -V_0^2 k_n^3 \times \frac{1}{L}\int_0^L \sin^2 k_n x \cos k_n x \mathrm{d}x \times \frac{1}{\pi}\int_{\frac{\pi}{2}}^{\pi}\gamma_2\cos^2\Theta\sin\Theta\mathrm{d}\Theta \qquad (5.26)$$

$$= V_0^2 k_n^3 \times \frac{2}{3\pi} \times -\frac{1}{3\pi}\gamma_2$$

其中

$$\frac{1}{\pi}\int_{\frac{\pi}{2}}^{\pi}\gamma_2\cos^2\Theta\sin\Theta\mathrm{d}\Theta = \frac{1}{3\pi}\gamma_2$$

$$\frac{1}{L}\int_0^L\sin^2 k_n x\cos k_n x\mathrm{d}x = \frac{2}{3\pi}$$

(4) 当 $\Theta\in\left(\pi,\dfrac{3\pi}{2}\right)$ 时,

$$F(V^{(1)}) = \gamma_2 V_0^2 k_n^3\cos\Theta\sin k_n x\cos k_n x \tag{5.27}$$

(a)
$$\frac{1}{\pi L}\int_\pi^{3\pi/2}\int_0^L\gamma_2 V_0^2 k_n^3\cos^2\Theta\sin^2 k_n x\cos k_n x\mathrm{d}\Theta\mathrm{d}x$$

$$= V_0^2 k_n^3\times\frac{1}{\pi}\int_\pi^{3\pi/2}\gamma_2\cos^2\Theta\mathrm{d}\Theta\times\frac{1}{L}\int_0^L\sin^2 k_n x\cos k_n x\mathrm{d}x \tag{5.28}$$

$$= V_0^2 k_n^3\times\frac{2}{3\pi}\times\frac{\gamma_2}{4}$$

其中

$$\frac{1}{L}\int_0^L\sin^2 k_n x\cos k_n x\mathrm{d}x = \frac{2}{3\pi}$$

$$\frac{1}{\pi}\int_\pi^{3\pi/2}\gamma_2\cos^2\Theta\mathrm{d}\Theta = \frac{\gamma_2}{4}$$

(b)
$$\frac{1}{\pi L}\int_\pi^{3\pi/2}\int_0^L\gamma_2 V_0^2 k_n^3\cos\Theta\sin\Theta\sin^2 k_n x\cos k_n x\mathrm{d}\Theta\mathrm{d}x$$

$$= V_0^2 k_n^3\times\frac{1}{\pi}\int_\pi^{3\pi/2}\gamma_2\cos\Theta\sin\Theta\mathrm{d}\Theta\times\frac{1}{L}\int_0^L\sin^2 k_n x\cos k_n x\mathrm{d}x \tag{5.29}$$

$$= V_0^2 k_n^3\times\frac{2}{3\pi}\times\frac{\gamma_2}{2\pi}$$

其中

$$\frac{1}{L}\int_0^L\sin^2 k_n x\cos k_n x\mathrm{d}x = \frac{2}{3\pi}$$

$$\frac{1}{\pi}\int_\pi^{3\pi/2}\gamma_2\cos\Theta\sin\Theta\mathrm{d}\Theta = \frac{\gamma_2}{2\pi} \tag{5.30}$$

综合四种情况下, 可得到式 (5.10) 非线性项 $F(V^1)$ 的傅里叶分析为

$$\cos\text{部分}:\quad V_0^2 k_n^3\frac{(8+3\pi)(\gamma_1+\gamma_2)}{18\pi^2} = V_0^2 k_n^3\frac{2}{3\pi}a_1$$

$$\sin\text{部分}:\quad V_0^2 k_n^3\frac{(\gamma_1+\gamma_2)}{9\pi^2} = V_0^2 k_n^3\frac{2}{3\pi}b_1 \tag{5.31}$$

$$a_1 = \frac{(8+3\pi)(\gamma_1+\gamma_2)}{12\pi},\quad b_1 = \frac{\gamma_1+\gamma_2}{6\pi}$$

式 (5.10) 中 $A_0 \cos \omega t[\omega^2 + (\omega^2 - \omega_n^2) \sin k_n x]$ 项的傅里叶分析为

$$
\frac{1}{\pi L} \int_0^{2\pi} \int_0^L A_0 \cos \omega t[\omega^2 + (\omega^2 - \omega_n^2) \sin k_n x] \sin k_n x \begin{pmatrix} \cos \Theta \\ \sin \Theta \end{pmatrix} \mathrm{d}x \mathrm{d}\Theta
$$

$$
= \frac{A_0}{\pi} \frac{1}{L} \int_0^L [\omega^2 + (\omega^2 - \omega_n^2) \sin k_n x] \sin k_n x \mathrm{d}x \times \int_0^{2\pi} \cos \omega t \begin{pmatrix} \cos \Theta \\ \sin \Theta \end{pmatrix} \mathrm{d}\Theta
$$

$$
= \frac{A_0}{\pi} \times \frac{\omega_n^2}{(2n-1)\pi/2} \times \pi \begin{pmatrix} \cos \psi \\ \sin \psi \end{pmatrix} \tag{5.32}
$$

$$
= \frac{A_0 \omega_n^2}{\pi(n-1/2)} \begin{pmatrix} \cos \psi \\ \sin \psi \end{pmatrix}
$$

其中

$$
\int_0^{2\pi} \cos \omega t \begin{pmatrix} \cos \Theta \\ \sin \Theta \end{pmatrix} \mathrm{d}\Theta
$$

$$
= \int_0^{2\pi} \cos(\Theta - \psi) \begin{pmatrix} \cos \Theta \\ \sin \Theta \end{pmatrix} \mathrm{d}\Theta \quad (\Theta = \omega t + \psi) \tag{5.33}
$$

$$
= \pi \times \begin{pmatrix} \cos \psi \\ \sin \psi \end{pmatrix}
$$

$$
\frac{1}{L} \int_0^L [\omega^2 + (\omega^2 - \omega_n^2) \sin k_n x] \sin k_n x \mathrm{d}x
$$

$$
= \frac{1}{L} \int_0^L \omega_n^2 \sin k_n x \mathrm{d}x \quad (\omega = \omega_n)
$$

$$
= \frac{(2n-1)\omega_n^2}{k_n L} \times \int_0^{\pi/2} \sin \alpha \mathrm{d}\alpha \quad \left(\alpha = k_n x \in \left(0, (2n-1)\frac{\pi}{2}\right) \right) \tag{5.34}
$$

$$
= \frac{\omega_n^2}{n - \dfrac{1}{2}}
$$

式 (5.10) 中 $\mu_1 \omega_n^2 V_0 \sin \Theta \sin k_n x$ 项的傅里叶分析为

$$
\frac{1}{\pi L} \int_0^{2\pi} \int_0^L \mu_1 \omega_n^3 V_0 \sin \Theta \sin k_n x \sin k_n x \begin{pmatrix} \cos \Theta \\ \sin \Theta \end{pmatrix} \mathrm{d}x \mathrm{d}\Theta
$$

$$
= \frac{\mu_1 \omega_n^3 V_0}{\pi} \times \frac{1}{2} \times \begin{pmatrix} 0 \\ \pi \end{pmatrix} = \begin{pmatrix} 0 \\ \dfrac{\mu_1 \omega_n^3 V_0}{2} \end{pmatrix}
$$

其中

$$
\frac{1}{L} \int_0^L \sin k_n x \sin k_n x \mathrm{d}x
$$

$$
= \frac{2n-1}{k_n L} \int_0^{\pi/2} \sin \alpha \sin \alpha \mathrm{d}\alpha \quad \left(\alpha = k_n x \in \left(0, (2n-1)\frac{\pi}{2}\right) \right) \tag{5.35}
$$

$$
= \frac{2n-1}{(2n-1)\pi/2} \times \frac{\pi}{4} = \frac{1}{2}
$$

$$
\int_0^{2\pi} \sin \Theta \begin{pmatrix} \cos \Theta \\ \sin \Theta \end{pmatrix} \mathrm{d}\Theta = \begin{pmatrix} 0 \\ \pi \end{pmatrix} \tag{5.36}
$$

式 (5.10) 中 $2\omega_n \delta V_0 \cos \Theta \sin k_n x$ 项的傅里叶分析为

$$
\frac{1}{\pi L} \int_0^{2\pi} \int_0^L 2\omega_n \delta V_0 \cos \Theta \sin k_n x \sin k_n x \begin{pmatrix} \cos \Theta \\ \sin \Theta \end{pmatrix} \mathrm{d}x \mathrm{d}\Theta
$$

$$
= \frac{2\omega_n \delta V_0}{\pi} \times \frac{1}{2} \times \begin{pmatrix} \pi \\ 0 \end{pmatrix} = \begin{pmatrix} \omega_n \delta V_0 \\ 0 \end{pmatrix} \tag{5.37}
$$

其中

$$
\frac{1}{L} \int_0^L \sin k_n x \sin k_n x \mathrm{d}x = \frac{1}{2}
$$

$$
\int_0^{2\pi} \cos \Theta \begin{pmatrix} \cos \Theta \\ \sin \Theta \end{pmatrix} \mathrm{d}\Theta = \begin{pmatrix} \pi \\ 0 \end{pmatrix} \tag{5.38}
$$

令式 (5.10) 右侧的傅里叶分析为零，从而得到关于振幅和相位的方程：

$$
\frac{2a_1 V_0^2 \omega_n^2}{3\pi c} + \delta V_0 = -\frac{A_0 \omega_n}{\pi(n-1/2)} \cos \psi
$$

$$
\frac{2b_1 V_0^2 \omega_n^2}{3\pi c} + \frac{\mu_1 \omega_n^2 V_0}{2} = -\frac{A_0 \omega_n}{\pi(n-1/2)} \sin \psi \tag{5.39}
$$

对上述方程组求解得到

$$
V_0 = \frac{A_0(c/L)}{[(\delta - \delta_N)^2 + (\mu_1 + \mu_N)^2 \omega_n^2/4]^{1/2}} \tag{5.40}
$$

$$
\delta_N = -2(n-1/2)a_1 V_0 \omega_n/(3L), \quad \mu_N = 4(n-1/2)b_1 V_0/(3L\omega_n)
$$

$$
\frac{1}{\pi L} \int_0^{2\pi} \int_0^L F(V^{(1)}) \sin k_n x \begin{pmatrix} \cos \Theta \\ \sin \Theta \end{pmatrix} \mathrm{d}x \mathrm{d}\Theta = V_0^2 k_n^3 \frac{2}{3\pi} \begin{pmatrix} a_1 \\ b_1 \end{pmatrix} \tag{5.41}
$$

$$
a_1 = \frac{(8+3\pi)(\gamma_1 + \gamma_2)}{12\pi}, \quad b_1 = \frac{\gamma_1 + \gamma_2}{6\pi}
$$

令式 (5.41) 傅里叶分析为零，从而得到关于振幅和相位的方程：

$$\frac{2a_1V_0^2\omega_n^2}{3\pi c} + \delta V_0 = -\frac{A_0\omega_n}{\pi(n-1/2)}\cos\psi$$

$$\frac{2b_1V_0^2\omega_n^2}{3\pi c} + \frac{\mu_1\omega_n^2 V_0}{2} = -\frac{A_0\omega_n}{\pi(n-1/2)}\sin\psi \tag{5.42}$$

解上方程组，得

$$V_0 = \frac{A_0(c/L)}{[(\delta-\delta_N)^2 + (\mu_1+\mu_N)^2\omega_n^2/4]^{1/2}} \tag{5.43}$$

$$\delta_N = -2(n-1/2)a_1V_0\omega_n/(3L), \quad \mu_N = 4(n-1/2)b_1V_0/(3L\omega_n) \tag{5.44}$$

其中，δ_N 为非线性频移；μ_N 为非线性损失因子。

当考虑到产生高次谐波时，通过微扰法分析谐波问题，获得此频率下的二次谐波的位移方程：

$$V_{tt}^{(2)} - c^2V_{xx}^{(2)} + \mu_2 V_{ttt}^{(2)} = \frac{V_0^2 k_n^3 c^2}{4}\sin 2k_n x(a_2\cos 2\Theta + b_2\sin 2\Theta) \tag{5.45}$$

$$a_2 = \frac{(8+3\pi)(\gamma_1-\gamma_2)}{24\pi}, \quad b_2 = \frac{\gamma_1-\gamma_2}{6\pi} \tag{5.46}$$

二次谐波的解可以写成

$$V^{(2)} = V_2(x)\sin(2\Theta + \phi) \tag{5.47}$$

同分析基波，可以得到二次谐波下的振幅和相位的方程 (假设 $\delta = 0$)：

$$(V_{2xx} + 4k_n^2 V_2)\cos\phi = -\frac{V_0^2 k_n^3 b_2}{4}\sin 2k_n x - 8\mu_2\omega_n k_n^2 V_2\sin\varphi$$

$$(V_{2xx} + 4k_n^2 V_2)\sin\phi = -\frac{V_0^2 k_n^3 a_2}{4}\sin 2k_n x + 8\mu_2\omega_n k_n^2 V_2\cos\varphi \tag{5.48}$$

令 $\mu_2 = 0$，消去 $\cos\phi, \sin\phi$ 项，得到

$$V_{2xx} + 4k_n^2 V_2 = \frac{V_0^2 k_n^3}{4}\sin 2k_n x\sqrt{a_2^2 + b_2^2} \tag{5.49}$$

根据边界条件，求解上方程组，得到

$$V_2(x) = \frac{V_0^2 k_n}{32}\sqrt{a_2^2 + b_2^2}(\sin 2k_n x - 2k_n x\cos 2k_n x)$$

在棒的自由端：

$$k_n L = \frac{\pi}{2}(2n-1), \quad \sin 2k_n L = 0, \quad \cos 2k_n L = -1 \tag{5.50}$$

$$V_2(L) = \frac{V_0^2 k_n^2 L}{16}\sqrt{a_2^2 + b_2^2}$$

同理，三次谐波下的波动方程为

$$V_{tt}^{(3)} - c^2 V_{xx}^{(3)} + \mu_3 V_{ttt}^{(3)} = \frac{V_0^2 k_n^3 c^2}{4}\sin 2k_n x(a_3\cos 3\Theta + b_3\sin 3\Theta) - V_0 c\omega_0 a_0 [V_x^{(3)}\cos k_n x]_n'$$

$$a_0 = \frac{(\pi+4)(\gamma_1+\gamma_2)}{8\pi}, \quad a_3 = \frac{2(\gamma_1+\gamma_2)}{15\pi}, \quad b_3 = \frac{\gamma_1+\gamma_2}{30\pi} \tag{5.51}$$

同二次谐波不同，三次谐波的频率接近于谐振频率，所以式 (5.51) 的解写成棒的一般振动形式：

$$V^3(x,t) = V_3\sin 3k_n x\sin(3\Theta + \chi) \tag{5.52}$$

将式 (5.52) 代入式 (5.51)，解得混凝土棒自由端三次谐波的位移振幅为

$$V_3 = \frac{2(n-1/2)}{45L}\frac{V_0^2\omega_n\sqrt{a_3^2+b_3^2}}{[9\mu_3^2\omega_n^4 + 4(1-27a_0/35a_1)^2\delta_N^2]^{1/2}} \tag{5.53}$$

非线性参数 γ_1 和 γ_2 可以从下面两式得到：

$$|\gamma_1 - \gamma_2| = \frac{16\times V_2}{V_0^2 k_n^2 L\sqrt{\left(\dfrac{8+3\pi}{24\pi}\right)^2 + \left(\dfrac{1}{6\pi}\right)^2}} \tag{5.54}$$

$$\gamma_1 + \gamma_2 = \frac{45LV_3\sqrt{9u_3^2\omega_n^4 + 4\left[1+\dfrac{81(4+\pi)}{70(8+3\pi)}\right]^2\delta_N^2}}{(2n-1)\omega_n V_0^2\sqrt{\left(\dfrac{2}{15\pi}\right)^2 + \left(\dfrac{1}{30\pi}\right)^2}} \tag{5.55}$$

其中，V_0, V_2, V_3 分别是在第一谐振频率下，基波、二次谐波、三次谐波的位移振幅。

5.2　实验方法

实验装置如图 5.2 所示，发射换能器紧紧绑在质量负载上，水泥砂浆棱柱样品放在发射换能器上，样品靠近发射换能器一端绑在实验支架上，用凡士林作耦合

剂, 使得样品与换能器良好地耦合。这一端可以认为是刚性边界。样品上端放置加速度计, 将铝片放在加速度计上, 保证样品盒加速度计耦合良好。铝片和加速度计质量较小, 因此可以认为此端自由。

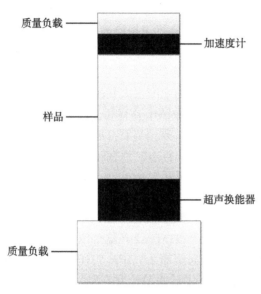

图 5.2 实验装置

实验系统如图 5.3 所示, 信号发生器激励单频脉冲信号, 经功率放大器放大后传输到发射换能器, 用加速度计接收信号。加速度计灵敏度为 10mV/g, 有效带宽为 5Hz~100kHz。接收到的信号经示波器, 通过 LabVIEW 采集。加速度 a 和样品末端位移振幅 V 的关系是

$$V = \frac{a}{\omega^2} \tag{5.56}$$

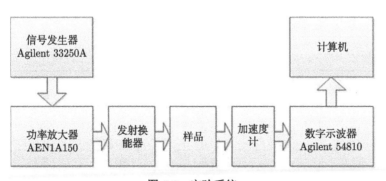

图 5.3 实验系统

5.3　不同受损程度下的混凝土非经典非线性分析

六个立方体形的混凝土试块的尺寸为 8cm×6cm×5cm。我们是在第一谐振频率下采用非线性的方法对混凝土进行无损检测。综合考虑到发射换能器的发射性能和加速度计的有效带宽，实验选择上述样本尺寸。水泥、砂子和石子的质量比为 1:2.46:4.19，将搅拌均匀的泥砂混合物注入已经做好的木盒中，在日光下自然干化。由于搅拌过程中，会在泥砂混合物中产生大量的气泡，在干化初期，将混凝土样本放在红外灯下烘烤 1 小时，这种做法十分有利于排气。

7 天后，混凝土样本完全干化。采用岩石打磨机打磨混凝土样本，保证六个不同的混凝土样本尺寸一致，保证不同样本的声接触面的光洁度一致。此时，测量得到混凝土样本的声速为 2900m/s，密度为 2400kg/m³。采用东南大学混凝土及预应力混凝土结构教育部重点实验室的 100t 疲劳试验机对六个混凝土样本施加不同的压力。这种配方下的混凝土类型为普通混凝土，耐压极限为 21MPa。实验证明，我们所做的混凝土样本的耐压极限正是 21MPa。在这个压强下，混凝土样本几近粉碎。分别对六块混凝土样本沿厚度方向施加 3.5MPa，7MPa，10.5MPa，14MPa，17.5MPa，21MPa 的压强。受压后，混凝土试块沿长度方向的两个底面发生了不同程度的变形和膨胀，沿厚度方向的两个受压面是十分平整的。所以，实验中，我们依旧采用厚度方向为声传播方向。

表 5.1 给出了六个试块的线性声参数，包括声速、尺寸等，同时也比较了第一谐振频率的理论值和测量值的差异。在受损程度越强的样本中，声速越小。第一块样本的声速比第六块样本高 50%，第一谐振频率从 13.52kHz 降低到 8.39kHz。理论计算中，认为接收端是自由的，实验中，虽然加速度计和负载薄铝片的质量很小，但是不可以忽略，所以第一谐振频率的测量值要比理论值大。

表 5.1　六个混凝土样本中的线性声参数

编号	压强/MPa	长度/m	延迟时间/μs	纵波声速/(m/s)	F_1/kHz 理论值	F_1/kHz 测量值
1	3.5	0.0550	19.0	2894	13.2	13.52
2	7.0	0.0545	20.0	2725	12.5	13.45
3	10.5	0.0540	21.5	2547	11.6	11.63
4	14.0	0.0535	24.0	2230	10.4	11.57
5	17.5	0.0610	28.0	2178	8.8	8.88
6	21.0	0.0600	30.0	2033	8.3	8.39

基波、三次谐波是接近于共振的，所以损耗是要考虑的。然而，μ_1 和 μ_3 很难直接测量得到。非线性损耗和品质因数的关系为 $\mu_n = [\omega Q_n]^{-1}$，所以通过品质因

数可以间接地计算出非线性损耗。不同样本中、不同激励电压下，品质因数是不同的。如表 5.2 所示，在第六块样本中，品质因数随着接收端应变的变化而变化。

表 5.2　第六块样本中不同应变下的品质因数

应变振幅	$Q(-3\text{dB})$
3.74×10^{-8}	66.7
7.64×10^{-8}	65.3
1.219×10^{-7}	63.1
1.58×10^{-7}	61.5
2.12×10^{-7}	59.9
2.58×10^{-7}	57.1
3.04×10^{-7}	55.1
3.50×10^{-7}	53.4
3.94×10^{-7}	51.1
4.37×10^{-7}	49.6

图 5.4 是激励电压为 300mV 时，六个样本在第一谐振频率下的功率谱。从

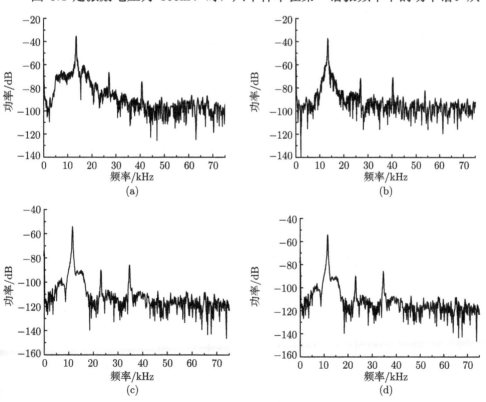

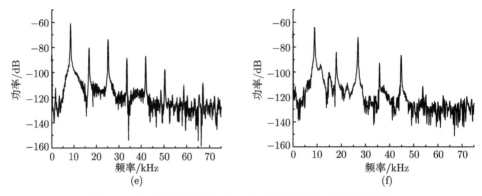

图 5.4   第一至第六样本 (a)~(f) 的自由端加速度的功率谱

图 5.4(a) 中, 我们发现第一块样本的非经典非线性是最弱的, 三次谐波弱于二次谐波。在受损程度更大的样本中, 非经典非线性逐渐增强, 三次谐波逐渐增强, 甚至强于二次谐波。在第二块样本中, 三次谐波几乎和二次谐波同样强弱。在其他四块样本中, 三次谐波强于二次谐波。第六块样本中, 如图 5.4(f) 所示, 奇次谐波的振幅明显强于偶次谐波, 这是非经典非线性声学的主要特征。

图 5.5 为第一块和第六块样本中非线性频移与基波振幅的线性关系。实验结果证明了非线性频移与基波振幅的线性关系的理论结果, 如公式 (5.44)。

根据经典非线性理论, 三次谐波的振幅和基波振幅呈三次方关系。然而, 在非经典非线性理论中, 三次谐波的振幅和基波振幅呈平方关系。图 5.6 给出了第六块样本中, 二次谐波、三次谐波的应变振幅和基波的应变振幅的关系。从两条曲线的斜率中我们可以得到, 像二次谐波一样, 破损混凝土中, 三次谐波与基波的振幅呈平方关系。再次证明, 混凝土是一种非经典非线性很强的物质。

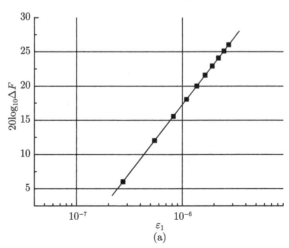

(a)

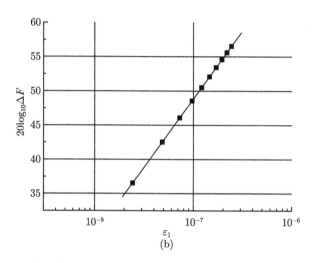

(b)

图 5.5 第一块 (a) 和第六块 (b) 混凝土样本中非线性频移与基波振幅的关系 (实线为一次拟合曲线)

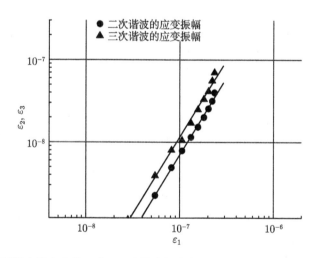

图 5.6 第六块混凝土样本中的二次、三次谐波的应变振幅与基波的应变振幅的关系 (实线是一次拟合曲线)

从表 5.3 中，我们可以得到，当激励电压为 300mV 时，随着受损程度的增加，非线性频移从 18Hz 增加到 603Hz。第一块样本在 3.5MPa 压强下受损，它是受损程度最小的，其中的裂纹也是最少的，非线性频移和非线性参数都是最小的。在第二、第三、第四试块中，非经典非线性特征逐渐显著。第五、第六试块是受损最严重的试块，它们的非经典非线性特征是最强烈的。如果我们认为 γ_1 大于 γ_2，γ_1 和 γ_2 可以很容易地计算出。随着受损程度的增强，$|\gamma_1 - \gamma_2|$ 和 $\gamma_1 + \gamma_2$ 增加了约百倍。

非线性参数 γ_1 和 γ_2 增加到 10^8。从表 5.3 中我们得到这样的结论：与线性参数相比，非经典非线性参数更显著地体现出混凝土受损程度的变化，体现了非经典非线性法的优越性。

表 5.3   六块样本中的非线性频移量和非线性参数

编号	非线性频移/Hz	$|\gamma_1 - \gamma_2|$	$\gamma_1 + \gamma_2$	γ_1	γ_2
1	18	2.02×10^5	1.56×10^6	8.81×10^5	6.79×10^5
2	56	2.40×10^5	1.63×10^6	9.35×10^6	6.95×10^5
3	85	6.9×10^5	3.56×10^6	2.13×10^6	1.44×10^6
4	222	1.19×10^5	8.70×10^6	4.95×10^6	3.76×10^6
5	450	2.42×10^7	2.57×10^8	1.46×10^8	1.16×10^8
6	603	3.04×10^7	5.78×10^8	3.27×10^8	2.74×10^8

5.4   不同含水量的混凝土非经典非线性分析

混凝土的强度是评价混凝土质量的重要参数。混凝土的含水量严重地影响了混凝土的强度[15]。通过研究含水量和声学非线性参数的关系，本节讨论采用非经典非线性声学的理论测量混凝土含水量的方法。

在本节中，将一块混凝土试块放在烤箱中烘烤，不断地改变混凝土中的含水量，测量每蒸发 1g 水后的试块的声速、品质因数、谐波振幅和非线性频移等参数。所有的实验结果都是在不同含水量的混凝土试块的第一谐振频率下测量。混凝土试块的边界条件是一端自由、一端刚性。实验结果表明，非线性参数 γ_1 和 γ_2 是一个与含水量有关的函数，非线性参数法可以提供一种检测混凝土含水量的方法。$\gamma_1 \neq \gamma_2$ 反映了混凝土压缩过程和膨胀过程的不对称。γ_1 与含水量的变化关系和 γ_2 是相反的，也反映了压缩振动和膨胀振动的差异。并且，与传统方法相比，非线性频移和非线性参数更灵敏地反映出混凝土含水量的变化。

如图 5.7 所示，随着含水量的增加，二次谐波的振幅是减小的，三次谐波的振幅是增加的。二次谐波振幅减小说明经典非线性特征是减弱的；三次谐波振幅增加说明非经典非线性特征是增加的。在混凝土中，非经典非线性特性是很强的。虽然经典非线性减弱，但是非经典非线性对三次谐波的影响占主要地位。所以，总体看来，三次谐波依然是增强的。当含水量高于 1.3% 时，三次谐波的振幅强于二次谐波，如图 5.8 所示。

当激励电压为 300mV 时，不同含水量下的非线性频移如图 5.9 所示。当混凝土试块从干化到水饱和时，非线性频移从 16Hz 增加到 115Hz，增加了六倍。显然，非线性频移比常规的线性参数，比如声速和密度，更灵敏地反映出混凝土含水量的变化。

根据 Nazarov 的非经典非线性声学理论[16,17]，非线性参数 γ_1 和 γ_2 可以从公

式 (5.54) 和式 (5.55) 中得到。

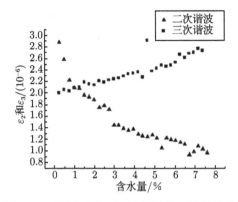

图 5.7 不同含水量下二次谐波和三次谐波的振幅比较

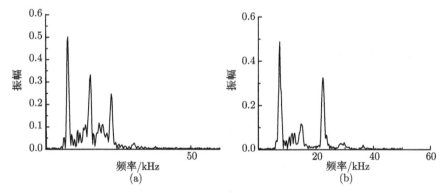

图 5.8 含水量为 0.26%(a) 和 7.6%(b) 时,试块自由端接收信号的振幅

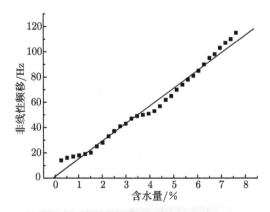

图 5.9 不同含水量下非线性频移大小

如果我们认为 $\gamma_1 > \gamma_2$,γ_1 和 γ_2 可以从表 5.4 得到。测量结果表明,压缩振

动和膨胀振动与含水量的关系是相反的。因此，随着含水量的差异，压缩振动和膨胀振动的差异是减小的。当混凝土从干化到水饱和时，非线性参数 γ_2 增加了两倍，这可以为检测混凝土的含水量提供一种方法。

表 5.4   测试样本的非线性参数与含水量的关系

含水量/%	γ_1	γ_2
0.26	1.54×10^7	5.66×10^6
3.00	1.43×10^7	9.54×10^6
5.37	1.38×10^7	1.04×10^7
7.62	1.34×10^7	1.14×10^7

任意含水量下，品质因数都会随着激励信号的变化而变化。在完全水饱和的混凝土样本中，当激励电压从 30mV 增加到 300mV 时，Q 值从 6.1 增加到 8.5，如图 5.10 所示。

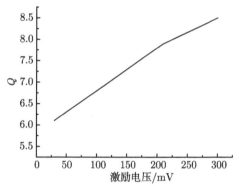

图 5.10   水饱和状态下，Q 值和激励电压的关系

以水饱和下的混凝土为例，我们再次验证了混凝土中强烈的非经典非线性声学特征。如图 5.11 所示，非线性频移与激励电压呈线性关系；如图 5.12 所示，三次

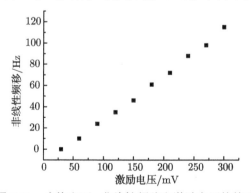

图 5.11   水饱和下，非线性频移和激励电压的关系

谐波的相对振幅与激励电压呈平方关系,这些都是非经典非线性声学的重要特征。

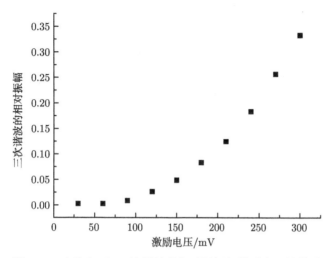

图 5.12　水饱和下,三次谐波的相对振幅与激励电压的关系

5.5　硫酸盐侵蚀下的混凝土非经典非线性分析

碱性溶液对混凝土中的骨料侵蚀作用最为明显,而硫酸盐对混凝土的影响主要体现在对水泥砂浆的侵蚀,国内外研究混凝土抗硫酸盐侵蚀也大多采用水泥砂浆,因此,本实验也选用水泥砂浆作为样品。本节实验制作了 6 个立方体水泥砂浆棱柱样品,分别标记为样品 1~6,尺寸为 16cm×4cm×4cm,水、水泥、砂子的质量比为 1:2.16:4.85,水泥为工程水泥,砂子为国际标准砂。样品经过标准养护,然后用岩石打磨机打磨,保证六个样品尺寸一致,并且每个样品表面光滑程度一致。

为了验证硫酸盐对混凝土的侵蚀和干湿循环作用,本实验取样品 1 作为参照,其余 5 个水泥砂浆棱柱样品 2~6 分别用质量分数为 6% 的硫酸钠溶液进行不同次数的干湿循环,然后测量各个样品的参数,以此来作为判断样品损伤程度的依据。

根据 Arrhenius 方程,温度每升高 10℃,对于一般化学反应,其反应速度增加 2~3 倍。温度的升高将导致硫酸根离子扩散的加快,同时也将导致离子运动速度和化学反应速度的增大,这些将导致混凝土硫酸盐侵蚀速度的增大,加速混凝土的破坏[18]。Lawrence[19] 认为,有效避免钙矾石结构失稳的最高允许养护温度在 65~70℃。综合考虑以上因素,本实验烘干温度取 65℃,养护温度取 30℃。

本实验采取的干湿循环方式为:在 30℃下,将试件在浓度为 6%(质量分数) 的硫酸钠溶液中浸泡 17 小时,然后取出沥干,放入烘箱中以 65℃烘干 6 小时,然后取出冷却 1 小时,此为一个干湿循环。经过不同次数的干湿循环,水泥砂浆棱柱样品受侵蚀的程度也不同, 本实验就是要用超声无损检测的方法来检测这种侵蚀程度的大小变化。为了对比传统的使用声速等线性参数的超声检测方法和非经典非线性方法, 本实验测量样品的线性参数声速, 研究样品中的非经典非线性现象 (包括非线性频移等), 并讨论使用非经典非线性参数来表征水泥砂浆棱柱样品由硫酸盐侵蚀和干湿循环作用而引起的劣化程度的可能性。

首先测量样品 1~6 的尺寸和声速等线性参数。混凝土是非均匀介质, 典型的纵波声速在 3500~4500m/s。如假定纵波声速 c 为 4000m/s, 对频率为 1MHz 的超声波, 波长为 $\lambda = c/f = 4$mm, 这一大小与混凝土中石子的尺寸比较接近, 因此必须考虑石子的散射。为避免散射的影响, 必须使用较低的频率, 如 50kHz, 此时声波波长大致为几厘米, 满足混凝土质量控制的空间分辨率。

声速测量实验使用中国科学院武汉岩土力学研究所研制的 RSMSYS5 声波检测仪及通用性操作软件进行。硫酸盐侵蚀之前样品的声速为 4417m/s。表 5.5 给出了硫酸盐侵蚀和干湿循环之后的长度、声速, 以及第一谐振频率 F_1 的理论值和实验值。

表 5.5　侵蚀后六个样品中的线性声参数

编号	循环次数	长度/cm	声速/(m/s)	F_1/Hz	
				理论值	实验值
1	0	15.89	4417±10	13899	13840±18
2	1	15.82	4417±10	13960	13898±22
3	2	15.85	4413±8	13921	13880±25
4	3	15.88	4413±8	13895	13859±25
5	4	15.84	4407±10	13911	13888±19
6	5	15.89	4407±10	13867	13820±28

由表 5.5 可以看出, 对于受不同程度的硫酸盐侵蚀和干湿循环作用影响的水泥砂浆棱柱样品, 其线性参数声速的变化不明显, 变化程度与测量误差几乎可以比拟。因此, 线性参数声速不足以用来表征水泥砂浆棱柱样品在硫酸盐侵蚀和干湿循环作用的影响下的受损程度。

图 5.13 是样品 1 和样品 6 在第一谐振频率下的功率谱。其中, 图 5.13(a)~(c) 是样品 1 在激励振幅分别为 30mV, 60mV, 210mV 时在第一谐振频率下的功率谱, 图 5.13(d)~(f) 为样品 6 在激励振幅分别为 30mV, 60mV, 210mV 时在第一谐振频率下的功率谱。在无损的样品 1 中, 二次谐波大于三次谐波。在有微损伤的样品 6 中, 30mV 时二次谐波与三次谐波几乎同样强弱, 随着激励振幅的增强, 出现三次谐波振幅大于二次谐波振幅的现象, 这是非经典非线性的主要特征之一。

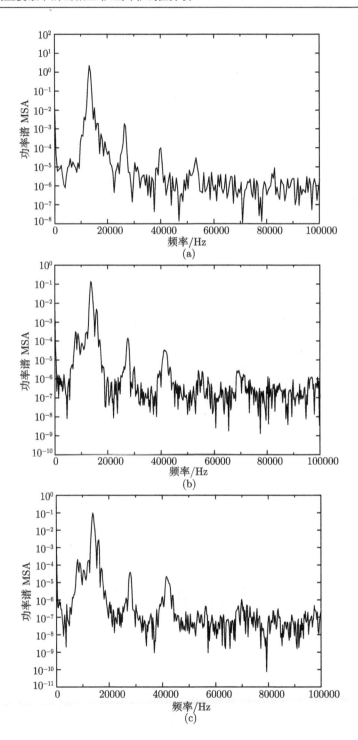

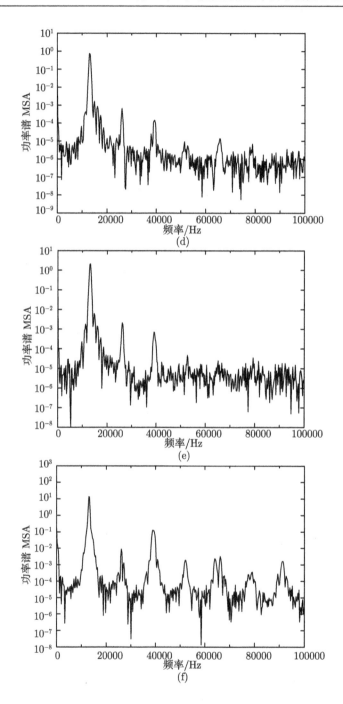

图 5.13　在激励振幅为 30mV，60mV，210mV 时样品 1(a)~(c) 和样品 6(d)~(f) 的自由端
接收信号功率谱均方根振幅 (MSA)

图 5.14 是在激励电压为 300mV 时,六个样品中非线性共振频移的变化。非线性共振频移反映了非经典非线性的程度。与表 5.5 中六个样品中声速的变化相比,非线性共振频移的变化更加明显,更适合用来表征样品内部微损伤的程度。

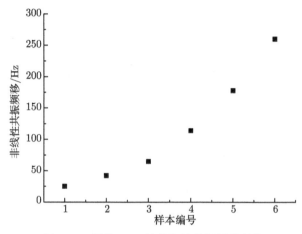

图 5.14 样品 1~6 的非线性共振频移变化

假设 $\gamma_1 > \gamma_2$,γ_1 和 γ_2 可以容易计算得到。表 5.6 表明,随着水泥砂浆棱柱样品受硫酸盐侵蚀和干湿循环作用次数的增加,$|\gamma_1 - \gamma_2|$ 和 $\gamma_1 + \gamma_2$ 增大明显。非经典非线性参数 γ_1 和 γ_2 不仅考虑到了非线性频移,同时也考虑到了非线性损耗和谐波滋生等非经典非线性性质,可以比单纯用非线性频移更加全面、更加明显地反映水泥砂浆棱柱样品的非经典非线性声学性质。因此,用非经典非线性参数 γ_1 和 γ_2 来表征水泥砂浆棱柱样品受硫酸盐侵蚀和干湿循环作用而产生的微损伤以及劣化程度是可行的。由于损伤造成更多微裂纹,非线性效应更加明显,从而导致非线性参数的明显变化。

表 5.6 六个样品中非线性共振频移和非线性参数

编号	非线性共振频移/Hz	$|\gamma_1 - \gamma_2|$	$\gamma_1 + \gamma_2$	γ_1	γ_2
1	25	2.27×10^5	1.77×10^6	9.99×10^5	7.72×10^5
2	42	2.51×10^5	1.98×10^6	1.12×10^6	8.65×10^5
3	65	3.86×10^5	3.23×10^6	1.81×10^6	1.42×10^6
4	114	3.50×10^5	3.17×10^6	1.76×10^6	1.41×10^6
5	178	3.90×10^5	3.85×10^6	2.12×10^6	1.73×10^6
6	260	4.99×10^5	4.78×10^6	2.64×10^6	2.14×10^6

5.6 不同配合比的混凝土非经典非线性分析

混凝土的孔隙率对混凝土材料的力学性能和声学性能都有较大的影响。混凝土的孔隙分为三种，第一种是封闭的孔隙，第二种是开口但不连通的孔隙，第三种是贯穿混凝土且连通的孔隙。由于第一种孔隙最少，所以我们只研究后两种孔隙，后两种孔隙统称为有效孔隙。本节所说的孔隙率都是指实测有效孔隙率。混凝土材料的有效孔隙率测定方法如下：

(1) 测量试件尺寸并且计算其体积，记为 V；

(2) 称出水饱和状态下试件的质量，记为 M；

(3) 称出干燥状态下试件的质量，记为 m；

(4) 按照式 (5.57) 计算出试件的有效孔隙率，记为 P：

$$P = \frac{M - m}{\rho_{\mathrm{w}} V} \times 100\% \tag{5.57}$$

其中，ρ_{w} 指水的密度，$\rho_{\mathrm{w}} = 1000\mathrm{kg/m}^3$。

由上所述，混凝土配比影响了孔隙率，而孔隙率会影响混凝土材料的强度和力学、声学性质，因此本节主要研究不同配合比的混凝土的超声性质，包括线性和非线性性质。由于影响混凝土强度的配合比有很多因素，例如水灰比、骨料级配和掺杂辅料等，因此本实验将保持各个样品的水灰比相同，都为 0.4，并且没有掺杂粉煤灰等辅料，都使用普通水泥、砂子和碎石材料。

本实验采用了密度为 $3150\mathrm{kg/m}^3$、强度等级为 32.5 级的普通硅酸盐水泥。骨料采用了堆积密度为 $1450\mathrm{kg/m}^3$、孔隙率为 42% 的砂子，堆积密度为 $1520\mathrm{kg/m}^3$ 的碎石。本实验没有使用减水剂和其他添加剂。

本实验共有四个混凝土柱样品，分别标记为 $A_1 \sim A_4$，尺寸为 $16\mathrm{cm} \times 4\mathrm{cm} \times 4\mathrm{cm}$。四个样品的配合比如表 5.7 所示，其中，W 为水，C 为水泥，S 为砂子，G 为碎石。水泥和其他材料搅拌好后，在室内灌装、压实，然后在室温自然条件下干化。4 个样品养护 7 天后脱模，然后表面打磨光滑。

表 5.7　混凝土配合比

样品编号	混凝土各种材料比例			
	W	C	S	G
A_1	0.4	1	1	0
A_2	0.4	1	1	0.5
A_3	0.4	1	1	1
A_4	0.4	1	1	1.5

首先测量 4 个混凝土样品的孔隙率。先测量各个样品的尺寸，计算得到各个样品的体积 V_i；把 4 个混凝土样品放入 60℃ 的烘箱中烘干，直到混凝土的质量不再减小为止，此时称量各个样品的质量 m_i，记为干燥混凝土样品的质量；然后把混凝土样品放入水中，待完全饱和后捞起来沥干，称量此时各个样品的质量 M_i，记

为水饱和混凝土样品的质量；根据式 (5.57)，可以计算得到各个混凝土样品的孔隙率 P_i。

测量各个样品中的声速和非线性频移，并且比较 4 个样品中声速和孔隙率的变化趋势的关系。计算非线性参数，并且观察谐波滋生等非经典非线性现象。

按照式 (5.57)，计算得到孔隙率如表 5.8 所示，规律如图 5.15 所示。由图表可知，孔隙率随着粗集料的增多而单调减小，但是随着粗集料的增加，孔隙率增加并不是呈线性关系的。因此，孔隙率随配合比的变化还是需要通过大量实验才能确定。

表 5.8 孔隙率

样品编号	V/cm^3	M/g	m/g	$P/\%$
A_1	278	651	590	22%
A_2	301	725	675	17%
A_3	275	708	668	15%
A_4	286	758	730	10%

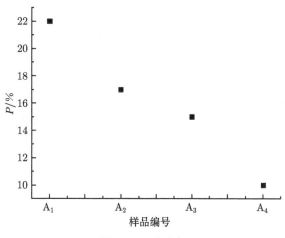

图 5.15 孔隙率

长度与声速如表 5.9 所示，声速变化规律如图 5.16 所示。线性参数声速随着混凝土配合比中碎石的比例增加而单调增加。

表 5.9 线性参数

样品编号	长度/cm	声速/(m/s)	F_1/Hz	
			理论值	实验值
A_1	16.05	3019	14107	13703
A_2	16.00	3200	15000	14300
A_3	15.75	3351	15957	14720
A_4	15.90	3424	16151	15160

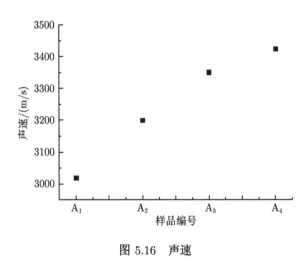

图 5.16　声速

如图 5.17 所示是样品 $A_1 \sim A_4$ 自由端接收信号的功率谱。从图中可以看出，样

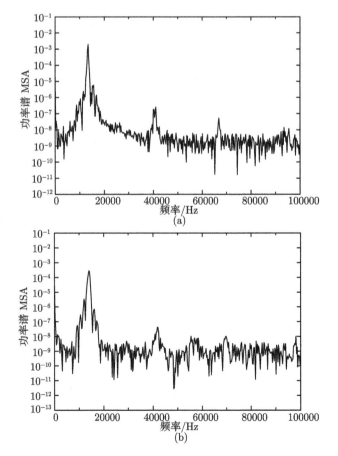

(a)

(b)

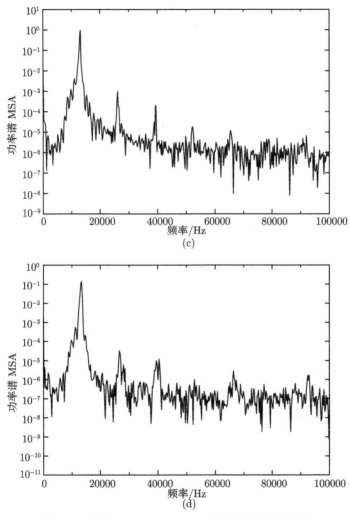

图 5.17 样品 $A_1 \sim A_4$(a)$\sim$(d) 自由端收信号功率谱

品 A_1, A_2 的奇次谐波明显, 而偶次谐波很弱, 表现出明显的非经典非线性现象, 而样品 A_3,A_4 的二次谐波振幅比三次谐波振幅略高, 非经典非线性效应低于 A_1。

四个样品的非线性共振频移如图 5.18 所示, 随着混凝土样品中碎石比例的增加, 四个样品的非线性共振频移变小。与图 5.17 中谐波的变化趋势相对照, 都显示出非经典非线性效应的变弱。

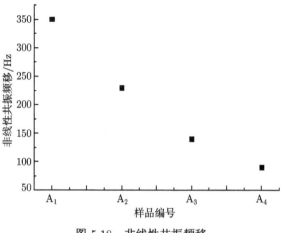

图 5.18　非线性共振频移

参 考 文 献

[1] Schubert F, Marklein R. Numerical computation of ultrasonic wave propagation in concrete using the elastodynamic finite integration technique (EFIT)[J]. IEEE Ultrasonics Symposium, 2002, 1(1): 799-804.

[2] Popovics J S, Rose J L. A survey of developments in ultrasonic NDE of concrete[J]. IEEE Transactions on Ultrasonics, Ferroelectrics, and Frequency Control, 1994, 41: 140-143.

[3] Ohdaira E, Masuzawa N. Water content and its effect on ultrasound propagation in concrete—The possibility of NDE [J]. Ultrasonics, 2000, 38: 546-552.

[4] Terill J M, Richardson J M, Sekby A R. Nonlinear moisture profile and shrinkage in concrete members [J]. Magazine of Concrete Research, 1986, 38: 220-225.

[5] Abeele K V, Visscher J D. Damage assessment in reinforced concrete using spectral and temporal nonlinear vibration techniques [J]. Cement And Concrete Research, 2000, 30: 1453-1464.

[6] Bentahar M, Aqra H E, Guerjouma R E, et al. Hysteretic elasticity in damaged concrete: Quantitative analysis of slow and fast dynamics [J]. Physical Review B, 2006, 73: 0141161.

[7] Lacoùture J C, Johnson P A, Cohen-Tenoudji F. Study of critical behavior in concrete during curing by application of dynamic linear and nonlinear means [J]. Journal of Acoustical Society of America, 2003, 113: 1325.

[8] Schutter G D, Taerwe L. General hydration for portland cement and blast furnace slag cememt [J]. Cement and Concrete Research, 1995, 25: 593-604.

[9] Johnson P A. The new wave in acoustic testing [J]. Materials World, 1999, 7: 544-546.

[10] Thaulow N, Sahu S. Mechanism of concrete deterioration due to salt crystallization [J].

Materials Characterization, 2004, 53: 123-128.

[11]　Cody R D, Cody A M. Reduction of concrete deterioration by ettringite using crystal growth inhibition techniques [R]. 2001, Iowa DOT TR-431.

[12]　Idom G M, Skaluy J. Rapid test of concrete expansivity due to internal sulfate attack [J]. ACI Materials Journal, 1993: 383-385.

[13]　Qiao H X, He Z M, Liu C L. Study on dynamic modulus of elasticity of fly ash concrete under the condition of sulfate [J]. Fly Ash Comprehensive Utilization, 2006, 1: 6-8.

[14]　潘熙洋. 多孔水泥混凝土路面材料制备方法及性能研究 [D]. 西安：长安大学，2010.

[15]　Terill M, Richardson M, Selby A R. Non-linear moisture profiles and shrinkage in concrete members [J]. Magazine of Concrete Research, 1986, 137(38): 220-225.

[16]　Nazarov V E, Ostrovskii L A, Soustova I A, et al. Anomalous acoustic nonlinearity in metals [J]. Soviet Physical Acoustics, 1988, 34(3): 284-288.

[17]　Nazarov V E, Kolpakov A B. Experimental investigations of nonlinear acoustic phenomena in polycrystalline zinc [J]. Journal of Acoustical Society of America, 2000, 107(4): 1915-1921.

[18]　Cao Z L, Yuan X Z, Xing F. American test methods for evaluating the durability of cement based materials against external sulfate attack [J]. Journal of Shenzhen University Science and Engineering, 2006, 7: 201-211.

[19]　Lawrence C D. Mortar expansion due to delayed ettringite and formation, effect of luring period and temperature [J]. Cement and Concrete Research, 1995, 25: 903-914.

第6章　声波在质量-弹簧周期结构中的非线性传播

众所周知，光路是可逆的，也就是，如果光能从点 a 传播到点 b，就能从点 b 传播到点 a。在自然界中，不仅限于光波，各种形式的波的传播都表现出可逆的性质，我们称之为互易性。为了能够控制能量的定向流动，人们又努力去寻找对各种波动进行整流的方法。电子二极管就是可以追溯的最早实现整流效应的装置。正是源于电子二极管的出现，以硅晶体为代表的半导体材料引发了电子工业革命，使我们进入了信息时代。这些年来，受到电子二极管整流效应的启发，其他形式波的整流效应也越来越受到关注。世界各国的科研小组通过设计一些特殊的人工材料，达到对光波、热流和声波的整流效应 [1-12]。2004 年，新加坡国立大学的 Li 等使用一个简谐弹簧将两个一维非线性晶体振子链耦合在一起，从理论上提出了一种能够实现单向热整流的模型 [7]；两个非线性振子链的声子能谱的差异，使得不同温度下其声子频带显著不同，通过控制正反方向声子频带的交叠程度，实现了热流的单向流动；基于此热整流效应，提出了热二极管、热三极管和热逻辑门的理论模型，从而说明了声子也可以用来携带和处理信息。随后，热整流效应受到了极大的关注，更多的理论和实验相继支持了这种新的效应 [8-10]。这种单向热流是在纳米尺度下实现的，然而，对于宏观尺度的声波来说，整流在当时还难以实现。受到固体能带理论的启发，近年来，人们通过模拟天然晶格突破了现有自然材料的限制，通过能带设计获得新型功能材料和器件。2009 年，Cheng 等提出了一种全新机理的声学整流思路 [13]，他们结合了非线性声学材料和声子晶体的特点，在宏观尺度实现了声波的整流。当有限振幅的基频声波在超声造影剂微气泡存在时会产生谐波，产生的二次谐波对应的频率刚好位于声子晶体的通带内，如此一来二次谐波便可在晶格中传播。如果反向打入基频声波，此时的基频波频率位于晶格中的带隙之内，随着距离的增加而指数衰减，也就是说不能通过晶格。这样正反方向打入相同能量的声波，接收端得到的能量之比差异悬殊，如此便实现了对声波的整流。自声整流的研究受到广泛关注后，各国的研究机构都对声整流效应进行了更加深入的研究。加州理工学院的 Boechler 等提出使用预压的一维非线性颗粒链来实现对声波的非对称控制 [14]，并且这种机理被认为可以应用于光、热和声等多种材料。

6.1　布拉格散射型声子晶体带隙形成机理

对于布拉格 (Bragg) 散射机理作用下的声子晶体带隙特性及其影响规律，目前已有大量的研究工作 [15-20]。当布拉格散射型声子晶体的基体为液体或者气体时，基体中仅存在着纵波。因此带隙来源于相邻原胞之间的反射波的同相叠加，其第一带隙的中心频率对应的弹性波波长约为晶格常数的 2 倍。这与布拉格研究的 X 射线在晶格中的衍射行为类似，布拉格散射型声子晶体因此而得名。当布拉格散射发生在固体中时，因为同时具有横波和纵波，带隙的形成机理更为复杂。我们这里着重对固体散射体在固体基体中形成的布拉格散射型声子晶体带隙机理进行分析。研究结果表明，带隙频率对应的波长与横波波长在同一量级，从而导致布拉格散射型声子晶体对于低频声波的操控不利。

对于一个一维二组元声子晶体，我们可以把它等效为一个一维双原子链。对于一维双原子链复式格子，我们知道，在能带结构中存在着一个带隙，在带隙内没有对应的振动传播模式，所以该频率范围内的振动不能在一维双原子链中稳定地传播。在能带结构图中，对不可约布里渊区的所有波矢，无任何色散曲线进入的频率区域称之为完全带隙。与带隙上下沿相切的能带称为带边模。由于所有带边模的群速度在带边均为零，所以在带边本征场可以达到很高的密度。而在带隙内，本征场密度为零，因此，本征场也能反映出固体的带隙。

6.1.1　质量-弹簧系统线性能带结构

我们考虑一个无限长的一维双原子链，拥有周期排列的不同的质量和相同刚度的弹簧把它们连接在一起。按照布拉格散射机理，在这样的系统中存在着一个带隙，如果与带隙相应频率的振动通过此双原子链，那么振动的振幅会在其中以指数衰减。如果振动的频率位于通带内，那么理论上振动可以无衰减地通过此双原子链 [21,22]。假如我们把这个双原子链结构改变为相同质量和不同刚度的弹簧交替排列，如图 6.1 所示，同样也应该存在带隙。

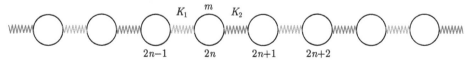

图 6.1　一维质量-弹簧系统示意图

我们可以写出第 $2n$ 个质量块和第 $2n+1$ 个质量块的运动方程：

$$m\frac{\mathrm{d}^2\xi_{2n}}{\mathrm{d}t^2} = K_1(\xi_{2n-1} - \xi_{2n}) + K_2(\xi_{2n+1} - \xi_{2n}) \tag{6.1}$$

$$m\frac{\mathrm{d}^2\xi_{2n+1}}{\mathrm{d}t^2} = K_2(\xi_{2n} - \xi_{2n+1}) + K_1(\xi_{2n+2} - \xi_{2n+1}) \tag{6.2}$$

其中，ξ 表示振动的位移；K_1，K_2 表示弹簧的刚度；m 表示质量。由布洛赫周期性定理，位移具有行波解，可表示成

$$\xi_{2n} = A\mathrm{e}^{\mathrm{j}(\omega t - 2nqa)} \tag{6.3}$$

$$\xi_{2n+1} = B\mathrm{e}^{\mathrm{j}[\omega t - (2n+1)qa]} \tag{6.4}$$

其中，A 和 B 分别表示第 $2n$ 个和第 $2n+1$ 个质量块的振幅；ω, q, a 分别表示振动的角频率、波矢和质量–弹簧系统一个周期的长度。把式 (6.3) 和式 (6.4) 代入式 (6.1) 和式 (6.2) 可以得到

$$(K_1 + K_2 - \omega^2 m)A - (K_1\mathrm{e}^{\mathrm{j}qa} + K_2\mathrm{e}^{-\mathrm{j}qa})B = 0 \tag{6.5}$$

$$(K_2\mathrm{e}^{\mathrm{j}qa} + K_1\mathrm{e}^{-\mathrm{j}qa})A - (K_1 + K_2 - \omega^2 m)B = 0 \tag{6.6}$$

因为振幅 A 和 B 不可能同时为零，所以矩阵的的行列式应该等于零，于是有

$$\left| \begin{pmatrix} K_1 + K_2 - \omega^2 m & -(K_1\mathrm{e}^{\mathrm{j}qa} + K_2\mathrm{e}^{-\mathrm{j}qa}) \\ K_2\mathrm{e}^{\mathrm{j}qa} + K_1\mathrm{e}^{-\mathrm{j}qa} & -(K_1 + K_2 - \omega^2 m) \end{pmatrix} \right| = 0 \tag{6.7}$$

我们就可以得到关于角频率 ω 和波矢 q 的一个关系：

$$\omega^2 = \frac{1}{m}\left[K_1 + K_2 \pm \sqrt{K_1^2 + K_2^2 + 2K_1K_2\cos(2qa)} \right] \tag{6.8}$$

此关系就是质量–弹簧系统的色散关系。用频率 $f = \omega/(2\pi)$ 替代角频率，当设置质量为 1kg，弹簧刚度分别是 $K_1 = 1000\mathrm{N/m}$，$K_2 = 1200\mathrm{N/m}$ 时，我们可以得到频率 f 关于归一化波矢 qa 的函数图像，如图 6.2(a) 所示。

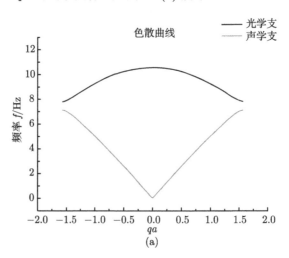

(a)

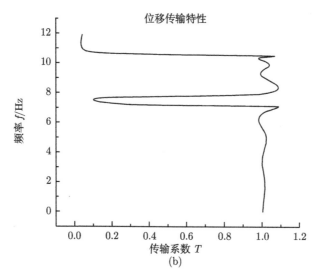

图 6.2 (a) 线性无限长质量–弹簧系统的色散关系 $(m = 1\text{kg}, K_1 = 1000\text{N/m},$
$K_2 = 1200\text{N/m})$; (b) 仿真得到的当质量个数取 11 时的位移传输系数

6.1.2 质量—弹簧系统的线性仿真

图 6.2(a) 中有两条不同的曲线,上面的一条曲线叫做光学支,下面的一条叫做声学支。如果振动的频率在光学支或者声学支上,那么振动就可以无衰减地传播。在声学支和光学支之间有一段频率没有对应的曲线,说明在这段频率没有对应的振动模式与之对应,这就是带隙。当 qa 趋向于 $\pi/2$ 时,带隙的上边界和下边界能够分别被描述为 $f_u = \dfrac{1}{2\pi}\sqrt{2K_2/m}$ 和 $f_1 = \dfrac{1}{2\pi}\sqrt{2K_1/m}$ (如果将参数 $K_1 = 1000\text{N/m},$ $K_2 = 1200\text{N/m}, m = 1\text{kg}$ 代入,可以得到 $f_u \approx 7.80\text{Hz}, f_1 \approx 7.12\text{Hz}$)。在带隙的上边界和下边界处本征场的态密度非常大,在此处很容易发生共振;对于无限长的质量–弹簧系统,在带隙之内,态密度为零,所以不支持弹性波在其中传播。实际上,周期结构的数目总是有限的,弹性波在带隙内传播时会以指数衰减。我们也用 Abaqus 软件仿真了此系统的传输系数。Abaqus 软件在仿真线性结构和非线性结构方面都有很出色的表现,而且可以自己设置材料参数。仿真时,我们在 Load 模块给质量–弹簧系统的第一个质量块加载了一个周期的应力;在 Visualization 模块把仿真得到的第一个质量块和第十一个质量块的位移提取出来,此时的位移是在时域的,通过快速傅里叶变换 (FFT) 转换到频域,相除之后便可以得到一个传输系数,如图 6.2(b) 所示。传输系数和色散曲线 (图 6.2(a)) 吻合得非常好:在光学支 (7.80~10.56Hz) 和声学支 (0.00~7.12Hz) 传输系数约等于 1,而在两支之间 (7.12~7.80Hz) 的传输系数明显比 1 小。仿真结果说明,在系统的带隙内波的传播

会得到明显的衰减,而在传输带内便能无衰减地通过质量–弹簧系统。

6.2　基于声子晶体带隙形成机理的非线性调节

6.2.1　质量—弹簧系统的非线性分析

对于不同弹簧刚度,相同质量块系统的线性情况,当 $qa = \pm\pi/2$ 时,根据式 (6.8) 可以得到带隙上边界和下边界的截止频率分别是 $f_u = \frac{1}{2\pi}\sqrt{2K_2/m}$ 和 $f_l = \frac{1}{2\pi}\sqrt{2K_1/m}$。如果保持两个弹簧刚度 K_1 和 K_2 不变,那么截止频率也不会发生改变。现在我们把线性弹簧 K_1 用一个非线性弹簧 $K_1 + \varepsilon\Omega\xi^2$ 替代 (其中 ε 表示一个小参量,Ω 表示非线性参数),而线性弹簧 K_2 和质量 m 保持不变。当位移 ξ 逐渐变大时,非线性弹簧 $K_1 + \varepsilon\Omega\xi^2$ 的刚度也应该变大而线性弹簧 K_2 的刚度保持不变,由此可以得出:带隙的下边界 $f_l = \frac{1}{2\pi}\sqrt{2K_1/m}$ 应该朝着更高的频率移动,而上边界 $f_u = \frac{1}{2\pi}\sqrt{2K_2/m}$ 应该保持不变。在 $\Omega = 0$ 的情况下,这表示色散曲线的线性情况;在 $\Omega = 1000$ 的情况下,表示线性弹簧 K_1 被一个硬弹簧替代,硬弹簧的刚度会随着振幅的增加而增加,所以带隙的上边界不发生变化而下边界会随着振幅增加而上移;当 $\Omega = -1000$ 时,线性弹簧 K_1 被一个软弹簧替代,软弹簧的刚度随着振幅的增加而减小,所以说,此时随着振幅增加,带隙的上边界同样不变,而带隙的下边界会下移 (这些结果是建立在 $K_1 < K_2$ 情况下的)。

6.2.2　质量—弹簧系统的非线性仿真

为了证实当把线性弹簧 K_1 用非线性弹簧替代之后也会出现上述的情况,我们用 Abaqus 仿真软件对非线性的系统进行了仿真。为了防止在最后一个质量块 ($n = 11$) 处强烈的反射,在 Assembly 模块我们把系统的质量块数量增加到了 200 个 (图 6.3);在 Interaction 模块我们用参数为 $K_1 = (1000 \pm 100 \times \xi^2)\,\mathrm{N/m}$ 的连接器 (connecter) 替代了线性弹簧。在 Load 模块,输入振动的振幅可以由集中力的大小所决定,所以我们通过改变集中力的大小控制输入振幅和非线性弹簧的刚度。在 Load 模块给第 1 个质量块一个激励,在 Visualization 模块提取出第 1 个质量块和第 11 个质量块的时域位移,通过快速傅里叶变换转换到频率,相除得到传输系数曲线,如图 6.4 所示。

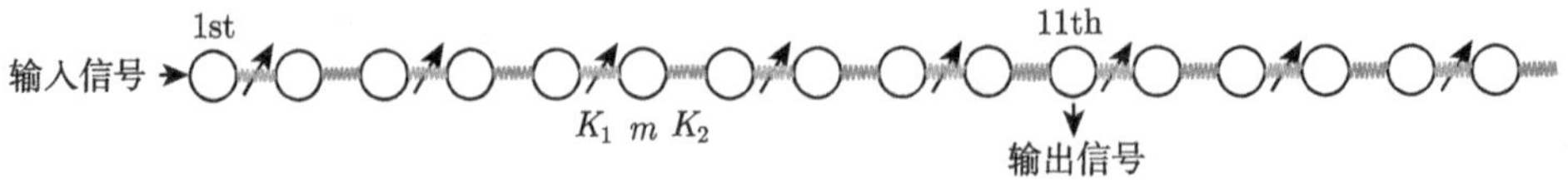

图 6.3　Abaqus 仿真原理图

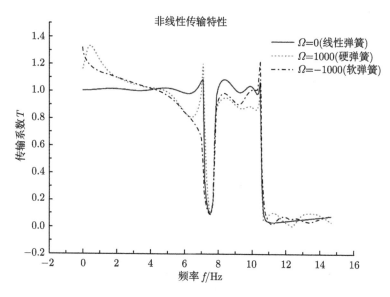

图 6.4 非线性质量-弹簧系统的传输系数曲线

质量-弹簧系统的参数设置为 $m = 1\text{kg}, K_1 = (1000 \pm 100 \times \xi^2)\,\text{N/m}, K_2 = 1200\text{N/m}$。当一个小振幅 ($\xi \sim 10^{-1}\text{m}$, 刚度变化量为 1N/m, 线性情况的 1/1000) 振动输入时, 系统的非线性可以被忽略掉, 所以此时得到的传输系数就是线性情况下的传输系数。在光学支 (7.80~10.56Hz) 和声学支 (0.00~7.12Hz) 传输系数值为 1, 而在带隙内 (7.12~7.80Hz) 传输系数的值远小于 1。值得注意的是, 线性情况下我们仿真得到的传输系数曲线之所以这么好, 是因为我们仿真的质量块数量不是 11 而是 200(第 11 个质量块之后的质量块可以看成振动吸收装置), 仿真时间是 10s, 如此以来便可以大大地减小在第 11 个质量块处的反射。当输入的振动的振幅在合适的大小时 ($\xi \sim 1\text{m}$), 系统的非线性便不能被忽略了。从图 6.4 中可以看出, 对 K_1 被硬弹簧替代而言, 带隙的上边界保持不变, 下边界随着振幅增加朝着高频移动; 若是 K_1 被软弹簧替代, 情况刚好相反, 下边界随着振幅增加会朝着低频移动。就像是一个振幅控制下的滤波器。仿真结果与 6.2.1 节对于带隙上下边界 $f_u = \frac{1}{2\pi}\sqrt{2K_2/m}$ 和 $f_l = \frac{1}{2\pi}\sqrt{2K_1/m}$ 的分析是一致的。在图 6.4 中, 声学支的某些频段的传输系数大于 1, 这归因于非线性导致阻抗不完全匹配引起的反射。

我们也做了其他的仿真来证明这个结果。在仿真中, 输入的信号包含两个频率, 一个频率是 $f_1 = 7.08\text{Hz}$, 很接近声学支的截止频率 (7.12Hz), 另一个频率是 $f_2 = 3.18\text{Hz}$ 位于声学支上, 但是离截止频率较远。图 6.5 是依赖于振幅的频率滤波器原理图。质量弹簧系统的参数为 $m = 1, K_1 = (1000 - 100 \times \xi^2)\,\text{N/m}, K_2 = 1200\text{N/m}$, 对于第一种情况, 振幅为 $A_0 \approx 0.2$, 弹性波的两个频率成分都能顺利通过系统而没

有明显衰减 (图 6.6)，因为两个频率都位于声学支上。当逐渐增加振幅到 $A_0 \approx 2.0$，因为此时的非线性弹簧是软弹簧，刚度随着振幅增加而减小，声学支的截止频率也会随之减小，所以频率 $f_1 = 7.08\text{Hz}$ 可能会处于带隙内，那么 $f_1 = 7.08\text{Hz}$ 的频率成分不能通过质量–弹簧系统而另一频率成分 $f_2 = 3.18\text{Hz}$ 可以通过系统，如图 6.7 所示。

图 6.5   依赖于振幅的频率滤波器原理图

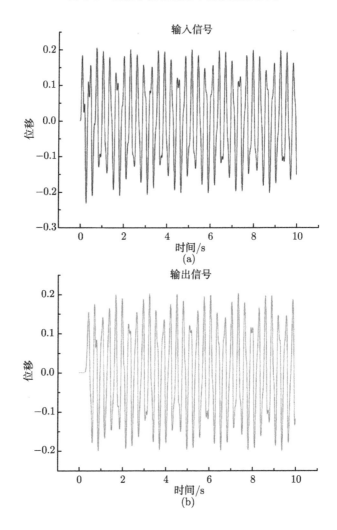

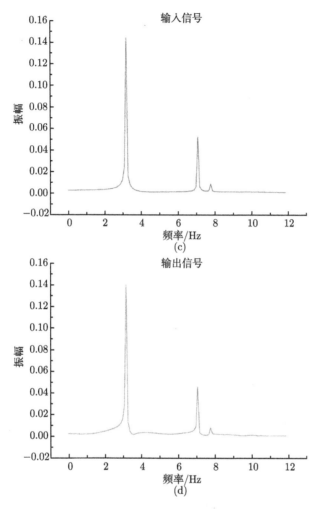

图 6.6 在软弹簧的情况下,输入信号包含两个频率 $f_1 = 7.08\text{Hz}$ 和 $f_2 = 3.18\text{Hz}$,振幅 $A_0 \approx$ 0.2, (a)、(b) 分别是输入、输出的时域信号, (c)、(d) 分别是输入、输出的频域信号。当小振幅时,信号的两个频率都能顺利地通过系统而没有明显衰减

能够想象,当把 K_1 换成硬弹簧,输入信号也包含两个频率成分 $f_1 = 7.16\text{Hz}$ (很靠近声学支) 和 $f_2 = 3.18\text{Hz}$(在声学支中间)。在小的振幅 $A_0 \approx 0.2$ 的激励下,在带隙内的频率成分应该得到衰减而在声学支上的频率成分不会衰减;当振幅增大到 $A_0 \approx 2$ 时,频率 $f_1 = 7.16\text{Hz}$ 由于带隙下边界的上移落入了声学支的通带内,此时的两个频率成分都不会有明显衰减,如图 6.8 和图 6.9 所示。在图 6.8 中,仿真结果显示 $f_1 = 7.16\text{Hz}$ 的频率并没有特别大的衰减,这是因为此时的带隙相比于软弹簧的情况变窄了。光学支边界共振和非线性,导致了在图中有多余的频率出现。

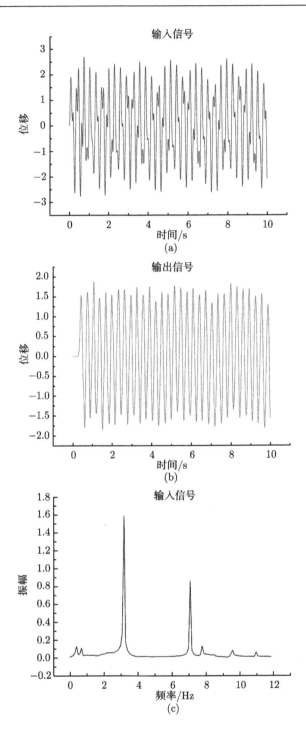

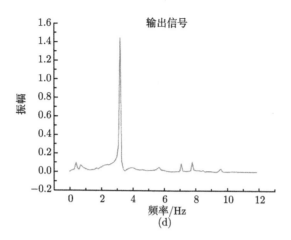

图 6.7 在软弹簧情况下，输入信号包含两个频率 $f_1 = 7.08\mathrm{Hz}$ 和 $f_2 = 3.18\mathrm{Hz}$，振幅 $A_0 \approx 2$，(a)、(b) 分别是输入、输出的时域信号，(c)、(d) 分别是输入、输出的频域信号。当振幅足够大时，信号的 $f_1 = 7.08\mathrm{Hz}$ 频率通过系统会有一个明显衰减，而频率 $f_2 = 3.18\mathrm{Hz}$ 通过系统时的衰减并不明显

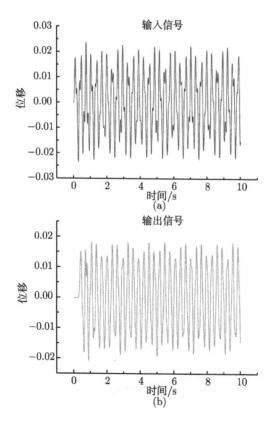

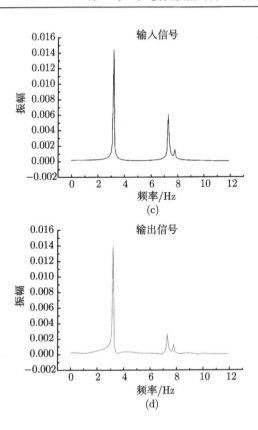

图 6.8　在硬弹簧情况下，输入信号包含频率 $f_1 = 7.16\text{Hz}$ 和 $f_2 = 3.18\text{Hz}$，振幅 $A_0 \approx 0.2$，(a)、(b) 分别是输入、输出的时域信号，(c)、(d) 分别是输入、输出的频域信号。当小振幅时，信号中频率为 $f_1 = 7.16\text{Hz}$ 的成分通过系统时有一个明显的衰减，而频率为 $f_2 = 3.18\text{Hz}$ 的成分通过系统的衰减并不明显

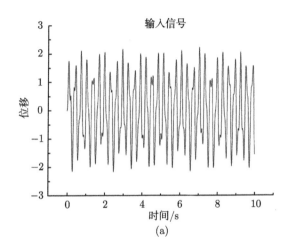

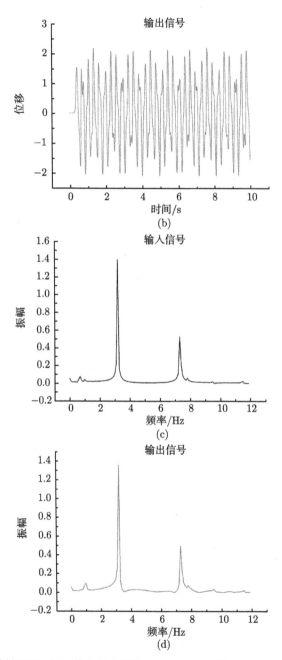

图 6.9 在硬弹簧情况下，输入信号包含频率 $f_1 = 7.16\text{Hz}$ 和 $f_2 = 3.18\text{Hz}$，振幅 $A_0 \approx 2$，
(a)、(b) 分别是输入、输出的时域信号，(c)、(d) 分别是输入、输出的频域信号。当大振幅时，
信号中的两个频率都可以通过系统而没有明显衰减

6.3　非互易性传播机理

　　线性周期结构表现出很多有趣的现象，而非线性可能呈现更为奇特的传播特性。非线性光学隔离器已成为一个研究热点 [23-25]。Sievers 等通过研究纯净的非谐波晶体发现了局域化现象 [26]。Vakakis 等向我们展示了在局域期间，响应局限于有限的子域，而系统的其余部分以相对较低的振幅振荡 [27]。Daraio 等通过实验证明，由黏弹性聚四氟乙烯 (PTFE) 链制成的一维非线性声子晶体，同不锈钢弹性珠一样，通过改变预载荷可以有很大的波速 [28]。也有一些数学方法用于研究非线性系统。一些微扰技巧被用于非线性连续系统 [29] 和离散系统中波的传播。1995 年，一种多尺度的分析方法被用于研究无限单环链非线性振荡器 [30]。2001 年，一种扰动分析法也被用于弱非线性单原子链并找到了边界频率 [31]。

　　一直以来，人们对声学的单向操纵都十分感兴趣，但是由于互易原理的限制，对于声波的单向操纵一直是一个挑战。 声学二极管概念的提出已经有几十年了 [32,33]。2009 年，Cheng 等首先利用非线性材料与声学超晶格的耦合打破了互易原理的屏障并实现了声学二极管 [13]。在 2011 年，Boechler 和 Theocharis 使用频率滤波器和非对称的组合产生分岔来获取了大于 10^4 的整流比 [34]。Alù 和同事认识到通过外部流打破时空对称性来获取声学隔离 [35]。Popa 和 Cummer 提出了具有更紧凑结构的主动声学超材料，获取了单向传输 [36]。Cheng 等用声学非线性材料和非线性电子元件通过补偿的方式设计了一个宽带的接近完美的声学二极管 [37]。2015 年，Devaux 等研究了通过选择层和转换层耦合而获得的单模弹性波导的实验表征 [38]，结果表明，一些声学超材料并不能像电子元件一样在电路中起到关键的作用。非线性声学超材料的出现打破了声波在线性材料的互易性 [39-43]，我们设计了一种由非线性周期结构和线性周期结构耦合而成的具有整流效应的声学材料。

6.3.1　非对称结构的原理

　　我们设计了一种包含非线性周期结构和线性周期结构耦合的器件，如图 6.10(a) 所示。我们引入依赖于输入振幅的非线性结构用于打破互易原理。理论分析显示，只要选择合理的结构参数，非线性结构显著依赖于振幅相应的传输特性能够引起声能流传输的不对称。随着振幅或者方向变化，通过系统的声能流会有所不同。接下来我们通过仿真来验证。

　　图 6.10 示意了在我们设计的结构中非对称传输是如何进行的。在图 6.10 中，器件的正方向是入射波从左端的线性系统传播到右边的非线性系统的方向，而反方向刚好相反。对线性周期结构，$K_1 = 850\text{N/m}$，$K_2 = 1200\text{N/m}$，$m = 1\text{kg}$，$N = 15$，

带隙的下边界 (声学支截止频率) 和上边界 (光学支截止频率) 分别是 $f_1 = 6.56\mathrm{Hz}$ 和 $f_2 = 7.80\mathrm{Hz}$，并且保持不变。对于非线性周期结构，$K_1 = (1000 - 100\xi^2)\,\mathrm{N/m}$, $K_2 = 1200\mathrm{N/m}$, $m = 1\mathrm{kg}$, $N = 27$，带隙的上边界保持在 $f_2 = 7.80\mathrm{Hz}$ 不变，而下边界随着振幅的增加从 $7.12\mathrm{Hz}$ 向一个更低的频率移动。当输入振幅足够小时，非线性介质能够被等效为准线性系统。当我们逐步地增加输入信号的强度，介质会逐渐呈现出强非线性效应。如此便为声波从不同方向的非对称传播提供了可能性。

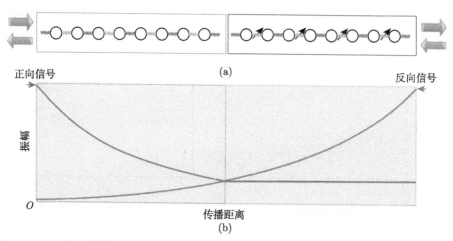

图 6.10　(a) 非对称结构的简图；(b) 弹性波在两个相反方向振幅分布 (彩图见封底二维码)

　　为了获取非互易传输，选取一个合适的入射频率和足够大的振幅是非常必要的。选择的入射频率需要处于线性周期结构的带隙内，同时也处于准线性周期结构的通带内。我们分别分析入射波沿着正向和反向通过非互易结构的情形。如图 6.11 所示，当大振幅声波 $(f = 7.08\mathrm{Hz})$ 从左端入射到线性周期结构中时，因为此时的频率位于线性周期结构带隙之内，所以振幅会随着传播距离而衰减 (图 6.11(a))；经过第一次衰减后的弹性波来到了非线性周期结构处，因为非线性材料的准线性性质，弹性波的频率处于非线性结构的通带内 $(0.00 \sim 7.12\mathrm{Hz})$，经历第二次衰减 (图 6.11(b))。对于声波从右端入射的情况，大振幅声波通过非线性周期结构时，由于产生的强非线性使得声波频率 $(7.08\mathrm{Hz})$ 落在了非线性结构的带隙之内，此时会产生衰减 (图 6.11(c))；衰减后的弹性波通过线性周期结构时又会经历第二次衰减 (图 6.11(d))。结果是：当正方向和反方向输入的声波完全相同时，输出的振幅却完全不同，这归因于非互易材料的基本机理。

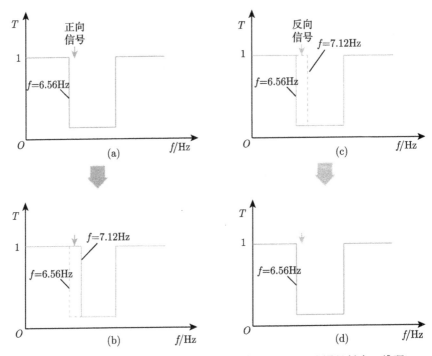

图 6.11　入射波从相反方向打入非互易结构的原理图 (彩图见封底二维码)

6.3.2　非互易结构的仿真

　　为了证明我们设计的非互易器件的机理，我们对该结构进行了仿真。仿真期间，我们把质量块的数量增加到了 300 个，仿真时间设置为 15s，以达到尽可能减小反射的目的。对线性质量–弹簧系统而言，声学支截止频率和光学支截止频率分别是 $f = 6.56$Hz 和 $f = 7.80$Hz，并且一直保持不变。对非线性质量–弹簧系统而言，光学支截止频率保持在 $f = 7.80$Hz 不变，而声学支的截止频率随着振幅增大从 $f = 7.12$Hz 向低频移动。入射波的频率应该满足关系式：6.56Hz $< f <$ 7.12Hz。在仿真期间，在 Load 模块给第一个质量块一个频率是 $f = 7.08$Hz 周期性的激励，力的振幅大小为 1600N。为了更清晰地了解振动过程的物理图像，我们提取出了第一个质量块 ($N = 1$)，中间连接线性结构和非线性结构的质量块 ($N = 15$)，最后一个质量块 ($N = 41$) 的振动情况，如图 6.12 所示。对于正向情况，刚开始的振幅很大，当到达连接质量块 ($N = 15$) 的时候，振幅会减小到一定的数值，使得之后的非线性结构呈现出准线性性质，以至于最后的质量块 ($N = 41$) 的振幅和连接质量块 ($N = 15$) 几乎相同。对于反向的情况，具有同样振幅的入射波首先入射到非线性周期结构，由于强非线性，入射波频率处于带隙内，所以到达连接质量块 ($N = 15$) 时弹性波的振幅有明显的衰减；然后来到线性周期结构经历第二次衰减。图 6.13(a)

从仿真中提取出的每奇数个质量块的振幅, 与非互易结构原理图 6.10(b) 刚好能够对应。从图中可以看出, 当输入振幅相同时, 输出振幅有很大不同。图 6.13(b) 表明, 正向的输出振幅远大于反向输出振幅 (振幅比在一个数量级)。也能够看出输出信号在频率为 $f = 7.08\mathrm{Hz}$ 处产生了额外的频率成分, 这是由在光学支的截止频率处模态密度很大导致的共振现象。

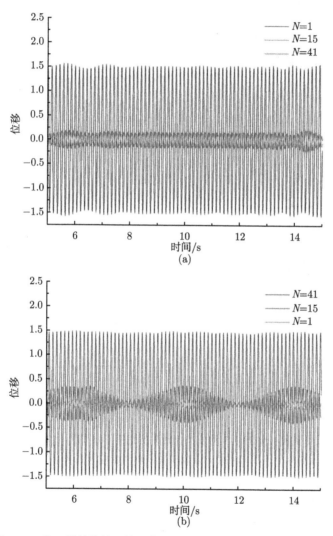

图 6.12 非互易结构输入输出信号的仿真结果 (彩图见封底二维码)

(a) 正方向; (b) 反方向

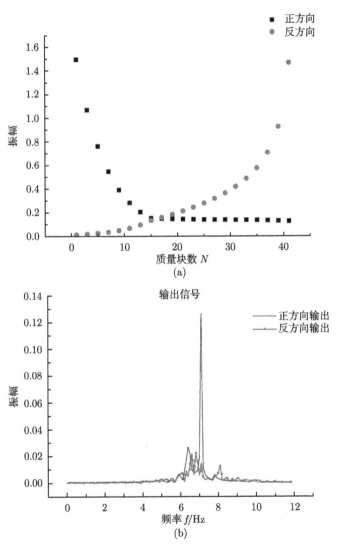

图 6.13   非互易结构弹性波振幅分布的时域仿真结果 (a) 和两个方向上频域的输出对
比图 (b)(彩图见封底二维码)

6.4   声波在非线性超材料中的传播

6.4.1   局域共振型声子晶体带隙的形成机理和特性

2000 年, 刘正猷教授在 *Science* 上提出局域共振型声子晶体的概念 [44], 从而开
拓了声子晶体研究的新领域。局域共振型声子晶体产生带隙的物理机理不同于布

拉格散射,其是由局域共振单元的强共振特性决定的。超材料的局域共振机理使得其具有一种自然界材料不具备的新奇特性。在声学超材料的情形下,这种新的特性直接来自于质量密度和体模量这两个相关参数的限频行为。

在声学超材料中,声波运动的这些负的有效质量和负的体模量特性的影响是引人入胜的,因为在任何自然界材料中都不存在这种负性质。这导致了许多研究活动,旨在开发新的基于声学超材料的设计和技术[45]。声学超材料被分为三种可重叠的类型:声子晶体、本征声学超材料和惯性声学超材料。声子晶体的概念早于声学超材料,其利用原子尺度周期阻抗非匹配排列导致布拉格散射的带隙[46]、波转向和聚焦[47]。Fok 等根据微结构的尺寸与操纵波长尺度是完全耦合还是解耦,将声学超材料分为本征声学超材料和惯性声学超材料[45]。在本征声学超材料中,包含相位的相速度比主体材料中的相速度低很多,导致可调频率范围的局域共振[48,49]。对于惯性声学超材料[50,51],可以利用工程微结构,比如说,质量–弹簧–阻尼器共振器,能够局域化声波的能量,使得宿主材料不受影响;分别由周期性和共振导致的带隙也能够实现交互增强[52]。Lu 等猜想,把微结构的尺寸继续减小会导致超材料结构声学频率的增加,最终会与材料的电磁对应物相重叠,这可能引起非比寻常的相互作用[53]。结合声学和电磁共振,能够设计新的微结构。对布拉格散射型声子晶体,我们知道,在低频的色散曲线可以看作是线性的,即低频弹性波表现为长波行波的特性;而局域振子的存在改变了系统原有的色散曲线,并在其谐振频率处将其分割开,从而导致了局域共振带隙的产生。由此可见,局域共振带隙是基体中长波行波特性与周期分布的局域谐振子的谐振特性相互耦合作用的结果。

局域共振型声子晶体与布拉格散射型声子晶体具有明显的不同,主要有以下几点。

(1) 带隙频率远低于相同晶体尺寸的布拉格带隙,实现了小尺寸控制大波长。通常,布拉格散射型声子晶体的晶格常数和带隙频率在基体材料中与波长的一半相对应。因此为了在水中获得 1000Hz 附近的声波带隙,布拉格散射型声子晶体的晶格尺寸就要达到 0.75m,加上需要有数个周期才能在带隙频段形成有效的衰减,为了利用带隙实现 1000Hz 左右的隔声就需要数米的布拉格散射型声子晶体,这显然是不合实际的。而局域共振型声子晶体的晶格常数比基体材料中的带隙频率对应波长小两个数量级,实现 1000Hz 的水下隔声只需要厘米级别的厚度,相对来说是完全能够接受的。因此,局域共振型声子晶体为声子晶体在低频声波和振动控制中的应用开辟了新的道路。

(2) 带结构中存在平直带,内部波场存在局域化共振现象。

(3) 带隙由单个散射体的局域共振特性决定,与它们的排列方式无关。对于局域共振型声子晶体,带隙的宽度和位置主要是由散射体的局域共振特性决定的,与它们的晶格形式无关。在相同的填充率下,用相同的散射体分别采用简单立方、面心立方、体心立方、六方密堆和金刚石结构晶格形式得到的三维局域共振型声子晶体，其第一带隙几乎完全相同。

(4) 带隙宽度随填充率的增加而增加。对于布拉格散射型声子晶体，带隙宽度随着填充率的增加先增加后减小，而对于局域共振型声子晶体，填充率越大，带隙越宽，带隙宽度随着填充率的增加而单调递增。

6.4.2　局域共振型声子晶体带隙形成机理的非线性研究

考虑一维的由相同的 mass-in-mass 单元组成的晶格，如图 6.14 所示。第 j 个单原胞的运动方程为

$$m_1^{(j)} \frac{\mathrm{d}^2 u_1^{(j)}}{\mathrm{d}t^2} + K_1(2u_1^{(j)} - u_1^{(j-1)} - u_1^{(j+1)}) + K_2(u_1^{(j)} - u_2^{(j)}) = 0 \tag{6.9}$$

$$m_2^{(j)} \frac{\mathrm{d}^2 u_2^{(j)}}{\mathrm{d}t^2} + K_2(u_2^{(j)} - u_1^{(j)}) = 0 \tag{6.10}$$

其中，$u_1^{(j)}$ 和 $u_2^{(j)}$ 分别表示第 j 个原胞质量块 1 和质量块 2 振动的位移。考虑一个常规的单原子晶格 (图 6.14(b)) 来表示这种 mass-in-mass 结构。这种 mass-in-mass 结构和单原子晶格的色散关系可以分别表示为

$$\cos qL = 1 - \frac{\delta}{2\theta} \frac{\left(\frac{\omega}{\omega_0}\right)^2 \left[\left(\frac{\omega}{\omega_0}\right)^2 - (1+\theta)\right]}{\left(\frac{\omega}{\omega_0}\right)^2 - 1} \tag{6.11}$$

$$\cos qL = 1 - \frac{\delta}{2\theta} \frac{(1+\theta)m_{\mathrm{eff}}}{m_{\mathrm{st}}} \left(\frac{\omega}{\omega_0}\right)^2 \tag{6.12}$$

其中，$\theta = \frac{m_2}{m_1}$；$\delta = \frac{K_2}{K_1}$；$\omega_0^2 = \frac{K_2}{m_2}$；$m_{\mathrm{st}} = m_1 + m_2^{[54]}$。为了使两个动力学晶格系统等效，才选择了单原子晶格的有效质量替代 mass-in-mass 结构，这样两个系统可以完全匹配。换句话说，当式 (6.11) 和式 (6.12) 完全等效时需要满足关系式：

$$\frac{m_{\mathrm{eff}}}{m_{\mathrm{st}}} = 1 + \frac{\theta}{1+\theta} \frac{\left(\frac{\omega}{\omega_0}\right)^2}{1 - \left(\frac{\omega}{\omega_0}\right)^2} \tag{6.13}$$

从式 (6.13) 中可以看出，当频率 ω 接近局域共振频率 ω_0 的时候，会出现负的有效质量和负的密度。根据方程，负的有效质量和密度发生在区间：

$$1 < \left(\frac{\omega}{\omega_0}\right)^2 < 1 + \theta \tag{6.14}$$

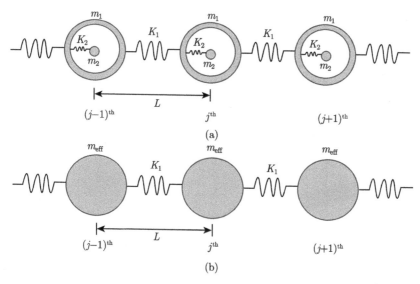

图 6.14 (a) 无限长 mass-in-mass 晶格结构；(b) 相应的等效晶格系统

从式 (6.14) 可以看出，通过调节两个质量的比率 θ 就能够轻易控制等效质量为负的频率区间。一种极限情况是 $\theta = \frac{m_2}{m_1} = 0$，此时的情况和单原子链是一样的；另一种极限情况是 $\theta = \frac{m_2}{m_1} = \infty$，这将导致在大于共振频率的所有频率区间中等效质量都是负的。但是对于一种确定的材料，质量比 $\theta = \frac{m_2}{m_1}$ 是一定的，所以不能在一种材料中任意地调节质量比。为了能够调节等效质量为负的频率区间，达到调节带隙位置和宽度的目的，我们引入了非线性。

带隙的上下边界都和 ω_0 有关，我们可以通过改变工作频率 ω_0 来改变上下边界。此时只需要把 K_2 变为非线性弹簧。由 $\omega_0 = \sqrt{\dfrac{K_2}{m_2}}$ 可知，当 K_2 是一个硬弹簧时，刚度随着振幅的增加而增大，ω_0 也会随着振幅增大而向上移动；当 K_2 是一个软弹簧时，情况相反，ω_0 随着振幅增大而向下移动。为了证实我们的猜想，我们用 Abaqus 仿真软件进行了线性和非线性的仿真。在线性仿真过程中，我们设置 $m_1 = 0.18\text{kg}, m_2 = 0.245\text{kg}, K_1 = 10000\text{N/m}, K_2 = 1000\text{N/m}$。可以得到 $\omega_0 = 63.89\text{rad/s}$，对应的频率为 $f_0 = 10.17\text{Hz}$，$\theta = \dfrac{m_2}{m_1} = 1.36$，对应的带隙负的有效质量上边界为 $f_1 = 15.62\text{Hz}$。仿真单元总共有 50 个，取第 1 个和第 8 个质量块 m_1 作传输系数曲线。我们采用了完美匹配层的方法来避免太大的反射，在第 15 个单元后的 K_1 设置阻尼，阻尼值向后依次为 0.1, 0.4, 0.9, 1.6, $\cdots$。对于传输系数曲线的仿真结果如图 6.15 所示。

从图 6.15 可以看出，仿真结果与理论的带隙边界 (10.17~15.62Hz) 符合较好，在对应的带隙频段, 传输系数明显小于其他频段的传输系数。并且在靠近带隙下边界的地方, 传输系数小于带隙上边界的传输系数, 这是因为在带隙下边界恰好是内部质量–弹簧系统的共振频率, 在此频率处对振动的吸收应该最强。我们也做了声波通过 10 个单元的传输系数仿真, 如图 6.16 中的黑色曲线所示。结果显示, 通过 10 个单元的带隙传输系数值小于通过 8 个单元的带隙传输系数值。说明通过单元数越多, 振动衰减越多, 和实际情况相符。

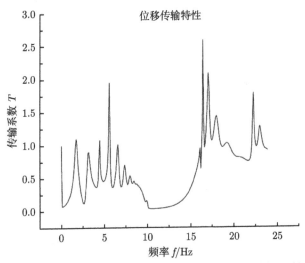

图 6.15　线性 mass-in-mass 结构的传输系数曲线仿真图 (彩图见封底二维码)

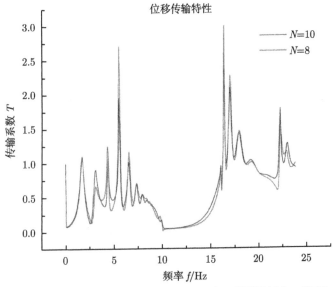

图 6.16　不同单元数的线性传输系数仿真 (彩图见封底二维码)

　　带隙形成的原因是负质量带来的共振对声能量的吸收，吸收的强度和 K_2 的阻尼有关。接下来，我们仿真了不同阻尼情况下的线性系数曲线。把 K_2 的阻尼设置为 0.5，其余步骤和线性无阻尼完全相同。仿真结果如图 6.17 所示。结果显示，当有阻尼时，带隙的传输系数小于没有阻尼的情况，这是因为有阻尼时，对带隙内振动的能量吸收更为强烈。

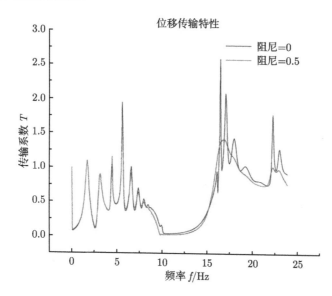

图 6.17　不同阻尼情况下的线性系数仿真 (彩图见封底二维码)

　　另外，我们也做了此声学超材料的非线性仿真。在仿真中，我们把线性弹簧 K_2 用一个非线性连接器 (connector) 代替，非线性连接器的参数设置为 $F = 1000x + 2000000x^3$(硬弹簧)。当小振幅 ($x < 10^{-3}$m) 时，我们可以把连接器看作一个线性弹簧；当振幅到达一个合适的值时，此时非线性效应不可以忽略，按照上面的分析将会产生带隙的移动。仿真结果 (图 6.18) 显示，在小振幅情况下，传输系数曲线和线性情况一样，带隙的区间为 10.17~15.62Hz。当振幅 (A) 达到 10^{-3}m 时，非线性效应将不可忽略，带隙朝着高频移动。并且在一定的振幅范围内，振幅越大，带隙上下边界向高频移动越多，如图 6.19 所示。同样，我们也做了软弹簧情况下的传输系数仿真，即把 K_2 用一个非线性连接器代替，非线性连接器的参数设置为 $F = 1000x - 2000000x^3$。在此情况下，随着振幅的增加，非线性连接器的刚度会逐渐减小，m_2 的共振频率也会减小，带隙会向低频移动。从仿真结果 (图 6.19) 可以得出，把 K_2 替代为非线性弹簧之后，我们可以通过控制振幅来控制声学超材料结构的带隙位置。

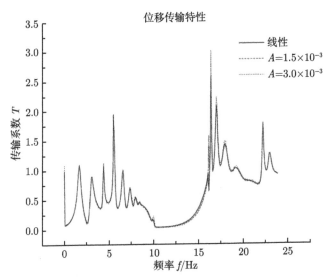

图 6.18　硬弹簧非线性传输系数仿真 (彩图见封底二维码)

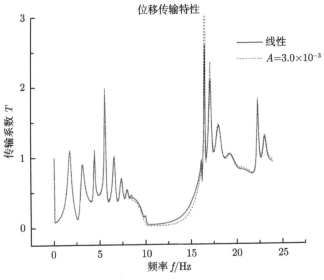

图 6.19　软弹簧非线性传输系数仿真 (彩图见封底二维码)

参 考 文 献

[1]　Wang Z, Chong Y D, Joannopoulos J D, et al. Reflection-free one-way edge modes in a gyromagnetic photonic crystal [J]. Physical Review Letters, 2008, 100: 013905.

[2]　Haldane F D, Raghu S. Possible realization of directional optical waveguides in photonic

crystals with broken time-reversal symmetry [J]. Physical Review Letters, 2008, 100: 013904.

[3] He C, Chen X L, Lu M H, et al. Tunable one-way cross-waveguide splitter based on gyromagnetic photonic crystal [J]. Applied Physics Letters, 2010, 96: 111111.

[4] Serebryannikov A E. One-way diffraction effects in photonic crystal gratings made of isotropic materials [J]. Physical Review B, 2009, 80: 155117.

[5] Serebryannikov A E, Ozbay E. Unidirectional transmission in non-symmetric gratings containing metallic layers [J]. Optical Express, 2009, 17: 13335.

[6] Yu Z, Fan S. Complete optical isolation created by indirect interband photonic transitions [J]. Nature Photonics, 2009, 3: 91-94.

[7] Li B W, Wang L, Casati G. Thermal diode: Rectification of heat flux [J]. Physical Review Letters, 2004, 93: 184301.

[8] Li B W, Lan J, Wang L. Interface thermal resistance between dissimilar anharmonic lattices [J]. Physical Review Letters, 2005, 95: 104302.

[9] Chang C W, Okawa D, Majumdar A, et al. Solid-state thermal rectifier[J]. Science, 2006, 314: 1121.

[10] Li B W, Wang L. Phononics gets hot [J]. Physics World, 2008, 21: 27.

[11] Kobayashi W, Teraoka Y, Terasaki I. An oxide thermal rectifier [J]. Applied Physics Letters, 2009, 95: 171905.

[12] Nesterenko V, Daraio C, Herbold E B, et al. Anomalous wave reflection at the interface of two strongly nonlinear granular media [J]. Physical Review Letters, 2005, 95: 158702.

[13] Liang B B, Yuan B, Cheng J C. Acoustic diode: rectification of acoustic energy flux in one- dimensional systems [J]. Physical Review Letters, 2009, 103: 104301.

[14] Boechler N, Theocharis G, Daraio C. Bifurcation-based acoustic switching and rectification [J]. Nature Materials, 2011, 10: 665-668.

[15] Sigalas M M, Economou E N. Elastic and acoustic wave band structure [J]. Journal of Sound Vibration, 1992, 158(2): 377-382.

[16] Kushwaha M S, Halevi P, Dobrzynski L, et al. Acoustic band structure of periodic elastic composites [J]. Physical Review Letters, 1993, 71(13): 2022-2025.

[17] Dowling J P. Sonic band structure in fluids exhibiting periodic density variations [J]. Journal of Acoustical Society of America, 1992, 91(5): 2539-2543.

[18] Sigalas M M, Economou E N. Elastic-wave propagation through disordered and/or absorptive layered systems [J]. Physical Review B, 1995, 51(5): 2780-2789.

[19] Kafesaki M, Sigalas M M, Economou E N. Elastic wave band gaps in 3-D periodic polymer matrix composites [J]. Solid State Communications, 1995, 96(5): 285-289.

[20] Vasseur J O, Deymier P A, Frantziskonic G, et al. Experimental evidence for media [J]. Journal of Physics: Condensed Matter, 1998, 10(27): 6051-6064.

[21] Mead D J. Wave propagation in continuous periodic structures: Research contributions from Southampton [J]. Journal of Sound Vibration, 1996, 190(3): 495-524.

[22] Narisetti R K, Leamy M J, Ruzzene M. A perturbation approach for predicting wave propagation in one-dimensional nonlinear periodic structures [J]. Journal of Vibration and Acoustics, 2010, 132(3): 031001.

[23] Fan L, Wang J, Varghese L T, et al. An all-silicon passive optical diode [J]. Science, 2012: 1214383.

[24] Chang L, Jiang X, Hua S, et al. Parity-time symmetry and variable optical isolation in active-passive-coupled microresonators [J]. Nature Photonics, 2014, 8: 524-529.

[25] Peng B, Ozdemir S K, Lei F, et al. Parity-time-symmetric whispering-gallery microcavities [J]. Nature Physics, 2014, 10: 394-398.

[26] Shozo T, Kenji K, Sievers A J. Intrinsic localized vibrational modes in anharmonic crystals [J]. Progress of Theoretical Physics Supplement, 1988, 94: 242-269.

[27] Vakakis A F, King M E, Pearlstein A J. Forced localization in a periodic chain of nonlinear oscillators [J]. Internation Journal Nonlinear Mechanics, 1994, 29(3): 429-447.

[28] Daraio C, Nesterenko V F, Herbold E B, et al. Tunability of solitary wave properties in one-dimensional strongly nonlinear phononic crystals [J]. Physics Review E, 2006, 73(2): 026610.

[29] Nayfeh A H, Kelly S G. Nonlinear propagation of waves induced by an infinite vibrating cylinder [J]. Journal de Physique Supplement, 1979, 40: 8-13.

[30] Vakakis A F, King M E. Nonlinear wave transmission in a monocoupled elastic periodic system [J]. Journal of Acoustical Society of America, 1995, 98(3): 1534-1546.

[31] Chakraborty G, Malik A K. Dynamics of weakly non-linear periodic chain [J]. International Journal of Non-Linear Mechanics, 2001, 36(2): 375-389.

[32] Nesterenko V F, Daraio C, Herbold E B, et al. Anomalous wave reflection at the interface of two strongly nonlinear granular media [J]. Physical Review Letters, 2005, 95: 158702.

[33] Zhu S L, Dreyer T M, Liebler R, et al. Reduction of tissue injury in shock-wave lithotripsy by using an acoustic diode [J]. Ultrasound in Medicine and Biology, 2004, 30: 675.

[34] Boechler N, Theocharis G, Daraio C. Bifurcation-based acoustic switching and rectification [J]. Nature Materials, 2011, 10 (9): 665-668.

[35] Fleury R, Sounas D L, Sieck C F, et al. Sound isolation and giant linear nonreciprocity in a compact acoustic circulator [J]. Science, 2014, 343: 516-519.

[36] Popa B I, Cummer S A. Non-reciprocal and highly nonlinear active acoustic metamaterials [J]. Nature Communications, 2014, 5: 3398.

[37] Gu Z M, Hu J, Liang B, et al. Broadband non-reciprocal transmission of sound with invariant frequency [J]. Scientific Reports, 2015, 6: 19824.

[38] Devaux T, Tournat V, Richoux O, et al. Asymmetric acoustic propagation of wave packets via the self-demodulation effect [J]. Physics Review Letters, 2015, 115: 234301.

[39] Li Y, Liang B, Gu Z M, et al. Unidirectional acoustic transmission through a prism with near-zero refractive index [J]. Applied Physics Letters, 2013, 103: 053505.

[40] Yuan B, Liang B, Tao J C, et al. Broadband directional acoustic waveguide with high efficiency [J]. Applied Physics Letters, 2012,101: 043503.

[41] Li Y, Tu J, Liang B, et al. Unidirectional acoustic transmission based on source pattern reconstruction [J]. Journal of Applied Physics, 2012, 112: 064504.

[42] Maznev A A, Every A G, Wright O B. Reciprocity in reflection and transmission: What is a 'phonon diode'?[J]. Wave Motion, 2013, 50: 776-784.

[43] Hamilton M F, Blackstock D T. Nonlinear-wave propagation in a fluid layer [J]. Nonlinear Acoustics, 1990, 12th ISNA: 321-326.

[44] Liu Z Y, Zhang X, Mao Y, et al. Locally resonant sonic materials [J]. Science, 2000, 289: 1734-1736.

[45] Fok L, Ambati M, Zhang X. Acoustic metamaterials [J]. MRS Bulletin, 2008, 33: 931-934.

[46] Yang S X, Page J H, Liu Z Y, et al. Focusing of sound in a 3D phononic crystal[J]. Physical Review Letters, 2004, 93(2): 024301.

[47] Celli P, Gonella S. Low-frequency spatial wave manipulation via phononic crystals with relaxed cell symmetry [J]. Journal of Applied Physics, 2014, 115: 103502.

[48] Li J, Chan C T. Double-negative acoustic metamaterial [J]. Physical Review E, 2004, 70(5): 055602.

[49] Ding Y Q, Liu Z Y, Qiu C Y, et al. Metamaterial with simultaneously negative bulk modulus and mass density [J]. Physical Review Letters, 2007, 99(9): 093904.

[50] Fang N D, Xi D J, Xu J, et al. Ultrasonic metamaterials with negative modulus [J]. Nature Materials, 2006, 5(6): 452-456.

[51] Ao X Y, Chan C T. Far-field image magnification for acoustic waves using anisotropic acoustic metamaterials [J]. Physical Review E, 2008, 77(2): 025601.

[52] Raghavan L, Phani A S. Local resonance bandgaps in periodic media: Theory and experiment [J]. Journal of Acoustical Society of America, 2013, 134(3): 1950-1959.

[53] Lu M, Feng L, Chen Y. Phononic crystals and acoustic metamaterials [J]. Material Today, 2009, 12(12): 34-42.

[54] Huang H H, Sun C T, Huang G. On the negative effective mass density in acoustic metamaterials [J]. International Journal of Engineering Science, 2009, 47: 610-617.

第 7 章 超材料中的二次谐波的反向激发与增强

非线性声学超材料被认为是超材料领域未来最重要的研究方向之一 [1,2]。目前非线性超材料在电磁波方面的应用，包括可协调性 [3,4]、参数下转换 [5]、高次谐波的产生 [6-8] 等方面。由于声波和电磁波的相似性，非线性声学超材料已经成为目前的研究热点 [9,10]。在声学上，超材料的非线性不能被忽略，特别是对于管道类型或者含有共振单元的声学超材料。1992 年，Sugimoto 首次对普通波导管中周期性地并联上亥姆霍兹共鸣器的超材料进行了非线性分析 [11]，研究发现，通过合理地调节亥姆霍兹共鸣器的结构参数能有效抑制冲击波的出现。之后，2007 年 Richoux 等对该类型超材料的声传输特性进行了研究 [12]，发现随着声波输入声压级的增大，亥姆霍兹共鸣器的共振频率往低频方向偏移。1995 年，Bradley 利用非线性布洛赫理论对普通波导管上周期性并联单元结构的超材料的非线性高次谐波进行了分析 [13]。2014 年，Fan 等利用薄膜和侧孔构造了双负声超材料，并分析了该超材料的两个特征频率在非线性情况下的偏移规律 [14]。随后在 2016 年，Li 等首次对基于薄膜和亥姆霍兹共鸣器的双负超材料的声传输系数和散射系数进行了非线性分析 [9]。2017 年，Lan 等利用非线性摄动法从理论上得到了基于亥姆霍兹共鸣器的单负超材料的非线性等效体模量和声阻抗的具体表达式 [10]。

7.1 声学负折射材料引起的二次谐波反向激发

从第 4 章可知，声波在非线性介质中传播的时候，会激发出高次谐波，这些高次谐波可用于工业上对材料中裂纹进行成像。通常情况下，二次谐波的振幅随着基波的增加而增加。然而，由于材料的衰减等因素，高次谐波非常小；并且，利用谐波对裂纹进行检测不能在物体内部进行，这就限制了其应用前景。本节在理论上预言了声学超材料中反向二次谐波的激发，也就是说，声能量的传播方向能够不依靠反射而转变，因此我们可以在声源处获得二次谐波。与此同时，当超材料足够长的时候，二次谐波的大小将与超材料的长度无关，并且如果使用具有强非线性介质作为基底材料，便可以获得很大的二次谐波。

图 7.1 是一种声学超材料的结构示意图，由一系列亚波长尺度的振动薄板以及开孔小管构成。其周期常数为 d，周期开孔小管的截面积为 $S_0 = \pi a^2$(其中 a 为开孔小管的半径)，开孔小管的长度为 l。周期性振动板的质量为 M_m，其力顺为 C_m。如果其周期常数满足 $d < \lambda/5$(其中 λ 为声波的波长)，那么此结构便可以认为是均

匀的。

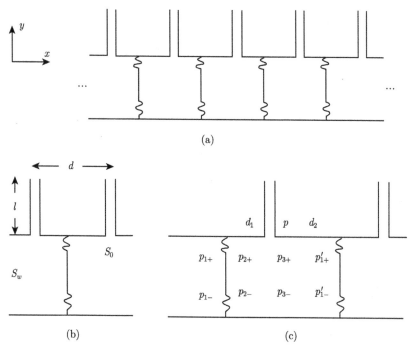

图 7.1 (a) 一维声波导中嵌入周期的振动薄板和周期开孔小管后构成的超材料结构示意图；(b) 超材料单个原胞示意图；(c) 超材料中声压分布分析示意图

其动量方程以及连续性方程可以分别写为

$$S_w \frac{\partial p}{\partial x} + \rho \frac{\mathrm{d}U_1}{\mathrm{d}t} + \frac{M_m}{d} \frac{\mathrm{d}v_1}{\mathrm{d}t} + \frac{1}{C_m d} \int_{-\infty}^{t} v_1 \mathrm{d}t = 0 \tag{7.1}$$

$$S_w \frac{\partial \rho}{\partial t} + \frac{\partial}{\partial x}(\rho U_1) + \frac{\rho U_2}{d} = 0 \tag{7.2}$$

其中，$\frac{M_m}{d}$ 与 $C_m d$ 分别为单位长度的质量与力顺；$U_1 = v_1 S_w$ 为波导管中的体积速度；$U_2 = v_2 S_0$ 为开孔小管中的体积速度。根据牛顿运动定律，在开孔小管中的动量方程可以写为

$$pS_0 = \rho l' S_0 \frac{\mathrm{d}v_2}{\mathrm{d}t} + \eta v_2 \tag{7.3}$$

其中，$l' = l + 1.46a$ 为开孔小管的有效长度；η 为耗散系数，其大小可以通过声学方法测量。如果满足条件 $l \ll \lambda$，波导管上的开孔小管可以被认为集总参数系统，

其满足条件: $\dfrac{\partial v_2}{\partial y} = 0$, 因此 $\dfrac{\mathrm{d}v_2}{\mathrm{d}t} = \dfrac{\partial v_2}{\partial t} + v_2 \dfrac{\partial v_2}{\partial y} = \dfrac{\partial v_2}{\partial t}$, 方程 (7.3) 可以被改写为

$$pS_0 = \rho l' S_0 \frac{\partial v_2}{\partial t} + \eta v_2 \tag{7.4}$$

利用方程 (7.2) 与方程 (7.4) 消去 v_2, 便可以得到

$$\left(\eta \frac{\partial}{\partial t} + \rho l' S_0 \frac{\partial^2}{\partial t^2} \right) \rho + \left(\eta \frac{\partial}{\partial x} + \rho l' S_0 \frac{\partial^2}{\partial x \partial t} \right) (\rho v_1) + \frac{\rho S_0^2}{S_w d} p = 0 \tag{7.5}$$

将方程 (7.1) 改写为

$$\frac{\partial p}{\partial x} + \rho \frac{\mathrm{d}v_1}{\mathrm{d}t} + \frac{M_m}{S_w d} \frac{\mathrm{d}v_1}{\mathrm{d}t} + \frac{1}{C_m S_w d} \int_{-\infty}^{t} v_1 \mathrm{d}t = 0 \tag{7.6}$$

在线性近似条件下, 方程 (7.5) 与方程 (7.6) 可以近似化简为

$$\left(\eta \frac{\partial}{\partial t} + \rho_0 l' S_0 \frac{\partial^2}{\partial t^2} \right) \rho' + \rho_0 \left(\eta \frac{\partial}{\partial x} + \rho_0 l' S_0 \frac{\partial^2}{\partial x \partial t} \right) v_1 + \frac{\rho_0 S_0^2}{S_w d} p = 0 \tag{7.7}$$

$$\frac{\partial^2 p}{\partial x \partial t} + \rho_0 \frac{\partial^2 v_1}{\partial t^2} + \frac{M_m}{S_w d} \frac{\partial^2 v_1}{\partial t^2} + \frac{1}{C_m S_w d} v_1 = 0 \tag{7.8}$$

同样, 在线性近似条件下, 其本构方程可以写作

$$\frac{p}{\rho'} = c_0^2 = \frac{\kappa}{\rho_0} \tag{7.9}$$

其中, κ 为其在绝热条件下的体弹性模量; c_0 为小振幅声波的传播速度。

对于单频波, 我们假设新结构中的声压以及质点振动速度可以分别表示为: $p = p(x) \mathrm{e}^{\mathrm{j}\omega t}$ 以及 $v_1 = v_1(x) \mathrm{e}^{\mathrm{j}\omega t}$, 其中 ω 为声波的角频率。利用方程 (7.9), 在频域中, 我们可以将方程 (7.7) 以及方程 (7.8) 分别改写成如下形式:

$$\frac{\dfrac{\mathrm{j}\omega \eta - \omega^2 \rho_0 l' S_0}{\kappa} + \dfrac{S_0^2}{S_w d}}{\eta + \mathrm{j}\omega \rho_0 l' S_0} p(x) + \frac{\partial}{\partial x} v_1(x) = 0 \tag{7.10}$$

$$\frac{\partial p(x)}{\partial x} + \frac{\dfrac{1}{C_m S_w d} - \omega^2 \left(\rho_0 + \dfrac{M_m}{S_w d} \right)}{\mathrm{j}\omega} v_1(x) = 0 \tag{7.11}$$

其中, j 为虚数单位。在线性化近似下, 利用方程 (7.9), 方程 (7.1) 以及方程 (7.2) 在频域下可以分别化简为

$$\frac{\partial p}{\partial x} + \mathrm{j}\omega \rho v = 0 \tag{7.12}$$

$$\frac{j\omega}{\kappa}p + \frac{\partial}{\partial x}v = 0 \tag{7.13}$$

对比方程 (7.6)，方程 (7.11) 与方程 (7.12)，方程 (7.13)，我们便可得到等效体积模量 $\kappa_{\text{eff}}(\omega)$ 和等效密度 $\rho_{\text{eff}}(\omega)$ 的表达式：

$$\kappa_{\text{eff}}^{-1}(\omega) = \kappa^{-1}\left(1 - \frac{F}{\omega^2 + i\Gamma\omega}\right) \tag{7.14}$$

$$\rho_{\text{eff}}(\omega) = \rho_0\left(1 - \frac{\omega_0^2 - \omega^2}{G\omega^2}\right) \tag{7.15}$$

其中，$F = \dfrac{S_0\kappa}{\rho_0 S_w dl'}$；$\Gamma = \dfrac{\eta}{\rho_0 l' S_0}$；$\omega_0^2 = \dfrac{1}{M_m C_m}$；$G = \dfrac{\rho_0 S_w d}{M_m}$。由方程 (7.10) 与方程 (7.11) 我们可以得到

$$\frac{\partial^2 p(x)}{\partial x^2} + k^2(\omega)p(x) = 0 \tag{7.16}$$

此处，$k(\omega) = \sqrt{\dfrac{\omega^2 \rho_{\text{eff}}(\omega)}{\kappa_{\text{eff}}(\omega)}}$ 为声波在此超材料中的波数。方程 (7.16) 的解为

$$p = p_i e^{j(\omega t - kx)} + p_r e^{j(\omega t + kx)} \tag{7.17}$$

我们可以得到此结构中的声波的坡印亭矢量表达式：

$$Pv = \text{Re}[p^* v_1] = \text{Re}[p^*(x)e^{-j\omega t}v_1(x)e^{j\omega t}] = \text{Re}[p^*(x)v_1(x)] = \text{Re}\left[\frac{p^*(x)\dfrac{\partial p(x)}{\partial x}}{j\,\omega\rho_{\text{eff}}}\right] \tag{7.18}$$

对于相位沿着 x 轴正向传播的波 $p = p_i e^{j(\omega t - kx)}$，式 (7.18) 可以表示为

$$Pv = \text{Re}\left[\frac{k|p_i|^2}{\omega\rho_{\text{eff}}}\right] \tag{7.19}$$

我们可以看到，如果 κ_{eff} 与 ρ_{eff} 同时为正，那么可以得到 $k > 0$ 以及 $Pv > 0$，也就是说声波在此结构中的相位传播方向和能量传播方向都是朝着 x 轴的正向，此时超材料显示出右手性质。如果 κ_{eff} 与 ρ_{eff} 同时为负，那么 $k > 0$ 但是 $Pv < 0$，也就是说声波的相位朝着正方向传播，但是声能量朝着负方向传播，此时超材料显示出左手性质。如果 κ_{eff} 和 ρ_{eff} 的符号相反，也就是一正一负的情况下，那么 k 便是一个虚数，$Pv \to 0$，因此声波沿着 x 方向迅速衰减，不能在此超材料中传播。在数值计算中，我们使用以下参数：$\rho_0 = 998\text{m/s}$，$c_0 = 1483\text{m/s}$，$\eta = 5 \times 10^{-3}\text{N} \cdot \text{s/m}$，$a = 1\text{mm}$，$S_0 = 3.14\text{mm}^2$，$l = 1\text{mm}$，$l' = 2.46\text{mm}$，$d = 8\text{mm}$，$S_w = 16\text{mm}^2$，$M_m = 0.1\text{g}$，$C_m = 2.5 \times 10^{-7}\text{m/N}$。图 7.2(a) 与 (b) 分别为超材料的等效体

积模量 κ_{eff} 和等效密度 ρ_{eff} 与频率之间的关系。我们可以发现此系统中,存在两个临界频率,$f_{\mathrm{VP}} = 21.092\mathrm{kHz}$ 以及 $f_{\mathrm{SH}} = 23.575\mathrm{kHz}$,这两个临界频率分别由振动薄板和周期性开孔小管决定。从图 7.2 中我们可以发现,当 $f < f_{\mathrm{SH}}$ 时,$\mathrm{Re}(\kappa_{\mathrm{eff}}) < 0$,此时等效体积模量为负。当 $f < f_{\mathrm{VP}}$ 时,$\rho_{\mathrm{eff}} < 0$,此时等效密度为负。因此,当 $f < f_{\mathrm{VP}}$ 时,此结构的等效体积模量与等效密度同时为负,此时此超材料呈现左手性质,声波可以在此结构中传播。当 $f_{\mathrm{VP}} < f < f_{\mathrm{SH}}$ 时,也就是等效体积模量为负,但是等效密度为正时,声波不能在此超材料中传播。当 $f > f_{\mathrm{SH}}$ 时,也就是等效体积模量与等效密度同时为正时,此超材料呈现右手性质。图 7.3 为此超材料的色散曲线,从图 7.3(a) 中不难发现,当 $f < f_{\mathrm{VP}}$ 时,色散曲线的斜率为负,因此,在此频段中,声波的相位传播方向与声能量传播方向相反,表现出左手性质。当 $f_{\mathrm{VP}} < f < f_{\mathrm{SH}}$ 时,可以发现 $\mathrm{Re}(\kappa) \to 0$,并且波数的虚部 $\mathrm{Im}(\kappa)$ 在此频率范围内非常大,如图 7.3(b) 所示。因此声波在此情况下将迅速衰减,并且不能传播。当 $f > f_{\mathrm{SH}}$ 时,色散曲线的斜率为正,因此声波的相位传播方向与声能量传播方向一致,此时材料表现出右手性质。从图 7.3(a) 与 (b) 中还能发现,当 $f < f_{\mathrm{VP}}$ 时,$\mathrm{Re}(\kappa) > 0$ 但是 $\mathrm{Im}(\kappa) < 0$,这意味着声压随着相位的增加而增大。这一现象其实并不违反能量守恒定律。这是由于在这个频段中,声波的相位传播方向与声能量的传播方向相反,声压随着相位的增加而增大,也就意味着声压沿着能量的传播方向而减小,这一现象与能量守恒定律一致,说明了此超材料在频段内显示左手性质。

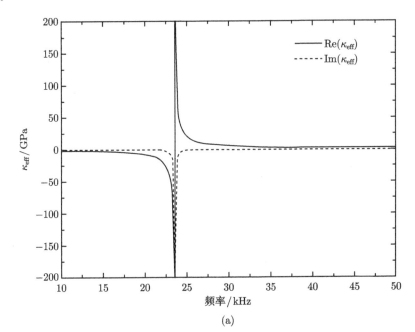

(a)

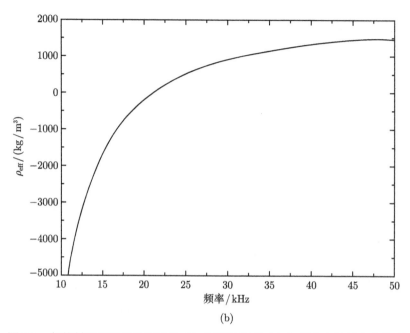

(b)

图 7.2 超构材料的等效体积模量 (a) 和等效密度 (b) 与频率之间的变化关系

其中实线表示等效体积模量的实部 $\mathrm{Re}(\kappa_{\mathrm{eff}})$ 与频率之间的关系，虚线表示等效体积模量的虚部 $\mathrm{Im}(\kappa_{\mathrm{eff}})$ 与频率之间的关系

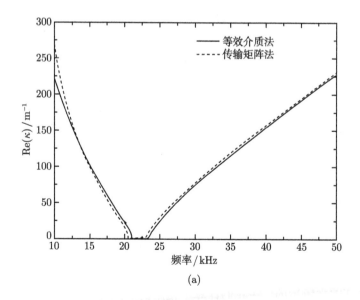

(a)

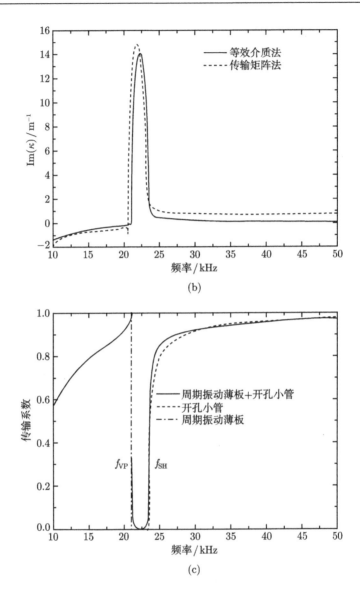

图 7.3   超材料中波数的实部 Re(κ)(a) 和虚部 Im(κ)(b) 在 10~ 50kHz 范围内的色散曲线以及在长度为 0.2 m 的此种超材料中的传输系数与频率之间的关系 (c)

其中实线通过等效介质法计算得出,虚线通过传输矩阵法计算得出

　　为了论证前文所述的,在我们计算中使用的等效介质理论的正确性,我们考虑声波在此结构中的多重反射效果,并且利用传输矩阵法,严格计算其色散曲线。分析示意图如图 7.1(c) 所示,此处假设 $d_1 = 0.003$m,$d_2 = 0.005$m,并且满足条件

$d = d_1 + d_2$。因此我们可以得到

$$p_{1+}S_w + p_{1-}S_w = p_{2+}S_w + p_{2-}S_w + \frac{1}{C_m}(x_{2+} + x_{2-}) + M_m(a_{2+} + a_{2-}) \tag{7.20}$$

$$v_{1+} + v_{1-} = v_{2+} + v_{2-} \tag{7.21}$$

$$p_{2+}\mathrm{e}^{-\mathrm{j}kd_1} + p_{2-}\mathrm{e}^{\mathrm{j}kd_1} = p_{3+} + p_{3-} = p \tag{7.22}$$

$$S_w v_{2+}\mathrm{e}^{-\mathrm{j}kd_1} + S_w v_{2-}\mathrm{e}^{\mathrm{j}kd_1} = S_w v_{3+} + S_w v_{3-} + S_0 v \tag{7.23}$$

$$p_{3+}\mathrm{e}^{-\mathrm{j}kd_2} + p_{3-}\mathrm{e}^{\mathrm{j}kd_2} = p'_{1+} + p'_{1-} \tag{7.24}$$

$$v_{3+}\mathrm{e}^{-\mathrm{j}kd_2} + v_{3-}\mathrm{e}^{\mathrm{j}kd_2} = v'_{1+} + v'_{1-} \tag{7.25}$$

这里，p_+ 与 v_+ 分别代表向 x 轴正向传播的声波的声压与质点速度；p_- 与 v_- 分别代表向 x 轴负向传播的声波的声压与质点速度；下标 1, 2, 3 分别代表周期振动薄板前方位置、周期振动薄板后方位置以及开孔后方位置，如图 7.1(c) 所示。其位移与加速度之间满足关系式：$x_{2+} = \int v_{2+}\mathrm{d}t = \frac{v_{2+}}{\mathrm{j}\omega}$，$x_{2-} = \int v_{2-}\mathrm{d}t = \frac{v_{2-}}{\mathrm{j}\omega}$，$a_{2+} = \frac{\mathrm{d}v_{2+}}{\mathrm{d}t} = \mathrm{j}\omega v_{2+}$，$a_{2-} = \frac{\mathrm{d}v_{2-}}{\mathrm{d}t} = \mathrm{j}\omega v_{2-}$，$v_{1+} = \frac{p_{1+}}{\rho_0 c_0}$，$v_{1-} = -\frac{p_{1-}}{\rho_0 c_0}$，$v_{2+} = \frac{p_{2+}}{\rho_0 c_0}$，$v_{2-} = -\frac{p_{2-}}{\rho_0 c_0}$，$v_{3+} = \frac{p_{3+}}{\rho_0 c_0}$，$v_{3-} = -\frac{p_{3-}}{\rho_0 c_0}$，$v'_{1+} = \frac{p'_{1+}}{\rho_0 c_0}$，$v'_{1-} = -\frac{p'_{1-}}{\rho_0 c_0}$，$v = \frac{p}{Z_a}$。此处 $Z_a = \mathrm{j}\omega M_a + R_a$ 为开孔小管在连接波导管处的声阻抗率，其中 $M_a = \rho_0 l'/S_0$，并且 $R_a = R_{a1} + R_{a2}$，包含两部分，分别是：由介质的黏滞特性引起的 $R_{a1} = l\pi a\sqrt{2\eta'\omega\rho_0}$，以及由开孔小管的声辐射引起的 $R_{a2} = 0.785\rho_0 c_0 k^2 a^4$。$\eta' = 9.98 \times 10^{-4}\mathrm{N} \cdot \mathrm{s/m}^2$ 为水中的黏滞系数。把速度变量 v 消去后，便可以得到

$$p_{1+} + p_{1-} = \left(1 + \frac{1}{\mathrm{j}\omega C_m S_w \rho_0 c_0} + \frac{\mathrm{j}\omega M_m}{S_w \rho_0 c_0}\right) p_{2+} + \left(1 - \frac{1}{\mathrm{j}\omega C_m S_w \rho_0 c_0} - \frac{\mathrm{j}\omega M_m}{S_w \rho_0 c_0}\right) p_{2-} \tag{7.26}$$

$$p_{1+} - p_{1-} = p_{2+} - p_{2-} \tag{7.27}$$

$$p_{2+}\mathrm{e}^{-\mathrm{j}kd_1} + p_{2-}\mathrm{e}^{\mathrm{j}kd_1} = p_{3+} + p_{3-} \tag{7.28}$$

$$p_{2+}\mathrm{e}^{-\mathrm{j}kd_1} - p_{2-}\mathrm{e}^{\mathrm{j}kd_1} = \left(\frac{S_0 \rho_0 c_0}{S_w Z_a} + 1\right) p_{3+} + \left(\frac{S_0 \rho_0 c_0}{S_w Z_a} - 1\right) p_{3-} \tag{7.29}$$

$$p_{3+}\mathrm{e}^{-\mathrm{j}kd_2} + p_{3-}\mathrm{e}^{\mathrm{j}kd_2} = p'_{1+} + p'_{1-} \tag{7.30}$$

$$v_{3+}\mathrm{e}^{-\mathrm{j}kd_2} + v_{3-}\mathrm{e}^{\mathrm{j}kd_2} = v'_{1+} + v'_{1-} \tag{7.31}$$

通过矩阵的方法, 可以将式 (7.26)~ 式 (7.31) 写为

$$
\begin{bmatrix} 1 & 1 \\ 1 & -1 \end{bmatrix} \begin{bmatrix} p_{1+} \\ p_{1-} \end{bmatrix}
$$

$$
= \begin{bmatrix} 1 + \dfrac{1}{\mathrm{j}\omega C_m S_w \rho_0 c_0} + \dfrac{\mathrm{j}\omega M_m}{S_w \rho_0 c_0} & 1 - \dfrac{1}{\mathrm{j}\omega C_m S_w \rho_0 c_0} - \dfrac{\mathrm{j}\omega M_m}{S_w \rho_0 c_0} \\ 1 & -1 \end{bmatrix} \begin{bmatrix} p_{2+} \\ p_{2-} \end{bmatrix}
$$

$$(7.32)$$

$$
\begin{bmatrix} \mathrm{e}^{-\mathrm{j}kd_1} & \mathrm{e}^{\mathrm{j}kd_1} \\ \mathrm{e}^{-\mathrm{j}kd_1} & -\mathrm{e}^{\mathrm{j}kd_1} \end{bmatrix} \begin{bmatrix} p_{2+} \\ p_{2-} \end{bmatrix} = \begin{bmatrix} 1 & 1 \\ \dfrac{S_0 \rho_0 c_0}{S_w Z_a} + 1 & \dfrac{S_0 \rho_0 c_0}{S_w Z_a} - 1 \end{bmatrix} \begin{bmatrix} p_{3+} \\ p_{3-} \end{bmatrix} \tag{7.33}
$$

$$
\begin{bmatrix} \mathrm{e}^{-\mathrm{j}kd_2} & \mathrm{e}^{\mathrm{j}kd_2} \\ \mathrm{e}^{-\mathrm{j}kd_2} & -\mathrm{e}^{\mathrm{j}kd_2} \end{bmatrix} \begin{bmatrix} p_{3+} \\ p_{3-} \end{bmatrix} = \begin{bmatrix} 1 & 1 \\ 1 & -1 \end{bmatrix} \begin{bmatrix} p_{1+}' \\ p_{1-}' \end{bmatrix} \tag{7.34}
$$

令 $\Sigma = \begin{bmatrix} 1 & 1 \\ 1 & -1 \end{bmatrix}$, $\Omega = \begin{bmatrix} 1 + \dfrac{1}{\mathrm{j}\omega C_m S_w \rho_0 c_0} + \dfrac{\mathrm{j}\omega M_m}{S_w \rho_0 c_0} & 1 - \dfrac{1}{\mathrm{j}\omega C_m S_w \rho_0 c_0} - \dfrac{\mathrm{j}\omega M_m}{S_w \rho_0 c_0} \\ 1 & -1 \end{bmatrix}$,

$\Lambda = \begin{bmatrix} \mathrm{e}^{-\mathrm{j}kd_1} & \mathrm{e}^{\mathrm{j}kd_1} \\ \mathrm{e}^{-\mathrm{j}kd_1} & -\mathrm{e}^{\mathrm{j}kd_1} \end{bmatrix}$, $\Theta = \begin{bmatrix} 1 & 1 \\ \dfrac{S_0 \rho_0 c_0}{S_w Z_a} + 1 & \dfrac{S_0 \rho_0 c_0}{S_w Z_a} - 1 \end{bmatrix}$, $\Xi = \begin{bmatrix} \mathrm{e}^{-\mathrm{j}kd_2} & \mathrm{e}^{\mathrm{j}kd_2} \\ \mathrm{e}^{-\mathrm{j}kd_2} & -\mathrm{e}^{\mathrm{j}kd_2} \end{bmatrix}$,

便可以得到

$$
\Sigma \begin{bmatrix} p_{1+} \\ p_{1-} \end{bmatrix} = \Omega \begin{bmatrix} p_{2+} \\ p_{2-} \end{bmatrix} \tag{7.35}
$$

$$
\Lambda \begin{bmatrix} p_{2+} \\ p_{2-} \end{bmatrix} = \Theta \begin{bmatrix} p_{3+} \\ p_{3-} \end{bmatrix} \tag{7.36}
$$

$$
\Xi \begin{bmatrix} p_{3+} \\ p_{3-} \end{bmatrix} = \Sigma \begin{bmatrix} p_{1+}' \\ p_{1-}' \end{bmatrix} \tag{7.37}
$$

最后便可以得到

$$
\begin{bmatrix} p_{1+}' \\ p_{1-}' \end{bmatrix} = \Sigma^{-1} \Xi \Theta^{-1} \Lambda \Omega^{-1} \Sigma \begin{bmatrix} p_{1+} \\ p_{1-} \end{bmatrix} \tag{7.38}
$$

令 $T = \Sigma^{-1} \Xi \Theta^{-1} \Lambda \Omega^{-1} \Sigma$, 便可以得到前一个原胞的声压与后一个原胞的声压之间的关系式:

$$
\begin{bmatrix} p_{1+}' \\ p_{1-}' \end{bmatrix} = T \begin{bmatrix} p_{1+} \\ p_{1-} \end{bmatrix} \tag{7.39}
$$

根据布洛赫定理, 有

$$
\begin{bmatrix} p_{1+}' \\ p_{1-}' \end{bmatrix} = \mathrm{e}^{-\mathrm{j}\alpha d} \begin{bmatrix} p_{1+} \\ p_{1-} \end{bmatrix} \tag{7.40}
$$

根据方程 (7.39) 与方程 (7.40)，便可以得到

$$(e^{-j\alpha d}I - T)\begin{bmatrix} p_{3+} \\ p_{3-} \end{bmatrix} = \begin{bmatrix} 0 \\ 0 \end{bmatrix} \tag{7.41}$$

此处，I 为单位矩阵，可以得到

$$\left|e^{-j\alpha d}I - T\right| = 0 \tag{7.42}$$

解此方程，便可以得到布洛赫波矢 α，其实部与虚部分别如图 7.3(a) 和 (b) 中虚线所示。

图 7.3(a) 与 7.3(b) 中的虚线与实线的一致性，证明了我们利用等效介质理论进行计算的正确性。图 7.3(c) 为在长度为 0.2 m 的此种超材料中的声强传输系数与频率之间的关系，可以发现，当 $f_{VP} < f < f_{SH}$ 时，声波不能在此种超材料中传播，当 $f < f_{VP}$ 和 $f > f_{SH}$ 时，声波可以在此种超材料中传播，这种超材料可以在很宽泛的频段范围内实现左手性质，同时拥有周期振动薄板和开孔小管的结构的声传输曲线的边界，与只有周期振动薄板或只有周期开孔小管的结构的传输曲线的边界匹配得很好。

现在我们来解释当 $f < f_{VP}$ 时，此结构能够同时拥有负的体积模量以及负密度的原因。当声波在传统声波导管中传播时，质点振动的速度的相位超前声压梯度的相位 $\frac{\pi}{2}$。当引入一系列周期振动薄板后，相当于引入了一系列声容，因此质点速度的相位落后声压梯度的相位 $\frac{\pi}{2}$。相比引入周期振动薄板前，质点振动的速度的相位相对于声压梯度的相位改变了 π，因此我们获得了负的等效密度。同样地，当声波在传统声波导中传播时，声压的相位超前质点速度的散度的相位 $\frac{\pi}{2}$。当引入了一系列平行开孔小管后，相当于引入了一系列声质量，因此声压的相位将落后质点速度的散度的相位 $\frac{\pi}{2}$。相比引入开孔小管前，声压的相位相对于质点速递的散度的相位改变了 π，因此我们在低频情况下获得了负的体积模量。这就是当 $f < f_{VP}$ 时，此种超材料可以表现出同时负的等效密度以及负的体积模量的物理机理。

在非线性条件下，我们对绝热条件下的物态方程进行泰勒展开，并保留到二阶项，可以获得

$$P = P_0 + A\left(\frac{\rho - \rho_0}{\rho_0}\right) + \frac{1}{2}B\left(\frac{\rho - \rho_0}{\rho_0}\right)^2 \tag{7.43}$$

这里，$A = \rho_0\left(\frac{\partial P}{\partial \rho}\right)_{s,\rho_0} = \rho_0 c_0^2 = \kappa$，$B = \rho_0^2\left(\frac{\partial^2 P}{\partial \rho^2}\right)_{s,\rho_0} = \rho_0^2\left(\frac{\partial c^2}{\partial \rho}\right)_{s,\rho_0}$。我们便可以得到在二阶近似条件下，密度 ρ 与声压 p 之间的关系式：

$$\rho = \rho_0 + \frac{\rho_0}{\kappa}p - \frac{\rho_0 B}{2\kappa^3}p^2 \tag{7.44}$$

因此，可以得到密度变化量的关系式：

$$\rho' = \rho - \rho_0 = \frac{\rho_0}{\kappa}p - \frac{\rho_0 B}{2\kappa^3}p^2 \tag{7.45}$$

方程 (7.5) 是未做线性化近似下的此超材料的声波方程，将方程 (7.44) 代入方程 (7.5) 后可得

$$\left[\eta\frac{\partial}{\partial t} + \left(\rho_0 + \frac{\rho_0}{\kappa}p - \frac{\rho_0 B}{2\kappa^3}p^2\right)l'S_0\frac{\partial^2}{\partial t^2}\right]\left(\rho_0 + \frac{\rho_0}{\kappa}p - \frac{\rho_0 B}{2\kappa^3}p^2\right)$$
$$+ \left[\eta\frac{\partial}{\partial x} + \left(\rho_0 + \frac{\rho_0}{\kappa}p - \frac{\rho_0 B}{2\kappa^3}p^2\right)l'S_0\frac{\partial^2}{\partial x\partial t}\right]\left[\left(\rho_0 + \frac{\rho_0}{\kappa}p - \frac{\rho_0 B}{2\kappa^3}p^2\right)v_1\right] \tag{7.46}$$
$$+ \frac{\left(\rho_0 + \frac{\rho_0}{\kappa}p - \frac{\rho_0 B}{2\kappa^3}p^2\right)S_0^2}{S_w d}p = 0$$

我们首先对方程 (7.46) 的第一部分进行化简。由于微分算子的存在，静态密度 ρ_0 在微分算子的作用下为 0，故 $\rho_0 + \frac{\rho_0}{\kappa}p - \frac{\rho_0 B}{2\kappa^3}p^2$ 可以简化成 $\frac{\rho_0}{\kappa}p - \frac{\rho_0 B}{2\kappa^3}p^2$。并且我们在计算过程中，只考虑到二阶近似，我们忽略第一部分的第一个括号里的 $\frac{\rho_0 B}{2\kappa^3}p^2$ 项，可得

$$\left[\eta\frac{\partial}{\partial t} + \left(\rho_0 + \frac{\rho_0}{\kappa}p - \frac{\rho_0 B}{2\kappa^3}p^2\right)l'S_0\frac{\partial^2}{\partial t^2}\right]\left(\rho_0 + \frac{\rho_0}{\kappa}p - \frac{\rho_0 B}{2\kappa^3}p^2\right)$$
$$\approx \left[\eta dl\frac{\partial}{\partial t} + \left(\rho_0 + \frac{\rho_0}{\kappa}p\right)l'S_0\frac{\partial^2}{\partial t^2}\right]\left(\frac{\rho_0}{\kappa}p - \frac{\rho_0 B}{2\kappa^3}p^2\right) \tag{7.47}$$

将上面的式子展开，并且忽略三阶项 $\frac{\rho_0}{\kappa}pl'S_0\frac{\partial^2}{\partial t^2}\frac{\rho_0 B}{2\kappa^3}p^2$，我们便可以得方程 (7.46) 第一部分化简后的表达式：

$$\left(\eta\frac{\partial}{\partial t} + \rho_0 l'S_0\frac{\partial^2}{\partial t^2}\right)\left(\frac{\rho_0}{\kappa}p\right) - \left(\eta\frac{\partial}{\partial t} + \rho_0 l'S_0\frac{\partial^2}{\partial t^2}\right)\left(\frac{\rho_0 B}{2\kappa^3}p^2\right)$$
$$+ \frac{\rho_0}{\kappa}pl'S_0\frac{\partial^2}{\partial t^2}\frac{\rho_0}{\kappa}p = \rho_0\left(\frac{\rho_0 l'S_0}{\kappa}\frac{\partial^2}{\partial t^2} + \frac{\eta}{\kappa}\frac{\partial}{\partial t}\right)p \tag{7.48}$$
$$- \rho_0\frac{B}{2\kappa^3}\frac{\partial}{\partial t}\left(\eta + \rho_0 l'S_0\frac{\partial}{\partial t}\right)p^2 + \rho_0\frac{\rho_0 l'S_0}{\kappa^2}p\left(\frac{\partial^2}{\partial t^2}p\right)$$

同样，我们化简方程 (7.46) 的第二部分。由于第二部分的最后一部分乘上了 v_1，并且 v_1 是一阶项，而且我们最后只保留到二阶近似，所以可以忽略 $\left(\rho_0 + \frac{\rho_0}{\kappa}p - \frac{\rho_0 B}{2\kappa^3}p^2\right)v_1$

项中的 $\frac{\rho_0 B}{2\kappa^3}p^2$,因此第二部分化为

$$
\begin{aligned}
& \left[\eta\frac{\partial}{\partial x} + \left(\rho_0 + \frac{\rho_0}{\kappa}p - \frac{\rho_0 B}{2\kappa^3}p^2\right)l'S_0\frac{\partial^2}{\partial x\partial t}\right]\left[\left(\rho_0 + \frac{\rho_0}{\kappa}p - \frac{\rho_0 B}{2\kappa^3}p^2\right)v_1\right] \\
& \approx \left[\eta\frac{\partial}{\partial x} + \left(\rho_0 + \frac{\rho_0}{\kappa}p\right)l'S_0\frac{\partial^2}{\partial x\partial t}\right]\left[\left(\rho_0 + \frac{\rho_0}{\kappa}p\right)v_1\right]
\end{aligned}
\tag{7.49}
$$

将其展开到二阶近似,便可以得到

$$
\left(\eta\frac{\partial}{\partial x} + \rho_0 l'S_0\frac{\partial^2}{\partial x\partial t}\right)(\rho_0 v_1) + \left(\eta\frac{\partial}{\partial x} + \rho_0 l'S_0\frac{\partial^2}{\partial x\partial t}\right)\left(\frac{\rho_0}{\kappa}pv_1\right) + \frac{\rho_0}{\kappa}pl'S_0\frac{\partial^2}{\partial x\partial t}(\rho_0 v_1)
\tag{7.50}
$$

在近似过程中,我们使用 $\frac{\rho'}{\rho_0}$ 代替 $\frac{v_1}{c_0}$,并根据方程 (7.45),可以得到

$$
v_1 = \frac{c_0}{\kappa}p - \frac{c_0 B}{2\kappa^3}p^2
\tag{7.51}
$$

将方程 (7.51) 代入方程 (7.50),并保留到二阶项,便可以得到简化后的方程 (7.46) 的第二部分:

$$
\begin{aligned}
& \left(\eta\frac{\partial}{\partial x} + \rho_0 l'S_0\frac{\partial^2}{\partial x\partial t}\right)(\rho_0 v_1) + \left(\eta\frac{\partial}{\partial x}\right. \\
& \left. + \rho_0 l'S_0\frac{\partial^2}{\partial x\partial t}\right)\left(\frac{\rho_0 c_0}{\kappa^2}p^2\right) + \frac{\rho_0}{\kappa}pl'S_0\frac{\partial^2}{\partial x\partial t}\left(\rho_0\frac{c_0}{\kappa}p\right) \\
& = \rho_0\left(\eta + \rho_0 l'S_0\frac{\partial}{\partial t}\right)\left(\frac{\partial}{\partial x}v_1\right) \\
& + \rho_0\frac{c_0}{\kappa^2}\frac{\partial}{\partial x}\left(\eta + \rho_0 l'S_0\frac{\partial}{\partial t}\right)p^2 + \rho_0\frac{\rho_0 l'S_0}{\kappa^2}p\left(c_0\frac{\partial^2}{\partial x\partial t}p\right)
\end{aligned}
\tag{7.52}
$$

对于方程 (7.46) 的第三部分,可以化简为

$$
\frac{\left(\rho_0 + \frac{\rho_0}{\kappa}p - \frac{\rho_0 B}{2\kappa^3}p^2\right)S_0^2}{S_w d}p = \rho_0\frac{S_0^2}{S_w d}p + \rho_0\frac{S_0^2}{\kappa S_w d}p^2
\tag{7.53}
$$

将方程 (7.46) 的前三部分式 (7.48),式 (7.52) 以及式 (7.53) 加起来,然后除以 ρ_0,我们便可以得到方程 (7.5) 在二阶近似下的表达式:

$$
\begin{aligned}
& \left(\frac{\rho_0 l'S_0}{\kappa}\frac{\partial^2}{\partial t^2} + \frac{\eta}{\kappa}\frac{\partial}{\partial t} + \frac{S_0^2}{S_w d}\right)p + \left(\eta + \rho_0 l'S_0\frac{\partial}{\partial t}\right)\frac{\partial}{\partial x}v_1 \\
& + \left[\left(\frac{c_0}{\kappa^2}\frac{\partial}{\partial x} - \frac{B}{2\kappa^3}\frac{\partial}{\partial t}\right)\left(\eta + \rho_0 l'S_0\frac{\partial}{\partial t}\right) + \frac{S_0^2}{\kappa S_w d}\right]p^2 \\
& + \frac{\rho_0 l'S_0}{\kappa^2}p\left(c_0\frac{\partial}{\partial x} + \frac{\partial}{\partial t}\right)\frac{\partial}{\partial t}p = 0
\end{aligned}
\tag{7.54}
$$

定义算子：$\hat{H} = \dfrac{\rho_0 l' S_0}{\kappa} \dfrac{\partial^2}{\partial t^2} + \dfrac{\eta}{\kappa} \dfrac{\partial}{\partial t} + \dfrac{S_0^2}{S_w d}$ 以及 $\hat{I} = \left(\eta + \rho_0 l' S_0 \dfrac{\partial}{\partial t} \right) \dfrac{\partial}{\partial x}$，并且定义非线

性项：$\psi = \left[\left(\dfrac{c_0}{\kappa^2} \dfrac{\partial}{\partial x} - \dfrac{B}{2\kappa^3} \dfrac{\partial}{\partial t} \right) \left(\eta + \rho_0 l' S_0 \dfrac{\partial}{\partial t} \right) + \dfrac{S_0^2}{\kappa S_w d} \right] p^2 + \dfrac{\rho_0 l' S_0}{\kappa^2} p \left(c_0 \dfrac{\partial}{\partial x} + \dfrac{\partial}{\partial t} \right) \dfrac{\partial}{\partial t} p$，

我们便可以把方程 (7.54) 用算子简单地表示为

$$\hat{H} p + \hat{I} v_1 + \psi = 0 \tag{7.55}$$

同样，将全微分算子 $\dfrac{\mathrm{d}}{\mathrm{d}t}$ 作用于方程 (7.8)，我们可以得到

$$\frac{\mathrm{d}}{\mathrm{d}t} \left(\frac{\partial p}{\partial x} \right) + \frac{\mathrm{d}}{\mathrm{d}t} \left(\rho \frac{\mathrm{d}v_1}{\mathrm{d}t} \right) + \frac{M_m}{S_w d} \frac{\mathrm{d}^2 v_1}{\mathrm{d}t^2} + \frac{1}{C_m S_w d} v_1 = 0 \tag{7.56}$$

我们知道

$$\frac{\mathrm{d}}{\mathrm{d}t} = \frac{\partial}{\partial t} + v_1 \frac{\partial}{\partial x} \tag{7.57}$$

于是方程 (7.56) 的第一项可以化为

$$\frac{\mathrm{d}}{\mathrm{d}t} \left(\frac{\partial p}{\partial x} \right) = \left(\frac{\partial}{\partial t} + v_1 \frac{\partial}{\partial x} \right) \left(\frac{\partial p}{\partial x} \right) = \frac{\partial^2}{\partial x \partial t} p + v_1 \frac{\partial^2 p}{\partial x^2} \tag{7.58}$$

将方程 (7.51) 代入方程 (7.58)，并且保留到二阶项，我们便可以得到

$$\frac{\mathrm{d}}{\mathrm{d}t} \left(\frac{\partial p}{\partial x} \right) = \frac{\partial^2}{\partial x \partial t} p + \frac{c_0}{\kappa} p \frac{\partial^2}{\partial x^2} p \tag{7.59}$$

方程 (7.56) 的第二与第三项可以化为

$$\frac{\mathrm{d}}{\mathrm{d}t} \left(\rho \frac{\mathrm{d}v_1}{\mathrm{d}t} \right) + \frac{M_m}{S_w d} \frac{\mathrm{d}^2 v_1}{\mathrm{d}t^2} = \frac{\mathrm{d}\rho}{\mathrm{d}t} \frac{\mathrm{d}v_1}{\mathrm{d}t} + \rho \frac{\mathrm{d}^2 v_1}{\mathrm{d}t^2} + \frac{M_m}{S_w d} \frac{\mathrm{d}^2 v_1}{\mathrm{d}t^2} = \frac{\mathrm{d}\rho}{\mathrm{d}t} \frac{\mathrm{d}v_1}{\mathrm{d}t} + \left(\rho + \frac{M_m}{S_w d} \right) \frac{\mathrm{d}^2 v_1}{\mathrm{d}t^2} \tag{7.60}$$

根据方程 (7.57)，可以将方程 (7.60) 化为

$$\begin{aligned}
\frac{\mathrm{d}}{\mathrm{d}t} \left(\rho \frac{\mathrm{d}v_1}{\mathrm{d}t} \right) + \frac{M_m}{S_w d} \frac{\mathrm{d}^2 v_1}{\mathrm{d}t^2} = {} & \left[\left(\frac{\partial}{\partial t} + v_1 \frac{\partial}{\partial x} \right) \rho \right] \cdot \left[\left(\frac{\partial}{\partial t} + v_1 \frac{\partial}{\partial x} \right) v_1 \right] \\
& + \left(\rho + \frac{M_m}{S_w d} \right) \left[\left(\frac{\partial}{\partial t} + v_1 \frac{\partial}{\partial x} \right)^2 v_1 \right]
\end{aligned} \tag{7.61}$$

将方程 (7.44) 代入方程 (7.61) 并且将算子 $\left(\dfrac{\partial}{\partial t} + v_1 \dfrac{\partial}{\partial x}\right)^2$ 展开, 便可得到

$$
\begin{aligned}
\frac{\mathrm{d}}{\mathrm{d}t}&\left(\rho\frac{\mathrm{d}v_1}{\mathrm{d}t}\right) + \frac{M_m}{S_w d}\frac{\mathrm{d}^2 v_1}{\mathrm{d}t^2} \\
&= \left[\left(\frac{\partial}{\partial t} + v_1\frac{\partial}{\partial x}\right)\left(\rho_0 + \frac{\rho_0}{\kappa}p - \frac{\rho_0 B}{2\kappa^3}p^2\right)\right] \cdot \left[\left(\frac{\partial}{\partial t} + v_1\frac{\partial}{\partial x}\right)v_1\right] \\
&\quad + \left(\rho_0 + \frac{\rho_0}{\kappa}p - \frac{\rho_0 B}{2\kappa^3}p^2 + \frac{M_m}{S_w d}\right)\left\{\left[\frac{\partial^2}{\partial t^2} + \frac{\partial}{\partial t}\left(v_1\frac{\partial}{\partial x}\right)\right.\right. \\
&\quad \left.\left. + v_1\frac{\partial^2}{\partial x\partial t} + v_1\frac{\partial}{\partial x}\left(v_1\frac{\partial}{\partial x}\right)\right]v_1\right\}
\end{aligned}
\tag{7.62}
$$

由于只保留到二阶项, 所以忽略 $\dfrac{\rho_0 B}{2\kappa^3}p^2$ 项以及 $v_1\dfrac{\partial}{\partial x}\left(v_1\dfrac{\partial}{\partial x}\right)$ 项, 并且注意到 $\dfrac{\partial}{\partial t}\left(v_1\dfrac{\partial}{\partial x}\right) = \dfrac{\partial v_1}{\partial t}\cdot\dfrac{\partial}{\partial x} + v_1\dfrac{\partial^2}{\partial t\partial x}$, 因此可以得到

$$
\begin{aligned}
\frac{\mathrm{d}}{\mathrm{d}t}\left(\rho\frac{\mathrm{d}v_1}{\mathrm{d}t}\right) + \frac{M_m}{S_w d}\frac{\mathrm{d}^2 v_1}{\mathrm{d}t^2} &= \left[\left(\frac{\partial}{\partial t} + v_1\frac{\partial}{\partial x}\right)\left(\rho_0 + \frac{\rho_0}{\kappa}p\right)\right]\cdot\left[\left(\frac{\partial}{\partial t} + v_1\frac{\partial}{\partial x}\right)v_1\right] \\
&\quad + \left(\rho_0 + \frac{\rho_0}{\kappa}p + \frac{M_m}{S_w d}\right)\left\{\left[\frac{\partial^2}{\partial t^2} + \frac{\partial v_1}{\partial t}\cdot\frac{\partial}{\partial x}\right.\right. \\
&\quad \left.\left. + v_1\frac{\partial^2}{\partial t\partial x} + v_1\frac{\partial^2}{\partial x\partial t}\right]v_1\right\}
\end{aligned}
\tag{7.63}
$$

将方程 (7.63) 展开, 并保留到二阶项, 便可以得到

$$
\begin{aligned}
\frac{\mathrm{d}}{\mathrm{d}t}\left(\rho\frac{\mathrm{d}v_1}{\mathrm{d}t}\right) + \frac{M_m}{S_w d}\frac{\mathrm{d}^2 v_1}{\mathrm{d}t^2} &= \frac{\partial}{\partial t}\left(\frac{\rho_0}{\kappa}p\right)\cdot\frac{\partial v_1}{\partial t} + \left(\rho_0 + \frac{M_m}{S_w d}\right)\frac{\partial^2 v_1}{\partial t^2} \\
&\quad + \left(\rho_0 + \frac{M_m}{S_w d}\right)\left(\frac{\partial v_1}{\partial t}\cdot\frac{\partial v_1}{\partial x} + 2v_1\frac{\partial^2 v_1}{\partial t\partial x}\right) + \frac{\rho_0}{\kappa}p\frac{\partial^2 v_1}{\partial t^2}
\end{aligned}
\tag{7.64}
$$

将方程 (7.51) 代入方程 (7.64), 并且保留到二阶项, 便可以得到

$$
\begin{aligned}
\frac{\mathrm{d}}{\mathrm{d}t}\left(\rho\frac{\mathrm{d}v_1}{\mathrm{d}t}\right) + \frac{M_m}{S_w d}\frac{\mathrm{d}^2 v_1}{\mathrm{d}t^2} &= \frac{\rho_0 c_0}{\kappa^2}\left(\frac{\partial p}{\partial t}\right)^2 + \left(\rho_0 + \frac{M_m}{S_w d}\right)\frac{\partial^2 v_1}{\partial t^2} \\
&\quad + \left(\frac{1}{\kappa} + \frac{M_m}{\rho_0 S_w d\kappa}\right)\frac{\partial p}{\partial t}\cdot\frac{\partial p}{\partial x} \\
&\quad + p\left(\frac{2}{\kappa} + \frac{2M_m}{\rho_0 S_w d\kappa}\right)\frac{\partial^2 p}{\partial t\partial x} + \frac{\rho_0 c_0}{\kappa^2}p\frac{\partial^2 p}{\partial t^2}
\end{aligned}
\tag{7.65}
$$

方程 (7.56) 的第四项不需要化简。结合方程 (7.59), 方程 (7.65) 与方程 (7.56) 的第

四项, 可以将方程 (7.56) 化简为

$$\frac{\partial^2}{\partial x \partial t}p + \left[\left(\rho_0 + \frac{M_m}{S_w d}\right)\frac{\partial^2}{\partial t^2} + \frac{1}{C_m S_w d}\right]v_1$$

$$+ p\left[\frac{c_0}{\kappa}\frac{\partial^2}{\partial x^2} + \frac{\rho_0 c_0}{\kappa^2}\frac{\partial^2}{\partial t^2} + \left(\frac{2}{\kappa} + \frac{2M_m}{\rho_0 S_w d\kappa}\right)\frac{\partial^2}{\partial x \partial t}\right]p \qquad (7.66)$$

$$+ \left(\frac{1}{\kappa} + \frac{M_m}{\rho_0 S_w d\kappa}\right)\frac{\partial p}{\partial x}\frac{\partial p}{\partial t} + \frac{\rho_0 c_0}{\kappa^2}\left(\frac{\partial p}{\partial t}\right)^2 = 0$$

定义算子: $\hat{J} = \dfrac{\partial^2}{\partial x \partial t}$ 以及 $\hat{K} = \left(\rho_0 + \dfrac{M_m}{S_w d}\right)\dfrac{\partial^2}{\partial t^2} + \dfrac{1}{C_m S_w d}$, 并且定义非线性

项: $\varphi = p\left[\dfrac{c_0}{\kappa}\dfrac{\partial^2}{\partial x^2} + \dfrac{\rho_0 c_0}{\kappa^2}\dfrac{\partial^2}{\partial t^2} + \left(\dfrac{2}{\kappa} + \dfrac{2M_m}{\rho_0 S_w d\kappa}\right)\dfrac{\partial^2}{\partial x \partial t}\right]p + \left(\dfrac{1}{\kappa} + \dfrac{M_m}{\rho_0 S_w d\kappa}\right)\dfrac{\partial p}{\partial x}\dfrac{\partial p}{\partial t} +$

$\dfrac{\rho_0 c_0}{\kappa^2}\left(\dfrac{\partial p}{\partial t}\right)^2$, 方程 (7.66) 便可用算子法表示为

$$\hat{J}p + \hat{K}v_1 + \varphi = 0 \qquad (7.67)$$

将算子 $\hat{K}$ 作用在方程 (7.67) 上, 便可以得到

$$\hat{K}\hat{H}p + \hat{K}\hat{I}v_1 + \hat{K}\psi = 0 \qquad (7.68)$$

将算子 $\hat{I}$ 作用在方程 (7.55) 上, 便可以得到

$$\hat{I}\hat{J}p + \hat{I}\hat{K}v_1 + \hat{I}\varphi = 0 \qquad (7.69)$$

由于算子满足互易性 $\hat{K}\hat{I} = \hat{I}\hat{K}$, 用方程 (7.78) 减去方程 (7.69), 便可以得到

$$(\hat{K}\hat{H} - \hat{I}\hat{J})p = \hat{I}\varphi - \hat{K}\psi \qquad (7.70)$$

这便是在此超材料中的, 保留到二阶近似的声波方程。设 $p = p_1 + p_2$, 此处 p_1 为方程的一级近似解, p_2 为方程的二级近似解, 满足 $p_1 \gg p_2$, 我们便可以得到一级近似方程

$$(\hat{K}\hat{H} - \hat{I}\hat{J})p_1 = 0 \qquad (7.71)$$

以及二级近似方程

$$(\hat{K}\hat{H} - \hat{I}\hat{J})p_2 = \hat{I}\varphi_1 - \hat{K}\psi_1 \qquad (7.72)$$

此处, $\psi_1 = \left[\left(\dfrac{c_0}{\kappa^2}\dfrac{\partial}{\partial x} - \dfrac{B}{2\kappa^3}\dfrac{\partial}{\partial t}\right)\left(\eta + \rho_0 l' S_0 \dfrac{\partial}{\partial t}\right) + \dfrac{S_0^2}{\kappa S_w d}\right]p_1^2 + \dfrac{\rho_0 l' S_0}{\kappa^2}p_1\left(c_0\dfrac{\partial}{\partial x}\right.$

$\left. + \dfrac{\partial}{\partial t}\right)\dfrac{\partial}{\partial t}p_1$ 以及 $\varphi_1 = p_1\left[\dfrac{c_0}{\kappa}\dfrac{\partial^2}{\partial x^2} + \dfrac{\rho_0 c_0}{\kappa^2}\dfrac{\partial^2}{\partial t^2} + \left(\dfrac{2}{\kappa} + \dfrac{2M_m}{\rho_0 S_w d\kappa}\right)\dfrac{\partial^2}{\partial x \partial t}\right]p_1 + \left(\dfrac{1}{\kappa} + \right.$

$\dfrac{M_m}{\rho_0 S_w d\kappa}\bigg)\dfrac{\partial p_1}{\partial x}\dfrac{\partial p_1}{\partial t}+\dfrac{\rho_0 c_0}{\kappa^2}\left(\dfrac{\partial p_1}{\partial t}\right)^2$。在线性近似下，方程 (7.77) 的解为方程 (7.17)。

如果吸声材料被放置在此超材料的末端，不产生反射情况，只需要考虑沿着 x 轴正向传播的声波，因此 $p_1=\mathrm{Re}[\mathrm{e}^{\mathrm{j}(\omega t+kx)}]$，其中 $k=k(\omega)=a-bj$。此处波束 k 的符号取为正，是由于在左手频段，声能量沿着 x 轴的正向辐射，所以相位的传播方向为 x 轴的负向。

在线性近似下，$p_1=\mathrm{Re}[p_0\mathrm{e}^{\mathrm{j}(\omega t+kx)}]=p_0\mathrm{e}^{bx}\cos(\omega t+ax)$，可以得到 $p_1^2=p_0^2\mathrm{e}^{2bx}\dfrac{1+\cos 2(\omega t+ax)}{2}$。由于 $\dfrac{1}{2}p_0^2\mathrm{e}^{2bx}$ 是非传播项，这一项对于声波的传播没有贡献，因此我们只考虑非线性方程中的传播项 $\dfrac{1}{2}p_0^2\mathrm{e}^{2bx}\cos(\omega t+ax)$。因此，$p_1^2=\dfrac{1}{2}p_0^2\mathrm{e}^{2bx}\cos 2(\omega t+ax)=\mathrm{Re}\left[\dfrac{1}{2}p_0^2\mathrm{e}^{\mathrm{j}(2\omega t+2kx)}\right]$。于是 ψ_1 的第一项可以化为

$$\left[\left(\dfrac{c_0}{\kappa^2}\dfrac{\partial}{\partial x}-\dfrac{B}{2\kappa^3}\dfrac{\partial}{\partial t}\right)\left(\eta+\rho_0 l' S_0\dfrac{\partial}{\partial t}\right)+\dfrac{S_0^2}{\kappa S_w d}\right]p_1^2$$

$$=\left[\left(\dfrac{c_0}{\kappa^2}\dfrac{\partial}{\partial x}-\dfrac{B}{2\kappa^3}\dfrac{\partial}{\partial t}\right)\left(\eta+\rho_0 l' S_0\dfrac{\partial}{\partial t}\right)+\dfrac{S_0^2}{\kappa S_w d}\right]\mathrm{Re}\left[\dfrac{1}{2}p_0^2\mathrm{e}^{\mathrm{j}(2\omega t+2kx)}\right] \quad (7.73)$$

$$=\mathrm{Re}\left\{\left[\left(\dfrac{c_0}{\kappa^2}\dfrac{\partial}{\partial x}-\dfrac{B}{2\kappa^3}\dfrac{\partial}{\partial t}\right)\left(\eta+\rho_0 l' S_0\dfrac{\partial}{\partial t}\right)+\dfrac{S_0^2}{\kappa S_w d}\right]\left[\dfrac{1}{2}p_0^2\mathrm{e}^{\mathrm{j}(2\omega t+2kx)}\right]\right\}$$

对于单色波，并且注意到这里的算子是作用在二次谐波上，我们可以用 $2\mathrm{j}\omega$ 以及 $2\mathrm{j}k$ 分别来代替算子 $\dfrac{\partial}{\partial t}$ 以及 $\dfrac{\partial}{\partial x}$。

同样，ψ_1 的第二项可以化为

$$\dfrac{\rho_0 l' S_0}{\kappa^2}p_1\left(c_0\dfrac{\partial}{\partial x}+\dfrac{\partial}{\partial t}\right)\dfrac{\partial}{\partial t}p_1$$

$$=\dfrac{\rho_0 l' S_0}{\kappa^2}\mathrm{Re}\left[p_0\mathrm{e}^{\mathrm{j}(\omega t+kx)}\right]\times\left\{\left(c_0\dfrac{\partial}{\partial x}+\dfrac{\partial}{\partial t}\right)\dfrac{\partial}{\partial t}\mathrm{Re}[p_0\mathrm{e}^{\mathrm{j}(\omega t+kx)}]\right\} \quad (7.74)$$

$$=\dfrac{\rho_0 l' S_0}{\kappa^2}\mathrm{Re}[p_0\mathrm{e}^{\mathrm{j}(\omega t+kx)}]\times\mathrm{Re}\left\{\left(c_0\dfrac{\partial}{\partial x}+\dfrac{\partial}{\partial t}\right)\dfrac{\partial}{\partial t}[p_0\mathrm{e}^{\mathrm{j}(\omega t+kx)}]\right\}$$

对于单色波，并且注意到这里的算子是作用在基波上，可以用 $\mathrm{j}\omega$ 以及 $\mathrm{j}k$ 分别来代替算子 $\dfrac{\partial}{\partial t}$ 以及 $\dfrac{\partial}{\partial x}$。因此，$\psi_1$ 可以化简为

$$\psi_1 = \mathrm{Re}\left\{\left[\left(2\mathrm{j}k\frac{c_0}{\kappa^2} - 2\mathrm{j}\omega\frac{B}{2\kappa^3}\right)(\eta + 2\mathrm{j}\omega\rho_0 l' S_0) + \frac{S_0^2}{\kappa S_w d}\right]\left[\frac{1}{2}p_0^2 \mathrm{e}^{\mathrm{j}(2\omega t + 2kx)}\right]\right\}$$

$$+ \frac{\rho_0 l' S_0}{\kappa^2}\mathrm{Re}\left[p_0 \mathrm{e}^{\mathrm{j}(\omega t + kx)}\right] \times \mathrm{Re}\{(\mathrm{j}kc_0 + \mathrm{j}\omega)\mathrm{j}\omega[p_0 \mathrm{e}^{\mathrm{j}(\omega t + kx)}]\}$$

$$= \mathrm{Re}\left\{\left[\left(2\mathrm{j}k\frac{c_0}{\kappa^2} - 2\mathrm{j}\omega\frac{B}{2\kappa^3}\right)(\eta + 2\mathrm{j}\omega\rho_0 l' S_0) + \frac{S_0^2}{\kappa S_w d}\right]\left[\frac{1}{2}p_0^2 \mathrm{e}^{\mathrm{j}(2\omega t + 2kx)}\right]\right\}$$

$$- \frac{\rho_0 l' S_0}{2\kappa^2}\omega p_0^2 \mathrm{e}^{2bx}[(ac_0 + \omega)\cos 2(\omega t + ax)$$

$$+ bc_0 \sin 2(\omega t + ax) + (ac_0 + \omega)]$$

$$\tag{7.75}$$

同样，由于非传播项对于声波的传播没有影响，这一部分不在考虑范围内，所以 ψ_1 的第二部分可以化简为

$$- \frac{\rho_0 l' S_0}{2\kappa^2}\omega p_0^2 \mathrm{e}^{2bx}[(ac_0 + \omega)\cos 2(\omega t + ax) + bc_0 \sin 2(\omega t + ax)]$$

$$\tag{7.76}$$

$$= - \frac{\rho_0 l' S_0}{2\kappa^2}\omega \mathrm{Re}[(kc_0 + \omega)p_0^2 \mathrm{e}^{\mathrm{j}(2\omega t + 2kx)}]$$

因此，可以得到

$$\psi_1 = \mathrm{Re}\left\{\left[- \frac{\rho_0 l' S_0}{2\kappa^2}\omega(kc_0 + \omega) + \mathrm{j}\left(k\frac{c_0}{\kappa^2} - \omega\frac{B}{2\kappa^3}\right)(\eta + 2\mathrm{j}\omega\rho_0 l' S_0)\right.\right.$$

$$\left.\left. + \frac{S_0^2}{2\kappa S_w d}\right]p_0^2 \mathrm{e}^{\mathrm{j}(2\omega t + 2kx)}\right\}$$

$$\tag{7.77}$$

当算子 $\hat{K}$ 作用在 ψ_1 上时，$2\mathrm{j}\omega$ 和 $2\mathrm{j}k$ 可以用来替代算子 $\dfrac{\partial}{\partial t}$ 和 $\dfrac{\partial}{\partial x}$，因此，

$$\hat{K}\psi_1 = \mathrm{Re}\left\{\left[\frac{1}{C_m S_w d} - 4\omega^2\left(\rho_0 + \frac{M_m}{S_w d}\right)\right]\right.$$

$$\times \left[- \frac{\rho_0 l' S_0}{2\kappa^2}\omega(kc_0 + \omega) + \mathrm{j}\left(k\frac{c_0}{\kappa^2} - \omega\frac{B}{2\kappa^3}\right)(\eta + 2\mathrm{j}\omega\rho_0 l' S_0)\right.$$

$$\left.\left. + \frac{S_0^2}{2\kappa S_w d}\right]p_0^2 \mathrm{e}^{\mathrm{j}(2\omega t + 2kx)}\right\}$$

$$\tag{7.78}$$

同样，

$$\varphi_1 = p_1 \left[\frac{c_0}{\kappa} \frac{\partial^2}{\partial x^2} + \frac{\rho_0 c_0}{\kappa^2} \frac{\partial^2}{\partial t^2} + \left(\frac{2}{\kappa} + \frac{2M_m}{\rho_0 S_w d\kappa} \right) \frac{\partial^2}{\partial x \partial t} \right] p_1$$

$$+ \left(\frac{1}{\kappa} + \frac{M_m}{\rho_0 S_w d\kappa} \right) \frac{\partial p_1}{\partial x} \frac{\partial p_1}{\partial t} + \frac{\rho_0 c_0}{\kappa^2} \left(\frac{\partial p_1}{\partial t} \right)^2$$

$$= \mathrm{Re}[p_0 \mathrm{e}^{\mathrm{j}(\omega t + kx)}] \times \mathrm{Re}\left\{ \left[\frac{c_0}{\kappa} \frac{\partial^2}{\partial x^2} + \frac{\rho_0 c_0}{\kappa^2} \frac{\partial^2}{\partial t^2} \right.\right.$$

$$\left. + \left(\frac{2}{\kappa} + \frac{2M_m}{\rho_0 S_w d\kappa} \right) \frac{\partial^2}{\partial x \partial t} \right] p_0 \mathrm{e}^{\mathrm{j}(\omega t + kx)} \right\} \qquad (7.79)$$

$$+ \left(\frac{1}{\kappa} + \frac{M_m}{\rho_0 S_w d\kappa} \right) \mathrm{Re}\left[\frac{\partial}{\partial x} p_0 \mathrm{e}^{\mathrm{j}(\omega t + kx)} \right]$$

$$\times \mathrm{Re}\left[\frac{\partial}{\partial t} p_0 \mathrm{e}^{\mathrm{j}(\omega t + kx)} \right] + \frac{\rho_0 c_0}{\kappa^2} \mathrm{Re}\left[\left(\frac{\partial}{\partial t} p_0 \mathrm{e}^{\mathrm{j}(\omega t + kx)} \right) \right]^2$$

此处, 用 $\mathrm{j}\omega$ 和 $\mathrm{j}k$ 可以用来替代算子 $\dfrac{\partial}{\partial t}$ 和 $\dfrac{\partial}{\partial x}$, 因此,

$$\varphi_1 = \mathrm{Re}[p_0 \mathrm{e}^{\mathrm{j}(\omega t + kx)}] \times \mathrm{Re}\left\{ \left[-k^2 \frac{c_0}{\kappa} - \omega^2 \frac{\rho_0 c_0}{\kappa^2} \right.\right.$$

$$\left. - \omega k \left(\frac{2}{\kappa} + \frac{2M_m}{\rho_0 S_w d\kappa} \right) \right] p_0 \mathrm{e}^{\mathrm{j}(\omega t + kx)} \right\} \qquad (7.80)$$

$$+ \left(\frac{1}{\kappa} + \frac{M_m}{\rho_0 S_w d\kappa} \right) \mathrm{Re}[\mathrm{j}k p_0 \mathrm{e}^{\mathrm{j}(\omega t + kx)}]$$

$$\times \mathrm{Re}[\mathrm{j}\omega p_0 \mathrm{e}^{\mathrm{j}(\omega t + kx)}] + \frac{\rho_0 c_0}{\kappa^2} \mathrm{Re}[(\mathrm{j}\omega p_0 \mathrm{e}^{\mathrm{j}(\omega t + kx)})]^2$$

仅保留传输项, 通过复杂的计算, 我们便可以得到

$$\varphi_1 = \mathrm{Re}\left\{ \left[-k^2 \frac{c_0}{\kappa} - 2\omega^2 \frac{\rho_0 c_0}{\kappa^2} - 3\omega k \left(\frac{1}{\kappa} + \frac{M_m}{\rho_0 S_w d\kappa} \right) \right] \left[\frac{1}{2} p_0^2 \mathrm{e}^{\mathrm{j}(2\omega t + 2kx)} \right] \right\} \qquad (7.81)$$

同样, 我们可以得到

$$\hat{I}\varphi_1 = \mathrm{Re}\left\{ -\mathrm{j}k(\eta + 2\mathrm{j}\omega\rho_0 l' S_0) \times \left[k^2 \frac{c_0}{\kappa} + 2\omega^2 \frac{\rho_0 c_0}{\kappa^2} \right.\right.$$

$$\left. + 3\omega k \left(\frac{1}{\kappa} + \frac{M_m}{\rho_0 S_w d\kappa} \right) \right] p_0^2 \mathrm{e}^{\mathrm{j}(2\omega t + 2kx)} \right\} \qquad (7.82)$$

根据方程 (7.78) 和方程 (7.82), 便可以得到

$$\hat{I}\varphi_1 - \hat{K}\psi_1 = \mathrm{Re}[\sigma p_0^2 \mathrm{e}^{\mathrm{j}(2\omega t + 2kx)}] \qquad (7.83)$$

此处,

$$
\sigma = -\mathrm{j}k(\eta + 2\mathrm{j}\omega\rho_0 l'S_0) \times \left[k^2\frac{c_0}{\kappa} + 2\omega^2\frac{\rho_0 c_0}{\kappa^2} + 3\omega k\left(\frac{1}{\kappa} + \frac{M_m}{\rho_0 S_w d\kappa}\right) \right]
$$

$$
- \left[\frac{1}{C_m S_w d} - 4\omega^2\left(\rho_0 + \frac{M_m}{S_w d}\right) \right] \tag{7.84}
$$

$$
\times \left[-\frac{\rho_0 l'S_0}{2\kappa^2}\omega(kc_0 + \omega) + \mathrm{j}\left(k\frac{c_0}{\kappa^2} - \omega\frac{B}{2\kappa^3}\right)(\eta + 2\mathrm{j}\omega\rho_0 l'S_0) + \frac{S_0^2}{2\kappa S_w d} \right]
$$

由于 $\hat{H}$, $\hat{I}$, $\hat{J}$ 和 $\hat{K}$ 都是线性算子, 方程 (7.61)、方程 (7.84) 便可以表示为

$$
(\hat{K}\hat{H} - \hat{I}\hat{J})p_2' = \sigma p_0^2 \mathrm{e}^{\mathrm{j}(2\omega t + 2kx)} \tag{7.85}
$$

这里, $p_2 = \mathrm{Re}[p_2']$, 为了方便起见, 将方程 (7.85) 中的 p_2' 写为 p_2, 并且用 $2\mathrm{j}\omega$ 代替算子 $\dfrac{\partial}{\partial t}$, 可以得到

$$
\left\{ \frac{\partial^2}{\partial x^2} - \frac{\left[\dfrac{1}{C_m S_w d} - 4\omega^2\left(\rho_0 + \dfrac{M_m}{S_w d}\right) \right] \times \left(\dfrac{S_0^2}{S_w d} + 2\mathrm{j}\omega\dfrac{\eta}{\kappa} - 4\omega^2\dfrac{\rho_0 l'S_0}{\kappa} \right)}{2\mathrm{j}\omega(\eta + 2\mathrm{j}\omega\rho_0 l'S_0)} \right\} p_2
$$

$$
= \frac{\sigma}{-2\mathrm{j}\omega(\eta + 2\mathrm{j}\omega\rho_0 l'S_0)} p_0^2 \mathrm{e}^{\mathrm{j}(2\omega t + 2kx)} \tag{7.86}
$$

对比方程 (7.10)、方程 (7.11)、方程 (7.14) 以及方程 (7.15), 可以得到

$$
\frac{\partial^2 p_2}{\partial x^2} + k^2(2\omega)p_2 = \frac{\sigma}{-2\mathrm{j}\omega(\eta + 2\mathrm{j}\omega\rho_0 l'S_0)} p_0^2 \mathrm{e}^{\mathrm{j}(2\omega t + 2kx)} \tag{7.87}
$$

方程 (7.87) 的通解为

$$
p_2 = \frac{1}{k^2(2\omega) - (2k)^2} \times \frac{\sigma}{-2\mathrm{j}\omega(\eta + 2\mathrm{j}\omega\rho_0 l'S_0)} p_0^2 \mathrm{e}^{\mathrm{j}[2\omega t + 2k(\omega)x]}
$$

$$
+ p_{21}\mathrm{e}^{\mathrm{j}[2\omega t - k(2\omega)x]} + p_{22}\mathrm{e}^{\mathrm{j}[2\omega t + k(2\omega)x]} \tag{7.88}
$$

这里, p_{21} 和 p_{22} 由边界条件决定。考虑以下情形: 此超材料的基波处于左手性质而二次谐波处于右手性质。于是, 基波的相速度与群速度的传播方向相反, 而二次谐波的相速度与群速度的传播方向相同。如果假定基波的表达式为 $p_0\cos(\omega t \pm kx)$, 那么二次谐波一定正比于 $p_0^2\cos(2\omega t \pm 2kx)$。也就是说, 基波的相速度的方向与谐波的相速度的方向是一致的。当声源向外辐射声波时, 基波的群速度的传播方向为 x 轴的正向, 此频段中, 超材料呈现左手效应, 因此, 基波的相速度的传播方向为 x 轴的负向; 又基波的相速度的传播方向与二次谐波的相速度的传播方向是一

致的,因此二次谐波的相速度的传播方向为 x 轴的负向。通过之前的分析,在二倍频,超材料的等效体积模量与等效密度都为正 ($\kappa_{\text{eff}}(2\omega) > 0$, $\rho_{\text{eff}}(2\omega) > 0$),属于右手性质,因此二次谐波的能量传播方向与二次谐波的相位传播方向是一致的,朝着 x 轴的负向。也就是说,在此超材料中,可以实现二次谐波的反向传播特性。于是可以认为在此超材料中,基波的能量传播方向与二次谐波的传播方向相反,这是超材料的一个特殊的性质。如果在超材料的末端使用吸声材料,基波不存在反射波,基波的相位传播方向与谐波相反,因此不会激发出朝 x 轴正向传播的二次谐波,也就是说 $p_{21} = 0$。假设超材料的长度为 L_0,并且将坐标原点设定在 $x = 0$ 处,由于二次谐波是朝 x 轴负向传播的,并且二次谐波的产生是源于积累效应,那么在 $x = L_0$ 处二次谐波的声压为零。因此可以获得

$$p_{22} = \frac{1}{k^2(2\omega) - (2k)^2} \times \frac{\sigma}{2\mathrm{j}\omega(\eta + 2\mathrm{j}\omega\rho_0 l' S_0)} p_0^2 \mathrm{e}^{\mathrm{j}[2k(\omega) - k(2\omega)]L_0} \quad (7.89)$$

于是,可以得到二阶近似解:

$$p_2 = \frac{1}{k^2(2\omega) - (2k)^2} \times \frac{\sigma}{-2\mathrm{j}\omega(\eta + 2\mathrm{j}\omega\rho_0 l' S_0)} p_0^2 \mathrm{e}^{\mathrm{j}[2\omega t + 2k(\omega)x]} + p_{22}\mathrm{e}^{\mathrm{j}[2\omega t + k(2\omega)x]} \quad (7.90)$$

其中,p_{22} 由方程 (7.89) 决定。如果基波频率为 $f = 17.575\mathrm{kHz}$,超材料长度为 $L_0 = 0.2\mathrm{m}$,水的非线性参数 $\frac{B}{A} = 5.2$,通过计算,二次谐波的表达式为

$$p_2 = 10^{-10} p_0^2 \times [\mathrm{e}^{-0.779x}(6.1262 + \mathrm{j}795.924)\mathrm{e}^{\mathrm{j}(220854t + 117.976x)}$$
$$+ \mathrm{e}^{0.142x}(-6.01471 - \mathrm{j}662.011)\mathrm{e}^{\mathrm{j}(220854t + 117.983x)}] \quad (7.91)$$

由方程 (7.91),可以发现二次谐波的相位传播方向沿着 x 轴的负向,由于二次谐波处于右手性质频段中,声能量传播方向与基波方向相同,也沿着 x 轴的负向。二次谐波的振幅随位置的变化关系可以从图 7.4(a) 中看出,在 $x = 0.2\mathrm{m}$ 处,二次谐波的振幅为 0,并且二次谐波的振幅沿着 x 轴的反向而逐渐增强 (二次谐波的传播方向是从右往左,也就是 x 轴的负向,因此二次谐波的振幅从右往左增加)。图 7.4(b) 为当 $L_0 = 5\mathrm{m}$ 时,二次谐波的振幅的分布图。同样可以发现,由于二次谐波是反向积累的,在 $x = 5\mathrm{m}$ 处,二次谐波的振幅为 0;而且,从右往左 (沿着 x 轴的负方向),二次谐波的振幅先慢慢增加,然后增加速度逐渐变快。这是由于,二次谐波的能量是沿着 x 轴的负向传播,而基波的能量是沿着 x 轴的正向传播,由衰减的因素,基波随着传播距离的增加而变小,在远处,基波对于二次谐波的贡献非常小,故在远处二次谐波的增长速度相对较慢。但是在声源附近,衰减效应还不是非

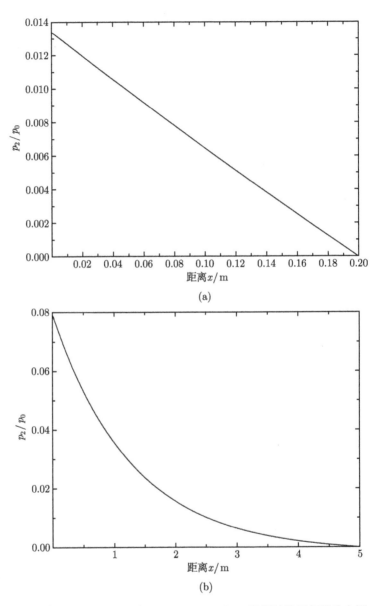

图 7.4　当 $L_0 = 0.2\mathrm{m}$(a) 和 $L_0 = 5\mathrm{m}$(b) 时，二次谐波的振幅的分布图

此处基波的振幅统一设置为 $p_0 = 1.0\mathrm{MPa}$

常显著，基波相对较大，这将对二次谐波产生较大的贡献，因此在声源附近，二次谐波增长得非常快。基波与二次谐波的相位与声强分布如图 7.5 所示，从图 7.5(a) 和 (b) 中可以发现，基波的相位传播方向与二次谐波的相位传播方向相一致，且从图 7.5(c) 和 (d) 中可以发现，基波的声能量传播方向朝着 x 轴的正向，而二次谐

波的能量传播方向朝着 x 轴的负向。

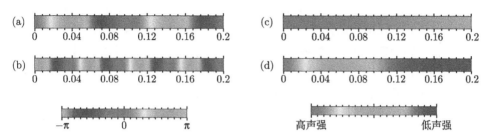

图 7.5 超材料中基波 (a) 和二次谐波 (b) 的相位分布图以及超材料中基波 (c) 和二次谐波 (d) 的声强分布图 (彩图见封底二维码)

此处，基波的振幅被设定为 $p_0 = 1.0\text{MPa}$

图 7.6 为超材料的长度与二次谐波在 $x = 0$ 处的振幅关系，从图中可以发现，一开始，二次谐波的振幅随着超材料长度的增长而增加，然而，当超材料的长度足够长之后，二次谐波的振幅逐渐趋近于一个常数。其中的机理是：在衰减的作用下，当基波传播的距离足够远之后将慢慢趋近于零，因此其对二次谐波的激发的贡献越来越小，直到趋近于零。图 7.7 为二次谐波的振幅与声非线性参数之间的关系，可以发现，二次谐波的振幅基本上与声非线性参数成正比的关系。因此，如果在此种结构中加入强非线性介质，那么在声源处的二次谐波可以变得非常大，并且当超材料的长度足够长的时候，二次谐波的振幅将不会由于传播距离的增加而减小，这是二次谐波的反向激发作用所带来的好处。在传统的介质中，二次谐波是朝着 x

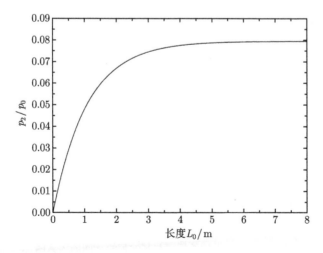

图 7.6 超材料长度 L_0 与原点处二次谐波振幅关系图

此处基波振幅被设置为 $p_0 = 10\text{MPa}$

轴正向激发传播的,二次谐波一开始先增大,然后在衰减的作用下,慢慢随着传播距离的增加而减小。但是在此超材料中,二次谐波是朝着 x 轴的负向激发传播,基波随着传播的距离增大而慢慢变小,对二次谐波的贡献将越来越小,直到被忽略,因此,二次谐波将不会随着传播距离的增加而减小,这一结论可以从图 7.6 中清晰地看出。图 7.8 为二次谐波的振幅与基波的振幅之间的关系,可以发现,二次谐波的振幅正比于基波振幅的平方。我们可以通过增加介质的非线性参数的方法和增加基波振幅的方法,使得二次谐波的振幅有效增加。所以,我们的研究将对超声谐波的应用产生一定的影响。

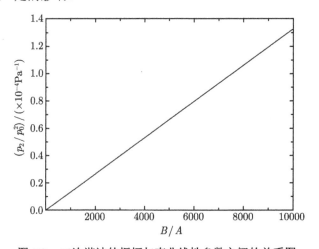

图 7.7   二次谐波的振幅与声非线性参数之间的关系图

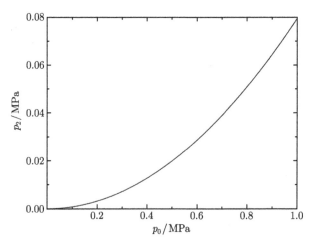

图 7.8   二次谐波的振幅与基波振幅之间的关系图

7.2 准相位匹配增强色散超材料的二次谐波

在过去十年中，超材料展现了许多新颖的性质，比如，实现诸如负折射、隐身衣、突破衍射极限的超分辨率成像等特殊现象，其潜在的应用前景，激发了许多科研工作者的研究兴趣 [15−21]。然而，上述的这些性质都是基于线性条件下的，在超材料的线性特性被较好地研究之后，研究者们将超材料的研究拓展到了非线性领域，并且发现了许多之前从未发现过的新现象，比如反向二次谐波激发、反向二次谐波局域化等 [22−24]。为了实现上述现象，需要获得较高的二次谐波转化效率。然而，在物理上，为了保证介质中存储的能量为正，所有的超材料不可避免地将产生色散以及耗散等性质 [25]，这就意味着要在超材料中获得高效的二次谐波转换效率存在着一定的难度。相位匹配法是一种实现高效二次谐波激发的有效方法，其原理是寻找一个特殊的频率点，满足动量守恒条件 [26]，来获得高效的二次谐波激发。但是，只有某些特定的频率点能够满足相位匹配条件，因此这将大大减少非线性超材料的应用价值。准相位匹配方法被广泛地应用于电磁波和光波领域来获得高效的正向二次谐波激发 [27]，这就给我们带来一些思考：是否存在别的方法能够在声学超材料中实现宽频的反向二次谐波激发？准相位匹配的方法是否可以被应用到非线性声学超材料中？

7.2.1 相位匹配

在非线性超材料的研究中，光学中发现了反向二次谐波的激发特性 [23,24]，这些性质具有许多潜在的应用价值。在声学中，反向二次谐波的激发能够被用来对生物组织进行成像，发展一套成熟可行的获得高效反向二次谐波激发的方法将极大地促进非线性超材料的应用。然而，具有负的非线性参数的介质在声学中并不常见，因此，在光学领域广泛使用的传统的准相位匹配方法很难被应用在声学领域。在本节中，我们利用非线性互补材料提出一种新的准相位匹配方法 (以下简称 "本书方法")，来实现高效反向二次谐波激发。首先我们先来讨论如何利用非线性互补材料实现相位匹配方法。

互补材料的概念是随超材料的研究而被提出的，在线性条件下，超材料的一个最重要的应用就是 Pendry 提出的完美透镜 [15]。互补材料能够 "消除" 其相互对应的空间，其效果就像在空间中插入了一段完全空白的区域，在这段区域中不产生任何效应，波通过这段区域后，相位也不发生变化，因此这一特性可以被用来实现隐身衣。互补材料最重要的作用就是实现了坐标平移效应：一束波在通过正常介质时，其波程不断增加，当其通过负折射介质时，其波程将不断减少。将这两种介质连接起来后，一束波通过正常介质后产生的相位增加便可以被负折射介质抵消，因此这段区域看起来像不存在一样 [18]。如图 7.9(a) 所示，考虑一个位于左方 $x = -L$ 处的声源激发出一束声波，分别通过连续的两段介质，这两段介质的密度分别为 ρ_0 以及 $-\rho_0$，体积模量分别为 κ_0 以及 $-\kappa_0$，长度分别为 L 以及 d。当声波从左边向右边传播时，当通过第一段正常介质时，其声程首先增加 nL，其中 n 为第一段介质的折射率，然后通过第二段负折射介质，其声程减小 nd。其最终效应就好像声波通过了一段长度为 $L - d$ 的正常介质一样。如果我们设置 $L = d$，此时声波在 $x = -L$ 处以及 $x = d$ 处的相位完全一样。如果声波的衰减可以被忽略的话，这看起来就像声波穿过了一段完全空白的空间。现在，我们将之前的介质用二阶非线性介质替代，它们在基频的性质与之前所述的一样。但是在二倍频，它们的密度分别变成 $-\rho_0$ 以及 ρ_0，并且它们的体积模量分别变成 $-\kappa_0$ 以及 κ_0，如图 7.9(b) 所示。左边的材料在角频率为 ω 的时候表现出右手性质，但是在角频率为 2ω 的时候表现出左手性质。右边的材料在角频率为 ω 的时候表现出左手性质，但是在角频率为 2ω 的时候表现出右手性质。因此，我们仍然能够把这对材料称作互补材料，根据 7.1 节的分析，可以知道在这种材料中能够激发出反向传播的二次谐波 [28,29]。

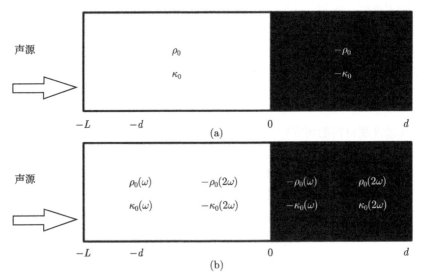

图 7.9　一对线性互补材料 (a) 和一对非线性互补材料 (b)

现在我们来考虑二次谐波在这对非线性互补材料中传播时将被抵消还是被增强。假定 $L = d$，首先，我们考虑由左边材料激发出的二次谐波；由位于 x 坐标处的无限小微元激发后，传播到 $x = -L$ 处的二次谐波的大小为：$A \cos[2\omega(t + t') - 2k_1 x]\mathrm{d}x$，这里 A 为比例系数，其值正比于非线性参数以及声压振幅的平方，$t' = (x + L)/c_2$，$k_1 = \omega/c_1$ 以及 $k_2 = 2\omega/c_2$ 分别代表声波在左边材料中在基频以及二倍频的波数，c_1 和 c_2 分别代表声波在基频和二倍频的声速。虽然二次谐波的波矢方向在这种超材料中为正，这里我们将 t' 的符号取为正是因为其能流方向是朝着 x 轴负方向 [23]，所以其声能量是朝着负方向而积累的。为了简单起见，我们运用准线性近似，假定此结构相对较短，从而使得 A 为一个不变的常数。在我们假设的材料中，相位匹配条件成立，因此可以将传播到 $x = -L$ 处的，由各处无限小微元激发出的二次谐波进行叠加，并获得在 $x = -L$ 处的二次谐波的声压：$P_{2\omega} = A\cos(2\omega t + 2k_1 L)L$。现在，我们考虑由右边材料激发出的二次谐波。由于互补材料效应，基波在 x 处的相位与在 $-x$ 处的相位是相等的，所以由基波激发出的二次谐波在 x 处的相位与在 $-x$ 处的相位也应该相等。在这样的材料中，二次谐波是反向激发的，因此二次谐波的能量是沿着负方向而积累。当在 x 处激发的二次谐波传播到 $-x$ 处时，同样由于这对材料在二倍频也具有互补效应而不改变其相位。最后，将由两段材料中激发出的二次谐波传播到 $x = -L$ 处的声压进行叠加，可以发现其值为 $2P_{2\omega}$ 而不是 0。因此如果考虑了非线性效应，将激发出二次谐波，这一对互补材料便不能被看作是空白的了。正因为如此，我们可以利用这个性质在流体介质中实现准相位匹配的方法，从而增强二次谐波的激发。

7.2.2 准相位匹配

在相位匹配材料中，由任意无限小微元激发出的二次谐波传播到 $x = -L$ 处后，其相位是一样的，如图 7.10(a) 所示。图中的小箭头代表在 x 处激发出来的二次谐波传播到 $x = -L$ 处后的相位。所有小箭头的方向都相同，意味着二次谐波的增强，如图 7.10(b) 所示，整个大箭头代表叠加后的总的二次谐波。现在，我们将分析过程拓展到相位不匹配的情况下。如图 7.10(c) 所示，右边材料在基频 ω 的材料参数为 ρ_1 以及 κ_1，在二倍频 2ω 的材料参数为 $-\rho_2$ 以及 $-\kappa_2$。由于色散效应，在不同地方的无限小微元激发出来的二次谐波传播到 $x = -L$ 处后的相位是不同的。我们定义相干长度为 $l_0 = \pi/|k_2 - 2k_1|$，如果当声波通过 l_0 的长度后，就将材料转换为其互补材料，那么便可以实现准相位匹配条件。令 $L = l_0$，我们可以得到在不同地方的微元激发出的二次谐波传播到 $x = -L$ 处的相位，并将其用小箭头的方向表示，如图 7.10(c) 所示。如果我们只考虑一个周期的话，将这些无限小微元进行叠加，我们便可以得到在 $x = -L$ 处的二次谐波 $P_{2\omega} = 4A\cos(2\omega t + 2k_1 l_0)l_0/\pi$。将图 7.10(c) 中的小箭头进行矢量叠加，便可得到图 7.10(d)。图中的大箭头的长度代表了二次谐波的振幅，其方向代表了二次谐波的相位。如果我们用 n 个周期的结构进行级联，则其总长度为 $2nl_0$，那么在声源处获得的总的二次谐波的大小为 $P_{2\omega} = 4A\cos(2\omega t + 2k_1 l_0)nl_0/\pi$。如果我们使用普通材料而不是互补材料的话，如图 7.10(e) 所示，那么当声波通过两段相干长度之后，所有激发出来的二次谐波就组成了一个闭合的圆，如图 7.10(f) 所示，此时叠加后的二次谐波为 0。如果我们延长图 7.10(e) 中的结构，将其长度延长至 $2nl_0$，其激发出的二次谐波的大小仍然

为 0。为了激发出更强的二次谐波，我们的方法就是周期地级联每组非线性互补材料，其顺序为 ABABABAB···，如图 7.11(a) 所示。同样，我们可以计算传统的准相位匹配方法激发出的二次谐波，如图 7.10(g) 所示。左边材料在基频 ω 时的参数为 ρ_1 以及 κ_1，在二倍频 2ω 时的参数为 ρ_2 以及 κ_2，左边材料与右边材料的非线性参数分别为 α 以及 $-\alpha$。在这种情况下将激发出正向的二次谐波，并且在 $x = L$

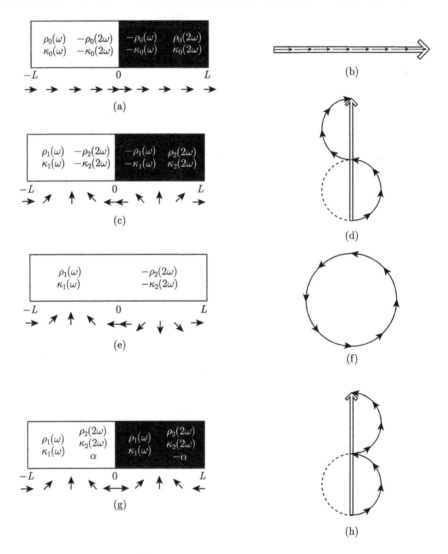

图 7.10　一对无色散的非线性互补材料 (a) 与其二次谐波 (b)；一对色散的非线性互补材料 (c) 与其二次谐波 (d)；正常的具有色散的普通材料 (e) 与其二次谐波 (f)；一对具有非线性极化的材料连接在一起 (g) 与其二次谐波 (h)

处，叠加产生的二次谐波的大小为 $P_{2\omega} = 4A\cos(2\omega t + 2k_1 l_0)l_0/\pi$，如图 7.10(h) 所示，其二次谐波的振幅与本书方法得到的二次谐波的大小相等。本书方法与传统的准相位匹配方法的不同处在于 [30,31]：本书方法是通过引入非线性互补材料来修正由色散所引起的相位差 (相位差的产生使得二次谐波叠加成一个圆，导致激发不出二次谐波)，因此不需要存在具有 180° 反平行极化的材料以及负的非线性参数。

···A B A B A B A B A B···

(a)

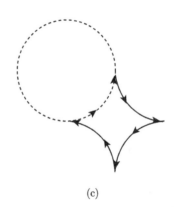

(b)   (c)

图 7.11   (a) 根据 ABABABAB··· 的顺序，将一对具有互补性质的材料或者具有 180° 反平行极化的材料进行级联而成的结构示意图；(b) 当 $L = \dfrac{l_0}{2}$ 时，由互补材料级联而成的结构产生的二次谐波；(c) 当 $L = \dfrac{l_0}{2}$ 时，由具有 180° 反平行极化的材料级联而成的结构产生的二次谐波

7.2.3 超材料中的相位匹配与普通相位匹配的区别

为了对比本书方法以及传统的准相位匹配方法，我们令图 7.11(a) 中结构的周期为 l_0，因此每一个单元的长度便为 $l_0/2$。首先，在此结构中引入非线性互补材料，并应用本书方法。当声波通过长度为 $2l_0$ 的结构后，二次谐波在原点的大小变为 $P_{2\omega} = 4\sqrt{2}A\cos(2\omega t + 2k_1 l_0)l_0/\pi$，如图 7.11(b) 所示。如果应用传统的准相位匹配方法的话，我们需要在图 7.11(a) 所示的结构的 A 与 B 中引入一对具有 180° 反平行极化的材料，当声波通过长度为 $2l_0$ 的结构后，二次谐波在原点的大小变为 0，

如图 7.11(c) 所示。如果我们定义归一化系数 $\eta = |P_{2\omega}|/(AL)$ 来表示二次谐波的激发效率，此处，$P_{2\omega}$ 为原点处的二次谐波的振幅，L 为声波通过的总长度。如前文所述，如果我们令结构的周期为 $2l_0$，

本书方法与传统的准相位匹配方法的效率是一样的，都等于 $2/\pi$。如果我们将结构的周期设置为 l_0，如前文所述，那么本书方法的效率为 $2\sqrt{2}/\pi$，而传统的准相位匹配方法的效率为 0。图 7.12 给出了二次谐波激发效率与结构周期 D 相对于 $2l_0$ 之间的关系。对于传统的准相位匹配方法来说，二次谐波激发效率为

$$\eta = f\left(\frac{D}{2l_0}\right) = f(l)$$

$$= \frac{\sqrt{\left(\int_0^L \mathrm{sgn}\left(\sin\frac{2\pi x}{l}\right)\cos 2\pi x \mathrm{d}x\right)^2 + \left(\int_0^L \mathrm{sgn}\left(\sin\frac{2\pi x}{l}\right)\sin 2\pi x \mathrm{d}x\right)^2}}{L}$$

$$\tag{7.92}$$

其中，sgn 函数代表二次谐波相对于周期长度的相位符号；L 为结构的总长度，在我们的计算中取 $L = 50$，积分中的第一部分与第二部分分别代表二次谐波的实部与虚部产生的贡献。对于本书方法，则有

$$\eta = f\left(\frac{D}{2l_0}\right) = f(l) = \left|\frac{\sin\frac{\pi l}{2}}{\frac{\pi l}{2}}\right| \tag{7.93}$$

从图 7.12 中可以看出，本书方法可以在很宽的频段内实现二次谐波的激发。传统的准相位匹配方法的物理机理是坐标平移，而本书方法的物理机理是坐标翻转，如图 7.10(c)，(d)，(g) 和 (h) 所示。当使用本书方法时，在 x 处激发出的二次谐波传到原点后的相位与在 $-x$ 处激发出的二次谐波传到原点后的相位相一致，如图 7.10(c) 所示。但是当使用传统的准相位匹配方法时，在 x 处激发的二次谐波传到原点后的相位与在 $x - L$ 处的二次谐波传到原点后的相位相一致，如图 7.10(g) 中小箭头的方向所示。当结构的周期小于 $2l_0$ 时，大部分在 x 处激发出的二次谐波与在 $-x$ 处激发出的二次谐波相互抵消，因此在这种情况下不能有效地激发出二次谐波，这就是本书方法能够在非常宽的频段内激发出二次谐波的原因。另外，我们可以发现，在使用方法时，如果能够减少结构的周期，便可以获得更大的二次谐波。但是需要指出的是，实现准相位匹配方法的周期不能太小，这是因为实现双负材料的点阵周期必须比介质中的波长小一个数量级，因此实现准相位匹配的周期必须比实现双负材料的点阵周期大一个数量级，才能满足均匀介质的假设。

为了论证本书方法的有效性，我们对其进行了数值计算。设置参数为：$\rho_1 = 998\mathrm{kg/m^3}$ 和 $\kappa_1 = 2.19\mathrm{GPa}$，$\rho_2 = 1594\mathrm{kg/m^3}$ 和 $\kappa_2 = 1.40\mathrm{GPa}$，$f = 0.1\mathrm{MHz}$，如图 7.10(c)

所示。因此便可以计算出声速、波数以及相干长度分别为：$c_1=1481\mathrm{m/s}$，$c_2=938\mathrm{m/s}$，$k_1=424\mathrm{m^{-1}}$，$k_2=1340\mathrm{m^{-1}}$，以及 $l_0=7.39\mathrm{mm}$。

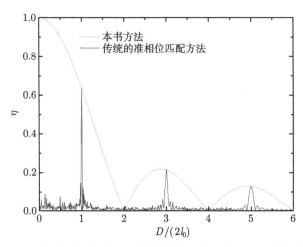

图 7.12　二次谐波激发效率与结构周期 D 相对于 $2l_0$ 之间的关系

　　假定系数 $A=1\mathrm{N/m^3}$，结构的周期长度为 $2l_0=12.78\mathrm{mm}$，级联后材料的总长度为 $20l_0=127.8\mathrm{mm}$。图 7.13(a) 给出了周期非线性互补材料级联而成的结构中的基波。图 7.13(b) 给出了利用非线性互补材料实现准相位匹配，从而激发出的反向二次谐波的声压分布图。图 7.13(c) 给出了未使用准相位匹配方法而产生的二次谐波声压分布。将这三张图作对比可以发现，利用互补材料而实现的准相位匹配方法，可以获得很大的二次谐波激发，比没有使用准相位匹配方法激发出的二次谐波要大两个数量级。

　　本书方法同样可以被应用到向前激发二次谐波的情况，应用时一种材料只需要在基频与二倍频同时具有正折射的性质，而其互补材料在基频与二倍频同时需要具有负折射的性质。而且，即使基频与二倍频不能实现完美相位匹配条件，也可以用互补材料修正基波与谐波在传播过程中引起的相位差，准相位匹配方法同样有效。但此时，右手材料应当是非线性的，而互补的左手材料需要是线性的。

　　很显然，所有实际的超材料都是具有耗散性质的，但是其对于高次谐波的激发产生的影响非常小 [32]，因此在我们的模型中，没有考虑衰减的影响。本书方法相对简单，便于在实验上进行实现，而且实验上的实现对于此准相位匹配方法的应用来说至关重要。有报道提出能够使用周期结构在不同频段下分别实现同时的双负性质以及双正性质 [33]。并且，如果结构中被填充上具有很强的非线性的材料，比如多孔材料或者超声造影剂 [34-36]，那么便可以获得非常大的二次谐波。

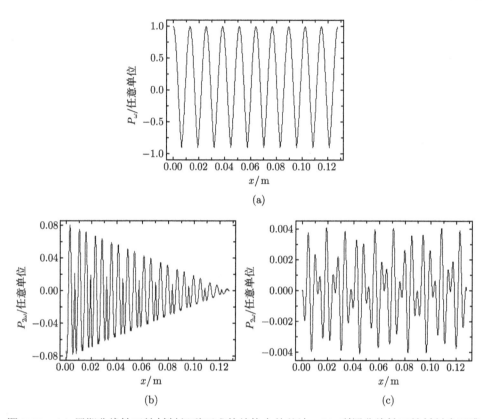

图 7.13 (a) 周期非线性互补材料级联而成的结构中的基波;(b) 利用非线性互补材料实现准相位匹配,从而激发出的反向二次谐波的声压分布图;(c) 未使用准相位匹配方法而产生的二次谐波声压分布

参 考 文 献

[1] Zheludev N I. The road ahead for metamaterials [J]. Science, 2010, 328(5978): 582-583.

[2] Wegener M. Metamaterials beyond optics [J]. Science, 2013, 342(6161): 939-940.

[3] Shadrivov I V, Alexander B, Kozyrev A B, et al. Tunable transmission and harmonic generation in nonlinear metamaterials [J]. Applied Physics Letters, 2008, 93(16): 161903.

[4] Fan Y C, Wei Z Y, Han J, et al. Nonlinear properties of meta-dimer comprised of coupled ring resonators [J]. Journal of Physics D Applied Physics, 2011, 44(42): 425303.

[5] Kozyrev A B, van der Weide D W. Nonlinear left-handed transmission line metamaterials [J]. Journal of Physics D Applied Physics, 2008, 41(17): 173001.

[6] Klein M W, Wegener M, Feth N, et al. Experiments on second- and third-harmonic

generation from magnetic metamaterials [J]. Optics Express, 2007, 15(8): 5238-5247.

[7] Poutrina E, Huang D, Smith D R. Analysis of nonlinear electromagnetic metamaterials [J]. New Journal of Physics, 2010, 12(9): 93010.

[8] Rose A, Huang D, Smith D R. Demonstration of nonlinear magnetoelectric coupling in metamaterials [J]. Applied Physics Letters, 2012, 101(5): 51103.

[9] Li Y F, Lan J, Li B S, et al. Nonlinear effects in an acoustic metamaterial with simultaneous negative modulus and density [J]. Journal of Applied Physics, 2016, 120(14): 145105.

[10] Lan J, Li Y F, Yu H Y, et al. Nonlinear effects in acoustic metamaterial based on a cylindrical pipe with ordered Helmholtz resonators [J]. Physics Letters A, 2017, 381(13): 1111-1117.

[11] Sugimoto N. Propagation of nonlinear acoustic waves in a tunnel with an array of Helmholtz resonators [J]. Journal of Fluid Mechanics, 1992, 244(244): 55-78.

[12] Richoux O, Tournat V, van Suu T L. Acoustic wave dispersion in a one-dimensional lattice of nonlinear resonant scatterers [J]. Physical Review E, 2007, 75(2): 26615.

[13] Bradley C E. Time-harmonic acoustic Bloch wave propagation in periodic waveguides. Part III. Nonlinear effects [J]. Journal of the Acoustical Society of America, 1995, 96(3): 1854-1862.

[14] Fan L, Chen Z, Deng Y C, et al. Nonlinear effects in a metamaterial with double negativity [J]. Applied Physics Letters, 2014, 105(4): 228-582.

[15] Pendry J B. Negative refraction makes a perfect lens [J]. Physical Review Letters, 2000, 85: 3966-3969.

[16] Zhu J, Christensen J, Jung J, et al. A holey-structured metamaterial for acoustic deep-subwavelength imaging [J]. Nature Physics, 2011, 7: 52-55.

[17] Pendry J B, Schurig D, Smith D R. Controlling electromagnetic fields [J]. Science, 2006, 312: 1780-1782.

[18] Lai Y, Chen H Y, Zhang Z Q, et al. Complementary media invisibility cloak that cloaks objects at a distance outside the cloaking shell [J]. Physical Review Letters, 2009, 102: 093901.

[19] Pendry J B. Time reversal and negative refraction [J]. Science, 2008, 322: 71-73 .

[20] Schurig D, Mock J J, Justice B J, et al. Metamaterial electromagnetic cloak at microwave frequencies [J]. Science, 2006, 314: 977-980.

[21] Ergin T, Stenger N, Brenner P, et al. Three-dimensional invisibility cloak at optical wavelengths [J]. Science, 2010, 328: 337-339.

[22] Ciraci C, Centeno E. Focusing of second-harmonic signals with nonlinear metamaterial lenses: A biphotonic microscopy approach [J]. Physical Review Letters, 2009, 103: 063901.

[23] Shadrivov I V, Zharov A A, Kivshar Y S. Second-harmonic generation in nonlinear left-handed metamaterials [J]. Journal of Optical Society of America, B 2006, 23(3): 529-534.

[24] Klein M W, Enkrich C, Wegener M, et al. Second-harmonic generation from magnetic metamaterials [J]. Science, 2006, 313(5786): 502-504.

[25] Smith D R, Kroll N. Negative refractive index in left-handed materials [J]. Physical Review Letters, 2000, 85(14): 2933-2936.

[26] Shankar R. Principles of Quantum Mechanics [M]. Chap. 11. Berlin: Springer, 1994: 279-304.

[27] Rose A, Smith D R. Broadly tunable quasi-phase-matching in nonlinear metamaterials [J]. Physical Review A, 2011, 84: 013823.

[28] Centeno E, Ciraci C. Theory of backward second-harmonic localization in nonlinear left-handed media [J]. Physical Review B, 2008, 78: 235101.

[29] Centeno E, Felbacq D, Cassagne D. All-angle phase matching condition and backward second-harmonic localization in nonlinear photonic crystals [J]. Physical Review Letters, 2007, 98: 263903.

[30] Armstrong J A, Bloembergen N, Ducuing J, et al. Interactions between light waves in a nonlinear dielectric [J]. Physical Review, 1962, 127: 1918-1939.

[31] Zhu S N, Zhu Y Y, Ming N B. Quasi-phase-matched third-harmonic generation in a quasi-periodic optical superlattice [J]. Science, 1997, 278: 843-846.

[32] Shadrivov I V, Zharov A A, Zharova N A, et al. Nonlinear left-handed metamaterials[J]. Radio Science, 2005, 40: RS3S90.

[33] Lee S H, Park C M, Seo Y M, et al. Composite acoustic medium with simultaneously negative density and modulus [J]. Physical Review Letters, 2010, 104: 054301.

[34] Wu J R, Zhu Z M, Du G H. Nonlinear behavior of a liquid containing uniform bubbles: Comparison between theory and experiments [J]. Ultrasound in Medicine & Biology, 1995, 21: 545-552.

[35] Quan L, Liu X Z, Gong X F. Quasi-phase matched backward second-harmonic generation by complementary media in nonlinear metamaterials [J]. Journal of the Acoustical Society of America, 2012, 132: 2852-2586.

[36] Quan L, Liu X Z, Gong X F. Nonlinear acoustic metamaterial: Realization of a backward traveling second-harmonic [J]. Journal of the Acoustical Society of America, 2016, 139(6): 3373.

"现代声学科学与技术丛书"已出版书目

(按出版时间排序)